从零开始学电工

王俊峰　　等编著

机 械 工 业 出 版 社

本书共 15 章，包括电工入门基础、电子技术及应用、电工识图、高低压电器元件、电工常用工具、电工仪表与测量、变压器、互感器、调压器与电磁铁、发电机与电动机、高低压配电、照明安装、电动机控制电路、PLC 控制技术、电气维修、安全用电与节约用电、电工常用材料。

有关内容的计算，分别写在对应的章节中。

本书来自生产一线，突出技术性、系统性、可操作性、实用性。

本书可作为广大电工人员、劳动力转移就业者学习电工技术之用，也可作为职业培训学校的教材及电工技术爱好者自学参考。

图书在版编目（CIP）数据

从零开始学电工/王俊峰等编著. —北京：机械工业出版社，2010.6
（2025.1 重印）
ISBN 978-7-111-30676-4

Ⅰ.①从⋯　Ⅱ.①王⋯　Ⅲ.①电工技术　Ⅳ.①TM

中国版本图书馆 CIP 数据核字（2010）第 087754 号

机械工业出版社（北京市百万庄大街 22 号　邮政编码 100037）
策划编辑：张俊红　责任编辑：闫洪庆
版式设计：霍永明　责任校对：申春香
封面设计：王伟光　责任印制：单爱军
北京虎彩文化传播有限公司印刷
2025 年 1 月第 1 版·第 20 次印刷
184mm×260mm·20.5 印张·507 千字
标准书号：ISBN 978-7-111-30676-4
定价：49.80 元

电话服务　　　　　　　　　　　　网络服务
服务咨询热线：010-88379833　　　机 工 官 网：www.cmpbook.com
读者购书热线：010-88379649　　　机 工 官 博：weibo.com/cmp1952
　　　　　　　　　　　　　　　　教育服务网：www.cmpedu.com
封底无防伪标均为盗版　　　　　金 书 网：www.golden-book.com

前　言

随着我国现代化事业的快速发展，各行各业从事电气工作的人员大量增加，加强电气人员的技术培训，已成为当务之急。同时为了满足许多立志学习电工技术的广大读者和劳动力转移就业人员的迫切需要而编写了本书。

"从零开始学电工"是指没有一点电工基础的人，从零开始学习电工理论和实际知识，循序渐进，持之以恒，由不会到会，由知之不多到知之甚多，终究会走向成功，成为一名技术熟练的电工。

本书共15章，包括电工入门基础、电子技术及应用、电工识图、高低压电器元件、电工常用工具、电工仪表与测量、变压器、互感器、调压器与电磁铁、发电机与电动机、高低压配电、照明安装、电动机控制电路、PLC控制技术、电气维修、安全用电与节约用电、电工常用材料。

有关内容的计算，分别写在对应的章节中。

《从零开始学电工》一书，内容系统全面，从电工入门基础开始，由浅入深地解答了人们生活、生产实际中常见的疑难问题。在编写过程中，力争做到：简练、准确、实用。让广大读者学得会、用得上。

我们殷切希望广大电工爱好者，以书为师，以书为友，以书为伴。一分耕耘，一分收获。

本书可作为电气人员、各类职业技术学校学生的学习教材及电工技术爱好者的自学参考用书。

本书由王俊峰编著，参加本书编写的还有：吴慎山、王娟、薛素云、李传光、薛鸿德、吴东芳、陈军、薛迪强、李建军、薛迪胜、薛迪庆、马备战、薛斌、杨桂玲、郭爱民、姜红、李晓芳等。

由于时间仓促，加上作者水平所限，书中难免有不足之处，欢迎读者提出宝贵意见。

编　者

目 录

第一章　电工入门基础

第一节　电的产生

实验证明，同性电荷互相排斥，异性电荷互相吸引。这是电的性质。

我们使用的电是由发电厂的发电机组发出的，经高压输电、变电、配电送到千家万户。目前发电的方式很多，如火力发电、水力发电、太阳能发电、风力发电、核能发电等。

1. 从摩擦生电说起

在初中物理课演示实验中，我们曾用梳子梳理干燥的头发时会发出响声，如果在黑暗中，还会看到一些细小的火花，若把梳子放到一小撮纸屑旁，纸屑就会被梳子吸起来，如图1-1a所示。

从古希腊人第一次发现电以后，到了1600年左右，英国女皇的侍医吉伯对摩擦起电现象做了试验，证明了除琥珀外，还有硫磺、树脂、水晶、玻璃和金刚石等，摩擦之后也能吸引又轻又小的物体，于是摩擦就被公认为物体带电的原因。在200多年以前，美国著名科学家富兰克林经过试验研究又进一步证实，经过摩擦物体所带的电有两种，分别称作正电和负电。玻璃、宝石和丝绸摩擦后，在玻璃、宝石上呈现的电是正电；而胶木、琥珀和毛皮摩擦后呈现在胶木、琥珀上的电为负电。有趣的是，带有正电的物体能把另外一种带有正电的物体推开，如图1-1b所示，相反，它却能吸引带负电的物体，如图1-1c所示。于是，人们总

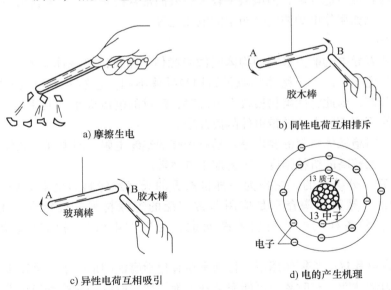

a) 摩擦生电

b) 同性电荷互相排斥

c) 异性电荷互相吸引

d) 电的产生机理

图1-1　物体的导电机理

结出电的一个重要规律：同性电荷互相排斥，异性电荷互相吸引。

2. 电的产生机理

世界是物质的，自然界的一切物质都是由分子组成的，分子又是由原子组成的。每一种原子都有一个处在其中心的原子核，在原子核周围有若干个电子沿着一定的轨道做高速旋转运动，原子核是带正电的，而电子是带负电的。在原子未受外力作用时，原子核所带的正电荷与外层电子所带的负电荷电量相等，原子对外界处于平衡状态，不显示电性。

如铝原子核内有 13 个质子，核外有与质子数相等的 13 个电子，最外层有 3 个电子，如果铝原子失掉一个或几个外层电子，它的电平衡就被破坏了，正电荷多于负电荷，这个原子就带正电；同理，飞出轨道的电子被另外的原子所吸收，另外的那个原子就带负电。这就是电来源的本质。电是什么呢？电是一种特殊的能量，称为电能，如图 1-1d 所示。

3. 导体、绝缘体与半导体

（1）导体

能良好地传导电流的物体叫做导体。用导体制成的电气材料叫做导电材料，金属是常用的导电材料。除了金属以外，其他如大地、人体、天然水和酸、碱、盐类以及它们的溶液，都是导电体。

金属之所以能够良好地传导电流，是由其原子结构决定的。金属原子最外层的电子与原子核结合得比较松散，因此这部分电子很容易脱离自己的原子核，和别的原子核去结合，失去电子的原子又有新的电子来结合，这样一连串的过程就是导电的过程。银的电阻率最小，导电性能最好，但由于其价格昂贵，只在极少数地方如开关触头等处采用，一般电气设备中应用最广泛的导体材料是铜和铝。

还有一些材料虽然能导电，但电阻率较大，人们常常把它作为电阻材料或电热材料应用于某些电器中，比如用作电炉或电烤箱中的电热丝等。

（2）绝缘体

不能导电或者导电的能力极差的物体叫做绝缘体。常见的绝缘体有木头、石头、橡胶、玻璃、云母、陶瓷等。由于绝缘体的原子结构与导体不同，它的电子和原子核结合得很紧密，而且极难分离，因此将此类物质接上电源时，流过的电流极小（几乎接近于零）。可以利用它的绝缘作用把不同电位的带电体隔离开来。

一般来讲，对绝缘体材料的要求是：具有极高的绝缘电阻、耐电强度和较好的耐热与防潮性能，同时应有较高的机械强度、工艺加工方便等。

空气是大家十分熟悉的，它作为一种自然界的天然绝缘材料而被人们广泛地加以利用，纸、矿物油、橡胶和陶瓷都是应用非常广泛的绝缘材料。近年来，由于有机合成工业的兴起，各种各样的绝缘材料不断问世，为新型电气设备的制造提供了良好的条件。

绝缘材料在电和热的长期作用下，特别是在有化学腐蚀的情况下，会逐步老化，降低它原有的电气和力学性能，有时甚至可能完全丧失绝缘性。所以经常检查绝缘性能是电气设备维修中的主要工作之一。绝缘电阻是绝缘材料的主要技术指标。常常用绝缘电阻表来测量设备的绝缘电阻，一般低压电器设备的绝缘电阻应大于 $0.5M\Omega$，对于移动电器和在潮湿地方使用的电器来说，其绝缘电阻还应再大一点。

（3）半导体

所谓半导体，顾名思义，就是它的导电能力介于导体和绝缘体之间。如硅、锗、硒以及大多数金属氧化物和硫化物都是半导体。

半导体的导电能力在不同条件下有很大的差别。例如有些半导体（如钴、锰、镍等的氧化物）对温度的反应特别灵敏，环境温度升高时，它们的导电能力要增强很多。利用这种特性就可做成各种热敏电阻。又如有些半导体（如镉、铅等的硫化物与硒化物）受到光照时，它们的导电能力变得很强；当无光照时，又变得像绝缘体那样不导电。利用这种特性就可做成各种光敏电阻。

更重要的是，如果在纯净的半导体中掺入微量的某种杂质后，它的导电能力就可增加几十万乃至几百万倍。例如在纯硅中掺入百万分之一的硼后，硅的电阻率就从大约 $2 \times 10^3 \Omega \cdot m$ 减小到 $4 \times 10^{-3} \Omega \cdot m$ 左右。利用这种特性就做成了各种不同用途的半导体器件，如半导体二极管、晶体管、场效应晶体管及晶闸管等。

第二节　电场与磁场

1. 电场

带电物体相斥或者相吸作用力的范围，叫做电场。电场具有两种特性：

1）凡是带电体位于电场中，都要受到电场力作用；

2）一旦带电体受到电场力作用而移动时，电场力要做功。通常，把电荷在电场中某一点所受的力与它所具有的电量的比值，叫做该点的电场强度。

2. 磁场

带有磁性的物体，且能吸引铁、钴等金属者叫做磁铁。磁铁周围产生磁性的范围叫做磁场。磁铁的两端磁性最强处为两个极，一个叫做南极，用字母"S"表示；另一个叫做北极，用字母"N"表示。磁场中磁力作用的通路叫做磁路。在磁铁内部由 S 极向 N 极形成磁力线，而在磁铁外部则由 N 极向 S 极形成磁力线，如图 1-2 所示。

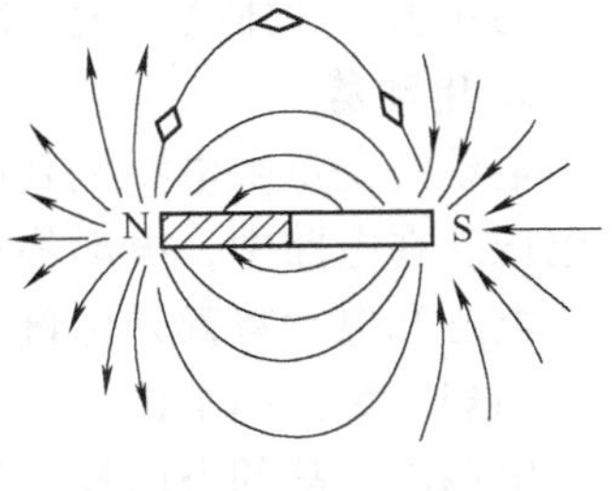

磁路欧姆定律表示式如下：

$$\Phi = \frac{NI}{\dfrac{L}{\mu S}} = \frac{F}{R_m}$$

$$F = NI$$

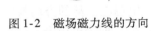

图 1-2　磁场磁力线的方向

式中，F 为磁通势，$F = NI$ 即由此而产生磁通；R_m 为磁阻，是表示磁路对磁通具有阻碍作用的物理量；L 为磁路的平均长度；S 为磁路的截面积。上式与电路的欧姆定律在形式上相似，所以称为磁路欧姆定律。

在磁场中，垂直通过单位面积的磁力线根数，叫做磁通密度，可用字母"B"表示。如果在磁场中垂直通过截面积 S（这里 S 表示垂直于磁力线的某一面积）的磁力线的总数，就叫磁通。常用字母"Φ"表示。以上三者的关系，可用公式表示为 $\Phi = BS$。

第三节　电压与电流

1. 电压

电荷之所以能够流动,是因为有电位差。电位差也就是电压。电压是形成电流的原因。在电路中,电压常用 U 表示,电压的单位是伏(V),也常用毫伏(mV)或者微伏(μV)作为单位。$1V = 1000mV$,$1mV = 1000μV$。

电压可以用电压表测量。测量时,把电压表并联在电路上,要选择电压表指针接近满偏转的量程。如果电路上的电压高低估算不出来,要先用大的量程粗略测量后再用合适的量程,这样可以防止由于电压过高而损坏电压表。

2. 电流

电荷的定向移动叫做电流。在电路中,电流常用 I 表示。电流分为直流电流和交流电流两种,电流的大小和方向不随时间变化的叫做直流电流;电流的大小和方向随时间变化的叫做交流电流。电流的单位是安(A),也常用毫安(mA)或者微安(μA)作为单位。$1A = 1000mA$,$1mA = 1000μA$。

电流可以用电流表测量。测量时,把电流表串联在电路中,要选择电流表指针接近满偏转的量程。如果电路中的电流大小估计不出来,则要先用大的量程粗略测量后再用合适的量程,这样可以防止电流过大而损坏电流表。

关于电压和电流的方向,有实际方向和参考方向之分,要加以区别。我们习惯上规定正电荷运动的方向或负电荷运动的相反方向为电流的方向(实际方向)。电流的方向是客观存在的,但在分析较为复杂的直流电路时,往往难于事先判断某支路中电流的实际方向。对交流来讲,其方向随时间而变,在电路图上也无法用一个箭头来表示它的实际方向。为此,在分析与计算电路时,常可任意选定某一方向作为电流的参考方向,或称为正方向。所选的电流的参考方向并不一定与电流的实际方向一致。当电流的实际方向与其参考方向一致时,则电流为正值,否则为负值。因此,在参考方向选定之后,电流值才有正负之分。

3. 电动势

电动势是反映电源把其他形式的能量转换成电能的本领的物理量,电动势使电源两端产生电压。在电路中,电动势常用 E 来表示,电动势的单位是伏(V)。

电压和电动势都是标量,但在分析电路时,和电流一样,我们也说它们具有方向。电压的方向规定为由高电位("+"极性)端指向低电位("-"极性)端,即为电位降低的方向。电源电动势的方向规定为在电源内部由低电位("-"极性)端指向高电位("+"极性)端,即为电位升高的方向。

第四节　电阻与电阻率

1. 电阻

电路中对电流通过有阻碍作用并且造成能量消耗的元件叫电阻。电阻常用 R 表示,电阻的单位是欧(Ω),也常用千欧(kΩ)或者兆欧(MΩ)作为单位。$1kΩ = 1000Ω$,$1MΩ = 1000000Ω$。导体的电阻由导体的材料、横截面积和长度决定。常用电阻元件如图1-3所示。

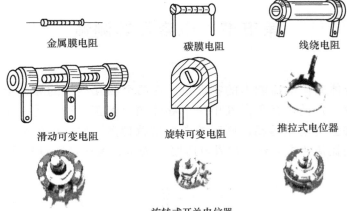

金属膜电阻　　碳膜电阻　　线绕电阻

滑动可变电阻　　旋转可变电阻　　推拉式电位器

旋转式开关电位器

图 1-3　常用电阻元件

　　电阻可以用万用表欧姆挡测量。测量时，要选择电表指针偏转量程一半的欧姆挡。如果被测电阻焊接在电路中，则应将其断开一端后进行测量，人体不能与电阻引线接触。测量方法如图 1-4 所示。

2. 电阻率

　　电阻率是电工计算中的一个重要物理量，不同材料物体的电阻率各不相同，它的数值相当于用这种材料制成长 1m、横截面积为 1mm^2 的导线，在温度 +20℃ 时的电阻值。电阻率直接反映着各种材料导电性能的好坏。材料的电阻率越大，表示它的导电能力越差；电阻率越小，则表示导电性能越好。

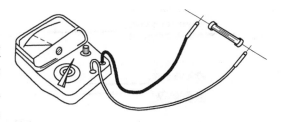

图 1-4　电阻的测量

　　常用导电材料的电阻率和电阻温度系数如表 1-1 所示。

表 1-1　常用导电材料的电阻率和电阻温度系数　　　　　　　　（20℃时）

材　料	电阻率 $\rho/(\Omega \cdot mm^2/m)$	电阻温度系数 α（1/℃）
碳	10.0	−0.0005
铜	0.0172	0.00393
钨	0.0548	0.00450
铁	0.100	0.005
钢	0.13	0.006
银	0.0162	0.0038
铸铁	0.5	0.01
锰铜	0.47	0.000005
铝	0.0282	0.00403
康铜	0.48	0.00005

第五节　电容及其测量

1. 电容

电容是衡量导体储存电荷能力的物理量。在两个相互绝缘的导体上，加上一定的电压，它们就会储存一定的电荷量。其中一个导体储存着正电荷，另一个导体储存着大小相等的负电荷。加上的电压越高，储存的电荷量就越多。储存的电荷量和加上的电压是成正比的，它们的比值叫做电容。如果电压用 U 表示，电荷量用 Q 表示，电容用 C 表示，那么有

$$C = \frac{Q}{U} \tag{1-1}$$

电容的单位是法（F），也常用微法（μF）或者皮法（pF）作为单位。它们的关系是

$$1F = 10^6 \mu F$$
$$1F = 10^{12} pF$$

常用电容如图 1-5 所示。

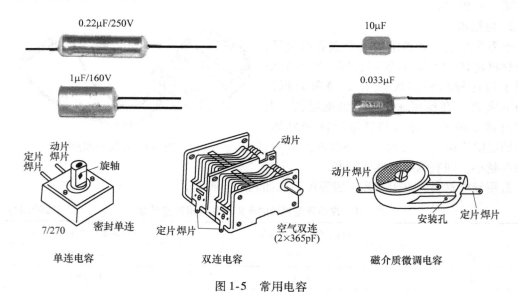

0.22μF/250V

10μF

1μF/160V

0.033μF

动片
焊片
定片
焊片　　旋轴

动片

动片焊片

安装孔　　定片焊片

7/270　　密封单连

定片焊片　　空气双连
(2×365pF)

单连电容

双连电容

磁介质微调电容

图 1-5　常用电容

2. 电容的测量

电容可以用电容测试仪测量，也可以用万用表欧姆挡粗略估测，如图 1-6 所示。

3. 电容的隔直流通交流作用

当电容两端接通直流电源时，电路中有充电电流，但充电时间极短，常在 0.001s 瞬间完成充电，结束后就不再有电流通过了。这就是电容隔直流现象。而电容接上交流电源时，因交流电的大小与方向不断交替变化，而使电容不断进行充电与放电，电路始终有电流流通，所以说电容可通交流。

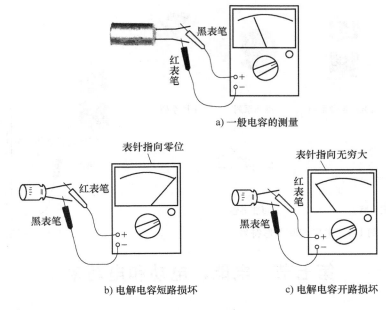

a) 一般电容的测量

b) 电解电容短路损坏   c) 电解电容开路损坏

图 1-6 电容的测量

4. 电容器的充、放电作用

当电容两端接通电源时，电路中有充电电流向电容充电，但充电时间极短，常在瞬间完成充电。电容通过负载电阻向大地放电。放电的过程也是短暂的。

第六节 电感及其测量

电感是衡量线圈产生电磁感应能力的物理量。给一个线圈通入电流，线圈周围就会产生磁场，线圈就有磁通量通过。通入线圈的电流越大，磁场就越强，通过线圈的磁通量就越大。实验证明，通过线圈的磁通量和通入的电流是成正比的，它们的比值叫做电感。如果通过线圈的磁通量用 Φ 表示，电流用 I 表示，电感用 L 表示，则

$$L = \frac{\Phi}{I} \tag{1-2}$$

电感的单位是亨（H），也常用毫亨（mH）或微亨（μH）做单位。它们的关系是

$$1H = 1000mH$$
$$1mH = 1000\mu H$$

常用电感与其图形符号如图 1-7 所示。

如对振荡线圈的测量，由于振荡线圈有底座，在底座下方有引脚，检测时首先弄清各引脚与哪个线圈相连，然后用万用表的 $R \times 1$ 挡测一次绕组或二次绕组的电阻值，如有阻值且比较小，一般就认为是正常的。如果电阻值为 0，则是短路，如果阻值为 ∞，则是断路，如图 1-8 所示。

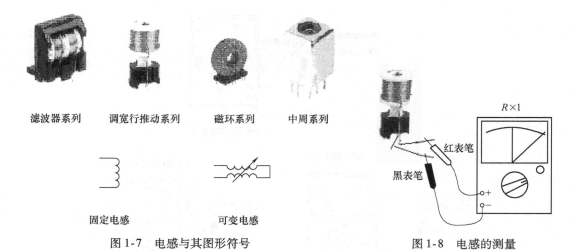

滤波器系列	调宽行推动系列	磁环系列	中周系列

固定电感　　　　　　　可变电感

图 1-7　电感与其图形符号　　　　　　　图 1-8　电感的测量

第七节　电能、电功和电功率

1. 电能

当电流流过电路时，将发生能量转换。在电源内部，外力不断克服电场力驱使正负电荷分别向电源两极移动而做功，把其他形式的能转换为电能。通过外电路，电荷不断地被送到负载，从而把电能转换为其他形式的能。

负载消耗的电能等于端电压与电荷的乘积，电荷又等于电流与时间的乘积，即

$$A = UQ = IUt = U^2t/R = I^2Rt \tag{1-3}$$

式中，A 为电能（J）；U 为端电压（V）；Q 为电荷（C）。

2. 电功率

在单位时间内电路产生或消耗电能称为电功率，简称功率，用 P 表示，单位为瓦（W）。

$$P = A/t = IUt/t = IU \tag{1-4}$$

或

$$P = \frac{U^2}{R} \tag{1-5}$$

或

$$P = I^2R \tag{1-6}$$

式中，P 为电功率（W，$1W = 1J/s$）；t 为时间（s）。

例 1-1　6A 的电流通过 10Ω 的电阻，经过 10s 后，计算电流在这段时间内所做的功 A 和功率 P。

解：

$$A = I^2Rt = 6^2 \times 10 \times 10J = 3600J$$
$$P = I^2R = 6^2 \times 10W = 360W$$

例 1-2　有一只 8W、400Ω 的线绕电阻，求它的额定电流和最大耐压值各是多少？

解：

额定电流　　　$I = \sqrt{\dfrac{P}{R}} = \sqrt{\dfrac{8}{400}}A = 0.14A$

最大耐压值　　$U = IR = 0.14 \times 400V = 56.6V$（取 60V）

第八节　电压源、电流源与受控源

1. 电压源

实际上并不存在理想电压源和理想电流源，它们只是为了研究方便而抽象出来的一种电路元件模型。但是，当电源内阻 R_0 与负载电阻 R_L 相比，可以小到忽略不计时，负载电压将与电源电动势相等，而与负载电流大小无关，此时电源就可以认为是理想电压源。反之，若 $R_0 \gg R_L$ 时，电流与负载电阻无关，此时电源就可以认为是理想电流源。

对于实际电源，既可以使用电压源表示，又可以使用电流源表示。电压源是由电动势 E 与电源内阻 R_0 串联组成，电流源是由理想电流源 I_s 与内阻 R_0 并联组成。在保证电源外特性一致的条件下，两者可以进行等效互换。等效的条件为 $E = I_s R_0$，如图1-9所示。

电源的等值互换仅以保证电源外特性一致为先决条件，因此对电源内部并不存在等效问题，所以不能用变换后的电路求解电源的电功率。

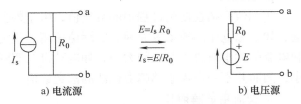

图1-9　电压源与电流源等值变换

2. 电流源

理想电流源（$R_0 = \infty$）和理想电压源（$R_0 = 0$）均为无穷大功率源，这种对 R_0 的两种极端限制，决定了它们之间不可能进行等效变换。

求解电路时可利用电源等效变换。多条有源支路并联时，可将它们变为电流源；而多条有源支路串联时，可将它们变为电压源。

3. 受控源

受控电压源的电压和受控电流源的电流都不是给定的时间数，而是受电路中某部分的电流或电压控制的，因此受控源并非独立电源。例如，晶体管集电极电流受基极电流的控制等。

根据控制量是电压还是电流，受控量是电压源还是电流源，受控源分为四种：电压控制电压源（VCVS）；电流控制电压源（CCVS）；电压控制电流（VCCS）；电流控制电流源（CCCS）。它们在电路中的图形符号如图1-10所示。图中菱形符号表示受控电压源或受控电流源，其正方向的表示方法与独立电源相同。μ、g、r、β 为相应的控制系数。当这些系数为常数时，被控量与控制量成正比，受控源为线性受控源。

必须指出，受控源与独立源不同。独立源在电路中起着激励的作用，有它才能在电路中产生电流和电压。而受控源的电压或电流受电路中其他的

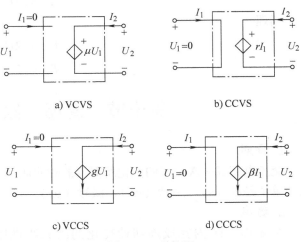

图1-10　受控源

电压和电流控制。当这些控制电压或电流为零时，受控源的电压或电流也为零。因此，它仅是用来反映电路中某处的电压或电流与另一处电压或电流的相互制约关系而已，它本身不直接起激励作用。

第九节　额定值、实际值、瞬时值、最大值和有效值

1. 额定值

额定值是产品生产厂家保证在给定条件下正常工作规定的容许值。在使用过程中要求用户不得超过额定值。如灯泡上标注 40W、220V，则不得接到 380V 电源电压上。

2. 实际值

实际值是指在使用过程中的真实值，由于外界因素的影响，实际值不一定能够等于额定值，如电源电压的波动等原因，实际值偏离了额定值。另外，在一定条件下，电源输出功率和电流的大小取决于负载的大小，如电动机的实际功率和电流取决于它所带动机械负载的大小，因而并不一定等于铭牌上标注的额定数值。

3. 交流电的瞬时值

正弦量在任一瞬间的值称为瞬时值，用小写字母来表示，如 u、i、e 分别表示电压、电流、电动势的瞬时值。

4. 交流电的最大值

瞬时值中最大的值称为幅值或最大值，如用 U_m、I_m、E_m 表示电压、电流、电动势的幅值。

5. 交流电的有效值

一个周期电流 i 通过负载电阻 R 在这个周期内产生的热量，和另一个直流电流 I 通过同一电阻 R 在相等的时间内产生的热量相等，则这个周期性变化的电流 i 的有效值在数值上就等于这个直流电的有效值，用大写字母 I 表示，与直流的表示方法相同。

幅值与有效值之间的关系为

$$I_m = \sqrt{2}I \tag{1-7}$$

同理

$$U_m = \sqrt{2}U$$

$$E_m = \sqrt{2}E$$

第十节　周期、频率、角频率

1. 周期

交流电完成一次完整的变化所需要的时间叫做周期，常用 T 表示，如图 1-11 所示。周期的单位是秒（s）、毫秒（ms）、微秒（μs）。$1s = 1000ms$，$1ms = 1000\mu s$。

2. 频率

交流电在 1s 内完成周期性变化的次数叫做频率，常用 f 表示，频率的单位常用赫（Hz）、千赫（kHz）或兆赫（MHz）。$1kHz = 1000Hz$，$1MHz = 1000kHz$。交流电频率 f 是周

期 T 的倒数，即

$$f = \frac{1}{T} \qquad (1-8)$$

3. 角频率

把正弦量在一个周期内经历 2πrad（弧度）称为角频率，即

$$\omega = \frac{2\pi}{T} = 2\pi f \qquad (1-9)$$

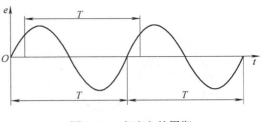

图 1-11　交流电的周期

第十一节　相位、初相位、相位差

1. 相位

相位是反映交流电在任何时刻的状态的物理量。交流电的大小和方向是随时间变化的。比如正弦交流电流，它的表示式是 $i = I_m \sin 2\pi f t = I_m \sin \omega t$。$i$ 是交流电流的瞬时值，I_m 是交流电流的最大值，f 是交流电的频率，ω 是角频率，t 是时间。随着时间的推移，交流电流可以从零变到最大值，从最大值变到零，又从零变到负的最大值，从负的最大值变到零。在三角函数中，$2\pi f t$ 相当于角度，它反映了交流电任何时刻所处的状态，是在增大还是在减小，是正的还是负等。因此把 $2\pi f t$ 叫做相位，或者叫做相角。相位分同相位和反相位，同相位指两个相同频率的交流电的相位差等于零或 $180°$ 的偶数倍的相位关系。反相位指两个相同频率的交流电的相位差等于 $180°$ 或 $180°$ 的奇数倍的相位关系，如图 1-12 所示。

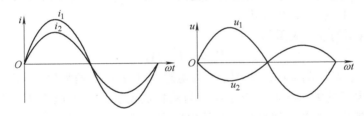

图 1-12　同相与反相

2. 初相位

如果 t 等于零时，i 并不等于零，表示式应该改成 $i = I_m \sin (2\pi f t + \varphi)$，那么 $(2\pi f t + \varphi)$ 叫做相位，φ 叫做初相位，或者叫做初相角，如图 1-13 所示。

3. 相位差

两个频率相同的交流电相位的差叫做相位差，或者叫做相差。

这两个频率相同的交流电，可以是两个交流电流，或可以是两个交流电压，或可以是两个交流电动势，也可以是这三种量中的任何两个。

例如，研究加在电路上的交流电压和通过这个电路的交流电流的相位差，如果电路是纯电阻，那么交流电压和交流电流的相位差等于零。如果电路含有电感和电容，交流电压和交流电流的相位差一般是不等于零的，也就是说一般是不同相的，或者电压超前于电流，或者电流超前于电压。相位差如图 1-14 所示。

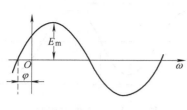

图1-13　初相位

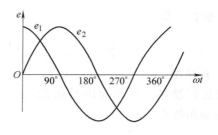

图1-14　交流电的相位差

第十二节　负　　载

1. 纯电阻性负载

负载由电阻构成，如白炽灯、电炉等均可视为纯电阻性负载，其主要特点如下：

1）电压与电流同相位，即相位差为零；

2）电压与电流遵循欧姆定律；

3）电功率为正值，可以把电能转换为其他形式的能，其平均功率为

$$P = IU \tag{1-10}$$

2. 纯电感性负载

负载由线圈、电动机绕组等构成。其主要特点如下：

1）电流与电压的相位关系：线圈通入交流电后产生自感电动势，其方向总是阻止电流的变化，电流滞后于电压90°电角度。

2）电流与电压的数值关系为

$$U_L = I\omega L = IX_L \tag{1-11}$$

式中，X_L 为感抗（Ω），$X_L = \omega L = 2\pi f L$；$L$ 为电感（H）；ω 为角频率（rad/s）。

上式表明，电流的大小与电压成正比，与感抗成反比。当电压 U 和电感 L 一定时，频率越高，则电流越小，如果把线圈接入直流电路中，则它相当于短路。

3）电感负载不消耗电能，仅在负载和电源间转换。

3. 纯电容性负载

负载由纯电容组成，其主要特点如下：

1）电压与电流的相位关系：给电容通入交流电后，会产生充放电现象，电流总是超前于电压90°电角度。

2）电流与电压的数值关系为

$$I = U_C/X_C \tag{1-12}$$

式中，X_C 为容抗（Ω），$X_C = 1/(\omega C) = 1/(2\pi f C)$，它与电流成反比，单位为 Ω。

第十三节　谐　振　电　路

电感和电容组成的回路，在外加交流电源的作用下，就会引起振荡。每一个振荡回路都有自己的固有频率。当外加交流电源的频率等于回路的固有频率时，振荡的幅度（电压或

者电流）达到最大值，这个情况叫做谐振。收音机的输入回路就是谐振回路，改变回路的电感或者电容，使回路的固有频率等于要接收的电台频率，产生谐振，就能选出这个电台的信号来。收音机的中频变压器也是谐振回路，它调谐在 465kHz 的频率上，使中频放大器对 465kHz 的中频信号有最大的放大能力，而其他频率的信号都受到抑制。

1. 串联谐振

在电阻、电感、电容和外加交流电源相串联的振荡回路中，当外加电源的频率等于回路的固有频率时，回路就会发生谐振，如图 1-15a 所示，这种谐振叫做串联谐振。如果回路的电感是 L，电容是 C，那么串联回路的固有频率为

$$f_0 = \frac{1}{2\pi \sqrt{LC}} \qquad\qquad (1-13)$$

串联谐振有以下特点：回路总阻抗是纯电阻，而且变到最小值，等于回路的电阻，回路中的电流达到最大值，电感上的电压等于电容上的电压，并且等于交流电源电压的 Q 倍。因此，串联谐振也叫做电压谐振。

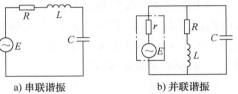

如果外加电源的频率小于或者大于回路的固有频率，回路的总阻抗就会增大，回路电流就会减小。回路 Q 值越大，曲线越陡，谐振现象越明显。

a) 串联谐振　　　　b) 并联谐振

图 1-15　谐振电路

2. 并联谐振

在电感、电容和外加交流电源相并联的振荡回路中，当外加电源的频率等于回路的固有频率时，回路就发生谐振，这种谐振叫做并联谐振，如图 1-15b 所示。如果回路感抗和容抗比电阻大得多，则并联网路的固有频率也可以近似写成

$$f_0 \approx \frac{1}{2\pi \sqrt{LC}} \qquad\qquad (1-14)$$

并联谐振有以下特点：总阻抗是纯电阻，而且达到最大值；回路电压达到最大值；如果电源内电阻大，能使电路中的总电流可以看作恒定，则两支路的电流是总电流的 Q 倍。也就是说，两支路电流的方向相反，大小相差不多，它们的差值就是总电流。因此，并联谐振又叫做电流谐振。如果外加电源频率小于或者大于回路的固有频率，回路的总阻抗就会减小，回路的电压也会减小。回路 Q 值越大，曲线越陡，说明谐振现象越明显。

第十四节　电路及其工作状态

1. 电路

电路就是电流所流过的路径。它是由电路元件按一定方式组合而成的。图 1-16 所示的电路是一个最简单的电路，它由电源（干电池）、负载（灯泡）和中间环节（包括连接导线和开关）三部分组成。在电路中随着电流的流动，进行着不同形式能量之间的转换。

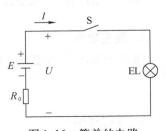

图 1-16　简单的电路

2. 电路的工作状态

（1）开路状态（断路状态）

当电路的开关断开时，称为开路，其特征是电流为零，电源端电压值就是电源两端的电动势。检修电路应在开路状态下进行。这种状态电路不工作也不产生热量。

（2）短路状态

当电路中有电压的两点被电阻为零的导体连接时，称为短路，其特征是电流很大。根据电流的热效应，导体所消耗的电能为

$$A = IUt = I^2R \tag{1-15}$$

若电阻消耗的电能全部转换成热能（$Q = I^2Rt$），则会烧坏绝缘，损坏设备。为了防止短路，在电路中接熔断器。有时利用短路电流产生的高温进行金属焊接等。

（3）额定工作状态

对用电设备一般都规定有额定电流。额定电流是指电气设备长时间工作所允许通过的最大电流，用 I_N 表示。实际电流小于 I_N 时称为轻载；等于 I_N 时称为满载，满载就是额定工作状态；大于 I_N 时称为过载，过载是不允许的。有些设备不标出额定电流而标出额定电压，即 U_N，或标出额定功率 P_N。

3. 三相电路

（1）对称三相电动势瞬时值表达式

$$
\begin{aligned}
e_U &= E_m\sin\omega t \\
e_V &= E_m\sin\,(\omega t - 120°) \\
e_W &= E_m\sin\,(\omega t + 120°) \\
e_U &+ e_V + e_W = 0
\end{aligned}
\tag{1-16}
$$

（2）相量表达式

$$
\begin{aligned}
\dot{E}_U &= Ee^{j0°} = E\angle 0° \\
\dot{E}_V &= Ee^{-j120°} = E\angle -120° \\
\dot{E}_W &= Ee^{j120°} = E\angle 120° \\
\dot{E}_U &= \dot{E}_V + \dot{E}_W = 0
\end{aligned}
\tag{1-17}
$$

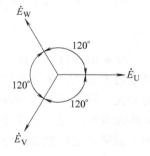

图 1-17　对称三相电动势

由上可见，对称三相电动势的特点是幅值相等、频率相同和相位互差 120°，如图 1-17 所示。

第十五节　视在功率、有功功率、无功功率和功率因数

1. 视在功率

电路中电压 U 与电流 I 的乘积叫做视在功率，用符号 S 表示，单位为 V·A，计算公式为

$$S = UI \tag{1-18}$$

2. 有功功率

有功功率又称为平均功率，有功功率用符号 P 表示，单位为 W，计算公式为

$$P = UI\cos\varphi \tag{1-19}$$

3. 无功功率

在具有电感或电容的电路中，它们只与电源进行能量的交换，并没有消耗真正的能量。我们把与电源交换能量的功率的振幅值叫做无功功率。无功功率用字母 Q 表示，单位是 var 或 kvar，计算公式为

$$Q = UI\sin\varphi \tag{1-20}$$

4. 功率因数

有功功率与视在功率的比值，叫做功率因数。其计算公式为

$$\cos\varphi = \frac{P}{S} \tag{1-21}$$

功率因数 $\cos\varphi$ 是与负载的性质有关的，若电压 U 与电流 I 一定，根据 $P = UI\cos\varphi$，发电机所能被利用的有功功率 P 与 $\cos\varphi$ 成正比，所以 $\cos\varphi$ 越高，发电机的功率就被利用得越充分；反之，$\cos\varphi$ 越低，发电机的功率就被利用得越不充分。

5. 电功率与电能的区别

单位时间内所做的功，称之为电功率。电能是指某一段时间所做的功。

第十六节　阻抗、容抗、感抗和阻抗匹配

1. 阻抗

在具有电阻、电感和电容的电路里，对交流电所起的阻碍作用叫做阻抗。阻抗常用 Z 表示。阻抗由电阻、感抗和容抗三者组成，但不是三者简单相加。如果三者是串联的，又知道交流电的频率 f、电阻 R、电感 L 和电容 C，那么串联电路的阻抗（Ω）为

$$Z = \sqrt{R^2 + (X_L - X_C)^2} \tag{1-22}$$

对于一个具体电路，阻抗不是不变的，而是随着频率变化而变化。在电阻、电感和电容串联电路中，电路的阻抗一般来说比电阻大。但在谐振时，感抗和容抗相等，互相抵消，电路的阻抗就等于电阻，也就是阻抗减小到最小值。在电感和电容并联电路中，谐振时阻抗增加到最大值，这和串联电路相反。

2. 容抗

交流电流通过电容时，电容对交流电流有阻碍作用，我们把这种阻碍作用叫做容抗。电容量大，交流电越容易通过。交流电流的频率越高，交流电流越容易通过。实验证明，容抗与电容量成反比，如果容抗用 X_C 表示，电容量用 C 表示，频率用 f 表示。容抗就可按下式计算：

$$X_C = \frac{1}{2\pi f C} \tag{1-23}$$

3. 感抗

交流电流通过线圈时，线圈的电感对交流电有阻碍作用，这个阻碍作用叫做感抗。电感量大，交流电流难以通过线圈，说明电感量大，电感的阻碍作用大；交流电流的频率高，交流电流也难以通过线圈，说明频率高，电感的阻碍作用也大。实验证明，感抗和电感成正比，和频率也成正比。如果感抗用 X_L 表示，电感用 L 表示，频率用 f 表示，那

么感抗（Ω）为

$$X_L = 2\pi fL \tag{1-24}$$

知道了交流电的频率 f 和线圈的电感 L，就可以用式（1-24）计算感抗。

4. 阻抗匹配

阻抗匹配是指负载阻抗从设备中获得最大功率的措施。最简单的例子是负载阻抗和电源的内阻抗都是纯电阻的情况。在这种情况中，如果负载电阻小于或者大于电源内电阻，负载电阻获得的功率都是比较小的，只有使负载电阻等于内电阻，负载电阻才获得最大的功率。这种使负载电阻等于电源内电阻，从而获得最大功率的措施就叫做阻抗匹配。

如果负载阻抗和电源内阻抗不是纯电阻，要做到匹配就复杂一些。不但要求电阻部分相等，而且要求电抗部分大小相等符号相反。电抗包含感抗和容抗，在串联电路中，电抗等于感抗和容抗之差。

在电子电路中，选择负载电阻，使电子器件处于最佳工作状态下输出最大功率，通常也叫做阻抗匹配。

在传输线中，使负载阻抗等于传输线的特性阻抗，也叫做阻抗匹配。它的目的是消除负载引起的反射，使负载获得最大功率。电视天线的匹配就属于这种情况。

第十七节　电压三角形、阻抗三角形和功率三角形

电压、阻抗和功率可用三角形来表示，如图 1-18 所示。在具有电阻 R、电感 L、电容 C 的串联电路中，采用矢量方法构成了电压三角形，其计算关系是

$$U = I\sqrt{R^2 + (X_L - X_C)^2}$$

由于串联电路通过的电流是不变的，如果把电压三角形各边都除以电流值 I，就成为一个阻抗三角形，当 $X_L > X_C$ 时，其关系为

$$Z = \sqrt{R^2 + (X_L - X_C)^2}$$

同理，如果把电压三角形各边都乘以电流值 I，就得到了功率三角形。图 1-18c 说明了有功功率与无功功率同电源能量的关系。电源能量用 S 表示，称作视在功率，单位为 V·A，其关系可写作

$$S = UI$$

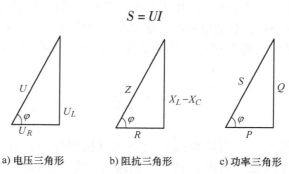

a) 电压三角形　　　b) 阻抗三角形　　　c) 功率三角形

图 1-18　电压、阻抗和功率三角形表示法

第十八节　左手定则和右手定则

1. 左手定则

通电导体在磁场中要受到力的作用，这个力叫做电磁力。电磁力的大小与磁通密度（也称为磁感应强度）B 成正比，与通过电流 I 成正比。同时又与导体在磁场中的有效长度 L 成正比。电磁力的单位用 N 表示。电磁力的方向用左手定则判断，如图 1-19a 所示。它和电动机的作用原理相同，所以也称电动机定则。电磁力的大小可用下式表示：

$$F = BLI \qquad (1-25)$$

式中，F 为电磁力（N）；B 为磁通密度（T）；I 为通电导体电流（A）；L 为导体有效长度（m）。

在实际应用中，为了便于记忆，常用"左手笨重，好比电动"来比喻电动机。

2. 右手定则

导体在磁场中做切割磁力线运动时，会产生感应电动势。感应电动势的大小与磁通密度成正比，与导体在磁场中的有效长度、运动速度成正比。感应电动势用符号"e"表示，单位为 V。感应电动势的方向用右手定则判断，如图 1-19b 所示。人们常说，右手方便，好比发电。实际应用的发电机就是根据这个道理制成的，所以也叫发电机定则。感应电动势大小可用式 (1-26) 表示：

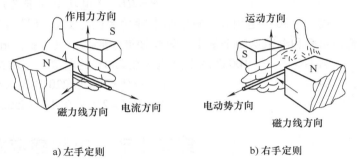

a) 左手定则　　　　　　b) 右手定则

图 1-19　左手与右手定则

$$e = Blv \qquad (1-26)$$

式中，e 为感应电动势（V）；B 为与导体运动方向相垂直的磁通密度（T）；l 为导体切割磁力线有效长度（m）；v 为导体运动速度（m/s）。

第十九节　欧 姆 定 律

众所周知，在电阻元件（如电灯泡、电阻器）的两端加上电压 U 后，其中一定会有电流 I 通过，那么电阻 R 和电压、电流之间存在什么样的数量关系呢？德国物理学家欧姆做了大量实验，找到了一个基本规律——欧姆定律。导体中的电流 I 和导体两端的电压 U 成正比，和导体的电阻 R 成反比，即

$$I = \frac{U}{R} \qquad (1-27)$$

这个规律叫做欧姆定律。如果知道电压、电流、电阻三个量中的两个，就可以根据欧姆定律求出第三个量，即

$$I = \frac{U}{R}, \quad R = \frac{U}{I}, \quad U = IR \tag{1-28}$$

在交流电路中，欧姆定律同样成立，但电阻应该改成阻抗 Z，即

$$I = \frac{U}{Z} \tag{1-29}$$

由式（1-29）可见，当所加电压 U 一定时，电阻 R（阻抗 Z）愈大，则电流 I 愈小。显然，电阻具有对电流起阻碍作用的物理性质。在国际单位制中，电阻的单位是欧（Ω）。当电路两端电压为 1V 时，通过的电流为 1A 时，则该段电路的电阻为 1Ω。计量高电阻时，则以千欧（$k\Omega$）或兆欧（$M\Omega$）为单位。

从电压和电流的定义可知，电阻中电流的方向是和电压方向一致的，都从高电位端指向低电位端。

欧姆定律只适用于线性电阻元件，它对于随时间变化的电压、电流也适用，也就是说，任何一个时刻的电流 I 也一定等于这一时刻的电压除以电阻 R。

电阻在电路中是消耗功率的，它消耗的功率为

$$P = IU \quad \text{（电功率的定义）} \tag{1-30}$$

式（1-30）是用来计算电阻消耗功率的公式。可见对于电阻器来说，在它的电压、电流、功率和电阻这四个量中，只要知道任何两个量，就能确定出另外两个。

例 1-3　一个 100W 的电灯泡接在 220V 的电源上，求这个灯泡的电阻和电流。

解：
$$I = P/U = 100\text{W}/220\text{V} = 0.4\text{A}$$
$$R = U/I = 220\text{V}/0.4\text{A} = 550\Omega$$

第二十节　电磁感应定律

变化的磁场在导体中产生电动势的现象，叫做电磁感应定律。

电磁感应可以用电磁感应定律来描述，即

$$e = -N\Delta\Phi/\Delta t$$

式中，e 为感应电动势；N 为线圈匝数；$\Delta\Phi/\Delta t$ 为磁通变化率。

第二十一节　叠 加 原 理

叠加原理是分析线性电路时普遍应用的原理。由支路电流法列出的方程是线性代数方程。根据线性代数方程的叠加性导出电路的叠加原理。电路如图 1-20 所示。

在使用叠加原理时，应注意以下几个问题：

1）当设某一电源单独作用时，其余电源应均设为零。理想电压源应视为短路，理想电流源应视为开路，但电源内阻都必须保留。

2）每个电源单独作用时所产生电

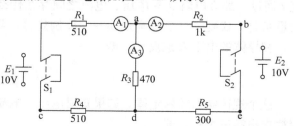

图 1-20　叠加原理电路

流前面的符号切不可忽视，叠加时应取其代数和。

3）叠加原理只能用于求解线性电路的电压或电流，而不能对功率进行叠加，更不能在非线性电路中使用。

第二十二节 戴维南定理

将有源二端网络用一个电动势为 E、内阻为 R_0 的电压源等值替代的条件：电压源的电动势 E 等于有源二端网络的开路电压 U_0，电压源的内阻等于将此有源二端网络化为相应无源二端网络的等效电阻。

在复杂电路中，欲求一条支路电流，可将其余部分视为一个有源二端网络。利用戴维南定理将此有源二端网络用电压源等效替代，使问题的分析大为简化。

第二十三节 焦耳-楞次定律

焦耳-楞次定律：导体通过电流时，将在导体上产生热量，其热量的大小与流过导体的电流二次方、导体的电阻及通过的时间成正比。计算公式如下：

$$Q = I^2 R t \tag{1-31}$$

式中，Q 为热量（J）；I 为电流（A）；R 为电阻（Ω）；t 为时间（s）。

第二十四节 节 点 定 律

1. 节点电流定律

在电路中一定会有元件与元件连接的地方，我们把元件相接的地方叫做节点。在图1-21中，有 a、b、c、d、e、f 六个，但习惯上把两个以上元件相接点的地方（或者说电流汇集与分叉的地方）叫做节点。这样，图 1-21中只有两个节点。

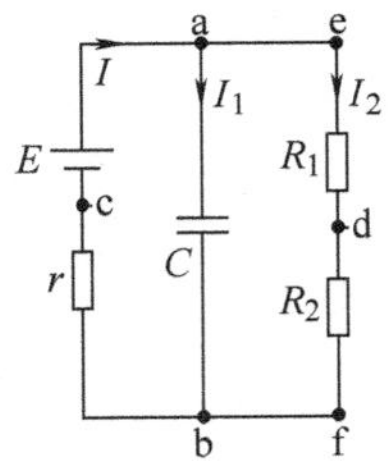

图中，节点可以看作一条没有被元件隔开的线。如在图 1-21中，上面的节点是连接 E（正极）、C、R_1 的线。

节点电流定律：流入节点的电流等于流出该节点的电流。例如，对上面节点有

$$I = I_1 + I_2$$
$$\sum I_{\text{in}} = \sum I_{\text{out}} \tag{1-32}$$

式中，∑ 为求和符号。

例1-4 图 1-21 中，$I_1 = 10A$，$I_2 = 20A$，求 I 是多少？

解：由节点电流定律（即式（1-32））

$$I = I_1 + I_2$$
$$= 10A + 20A = 30A$$

应该指出，节点电流定律对任一电路、任何一个节点、任意一个时刻都是成立的；它对直流电路成立，对交流电路也成立。

图 1-21 电路的节点、支路

2. 节点电压定律

在电路中两个节点之间的电流通路称为支路。图 1-22 中有 5 条支路：E 和 r 是一条支路，R_1 和 C 是一条支路，R_2 是一条支路，L 和 R_3 是一条支路，R_4 是一条支路。

电压定律：电路中任何两节点之间的电压（如 a、b 之间的电压 U_{ab}）等于从高电位沿着任何一条路径到低电位电压下降的代数和，表示为

$$U_{ab} = \sum U$$

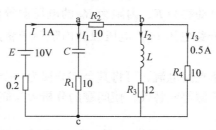

图 1-22　电压定律电路

第二章 电子技术及应用

第一节 N型半导体与P型半导体

在半导体中掺入微量的杂质，能提高导电能力。根据这一特性，在半导体中加入锑、磷、砷等元素，会产生许多电子，这种多出电子的半导体叫做N型半导体。

当在半导体中加入铟、铝、硼等元素后，半导体中就产生许多缺少电子的空穴，也就是空位，这种缺少电子、带空穴的半导体叫做P型半导体。

将半导体P型部分接电池正极，N型部分接电池的负极，不能反接。图2-1为PN结连接方式，PN结可以单向导电。

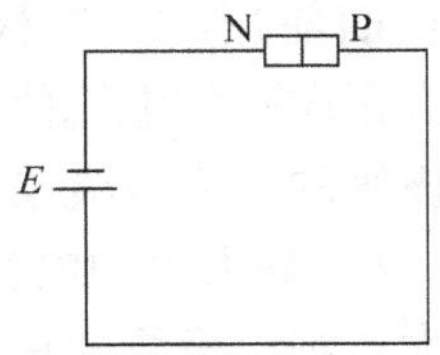

图2-1 PN结连接方式

第二节 二 极 管

1. 二极管

二极管的外形与符号如图2-2所示。它由PN结、管壳、电极引线（管脚）等组成。图中所示二极管符号左端叫做阴极（或叫做负极），右端叫做阳极（或叫做正极）。在使用时，阳极接电源正极，阴极接电源负极。按材料分，有锗二极管和硅二极管；按结构分，有点接触型二极管和面接触型二极管；按用途分，有整流二极管、稳压二极管、发光二极管和光敏二极管等。

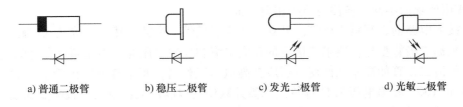

a) 普通二极管　　　b) 稳压二极管　　　c) 发光二极管　　　d) 光敏二极管

图2-2 二极管的外形与符号

2. 晶体二极管的极性

通常根据二极管管壳上标志的二极管符号来判别。如标志不清或无标志，可根据二极管正向电阻小、反向电阻大的特点，利用万用表欧姆挡来判别极性。具体方法是，先将万用表选择开关旋到 $R \times 100$ 或 $R \times 1k$ 挡，然后用表笔分别正向、反向来测量出两个电阻值，一个约几百欧，一个则为几百千欧。凡量出几百欧小电阻值的，则与黑表笔相连的一端为正极，另一端为负极。凡量出几百千欧大电阻值的，则与红表笔相连的一端为正极，另一端为负极，如图 2-3 所示。

3. 识别二极管的好与坏

因为二极管是单向导通的器件，因此测量出来的正向电阻值与反向电阻值相差越大越好。如果相差不大，说明二极管性能不好或已损坏。如果测量时表针不动，说明二极管内部已断线。如果测出电阻为零，说明电极之间已短路。

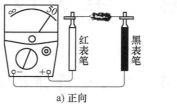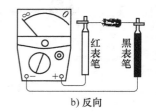

a) 正向　　　　　　　　　　b) 反向

图 2-3　二极管的测量

4. 二极管的主要参数

1）最大整流电流 I_{FM}：是指在长期使用时，二极管能通过的最大正向平均电流值。通过二极管的电流不能超过最大整流电流值，否则会烧坏二极管。锗二极管的最大整流电流一般在几十毫安以下，硅二极管的最大整流电流可达数百安。

2）最大反向电流 I_{RM}：是指二极管的两端加上最高反向电压时的反向电流值。反向电流大，则二极管的单向导电性能差，这样的管子容易烧坏，整流效率也差。硅二极管的反向电流约在 $1\mu A$ 以下，大的有几十微安，大功率的管子也有高达几十毫安的。锗二极管的反向电流比硅二极管大得多，一般可达几百微安。

3）最高反向工作电压 U_{RM}（峰值）：是指二极管在使用中所允许施加的最大反向峰值电压，它一般为反向击穿电压的 1/2 ~ 2/3。锗二极管的最高反向工作电压一般为数十伏以下，而硅二极管可达数百伏。

5. 光敏二极管

光敏二极管的结构和普通二极管相似，装在透明的玻璃外壳中，管中的 PN 结可以受到光的照射。光敏二极管在电路中是反向工作的，在没有光照时，其反向电阻很大，可达几兆欧。有光照时，光敏二极管的反向电阻只有几百欧，反向电流约为几十微安。通常用在光电转换的自动控制仪器中，如图 2-2d 所示。

6. 二极管在使用时应注意的问题

按使用要求的不同，应注意下列主要方面：

1）接入电路前，观察二极管的外观、质量、极性、参数，然后正确接入电路中。

2）根据二极管型号，要求二极管的正向电流和反向电压峰值不能超过允许的极限值。

3）整流二极管如需串联使用以适应在高电压工作时，每个整流二极管应并联一个均流电阻，按每 100V 峰值电压 70Ω 计算。如需并联使用以满足通过较大负载电流的要求时，每个整流二极管应并联 10Ω 左右的均流电阻，防止个别器件过载烧坏。

4）大功率的二极管（如 3AD 系列）应加装散热器。安装二极管时，应尽量将二极管远离发热源。

第三节　稳压二极管

稳压二极管用来对电子电路起稳定电压的作用。与普通二极管的不同点是：稳压二极管工作在反向击穿状态，起稳压作用，不会被击穿而损坏。稳压二极管的符号如图 2-2b 所示。

稳压二极管工作在击穿区，反向电流可以在很大范围内变化，而电压几乎不变，利用这一特性，起到稳压作用。

1. 稳压二极管的主要参数

1）稳定电压 U_z：是指在正常工作下管子两端的电压。它的允许范围在最小反向击穿电压与最大反向击穿电压之间。由于制造工艺方面原因，稳压值有一定分散性。例如 2CW 稳压二极管的稳压值为 10 ~ 12V。

2）稳定电流 I_z：I_z 只是作为一个参考数值，设计选用时要根据具体情况（工作电流的变化范围）来定。

3）耗散功率 P_z：是指稳定电压 U_z 与稳定电流 I_z 的乘积。

4）电压温度系数 a：是指稳压二极管受温度变化的影响系数。

2. 稳压二极管的使用注意事项

因稳压二极管工作在反向电压下，应注意极性不能反接。如果极性接错，造成电源短路，将产生过大电流烧坏稳压二极管。环境温度要控制在 50℃ 以下，温度每升高 1℃，稳压二极管的最大耗散功率降低 1% ~ 2%。还要注意的是稳压管可以串联使用，但不要并联使用。

第四节 整 流 电 路

整流就是将交流电转变为直流电的过程。二极管整流电路是利用二极管单向导电特性组成的整流电路，分为单相整流和三相整流两种。单相整流又分为半波整流、全波整流、桥式整流和倍压整流等。

1. 单相半波整流电路

根据二极管具有单向导电的特性，当二极管正极接电源正端，负极接电源负端，电源 u_2 正半周时电路有电流流过。反之电源 u_2 负半周时则电路无电流，为不导通状态。因此在 R_L 电阻上得到单方向的脉动电压，把交流电变成了直流电。单相半波整流电路如图 2-4a 所示。

2. 单相全波整流电路

单相全波整流电路是由两个单相半波电路组成的，如图 2-4b 所示。变压器的二次绕组的中心抽头把 u_2 分成两个大小相等方向相反的 u_{21} 和 u_{22}。交流电压波形如图 2-5a 所示。

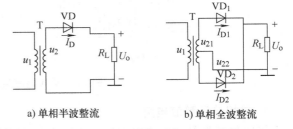

a) 单相半波整流 b) 单相全波整流

图 2-4 单相半波整流与全波整流电路

在正弦交流电源的正半周，VD_1 处于正向导通，VD_2 处于反向截止，电流经 VD_1、负载电阻 R_L 回到变压器中心抽头，构成回路，负载得到半波整流电压和电流。

同理，在电源的负半周，VD_2 导通，VD_1 截止，电流经 VD_2、R_L 流回到变压器中心抽头，负载 R_L 又得到半波电压和电流。

以后重复上述过程。由此可见全波整流电路的两只二极管 VD_1、VD_2 是轮流工作的，在负载上得到的电压和电流波形如图 2-5b 所示。

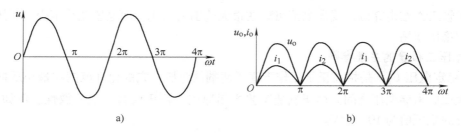

图2-5　全波和桥式整流电压电流波形

3. 单相桥式整流电路

电路如图2-6a所示，波形如图2-5b所示。单相桥式整流电路由电源变压器T、整流二极管VD_1、VD_2、VD_3、VD_4和负载电阻R_L组成。与全波整波电路一样，变压器将电网交流电压变换成整流电路所需的交流电压，设$u_2 = \sqrt{2}U_2\sin\omega t$。

当电源电压处于u_2的正半周时，变压器二次绕组的a端电位高于b端电位，VD_1、VD_3在正向电压作用下导通，VD_2、VD_4在反向电压作用下截止，电流从变压器二次绕组的a端出发，经VD_1、R_L、VD_3，由b端返回构成通路。有电流通过负载电阻R_L，输出电压$U_o = U_2$。

当电源电压处于u_2的负半周时，变压器二次绕组的b端电位高于a端电位，VD_2、VD_4在正向电压作用下导通，VD_1、VD_3在反向电压作用下截止，电流从变压器二次绕组的b端出发，经VD_2、R_L、VD_4，回到a端。有电流通过负载电阻R_L，输出电压$U_o = U_2$。

由此可见，在交流电压u_2的整个周期内，整流器件在正、负半周内各导通一次，负载R_L始终有电流通过，而且保持为同一方向，得到两个半波电压和电流。所以，桥式整流电路也是一种全波整流电路。

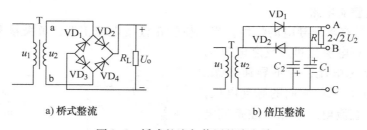

a) 桥式整流　　　　　　　　　b) 倍压整流

图2-6　桥式整流与倍压整流电路

4. 单相倍压整流电路

倍压整流就是在整流电路输入端输入低压交流电，而在输出端却能得到高于输入电压多倍的直流电压。以二倍压整流电路为例，如图2-6b所示。其工作原理如下。

当电源电压为正半周时，二极管VD_1导通，电源电压对C_1充电，C_1两端的电压为$\sqrt{2}U_2$。当电源电压为负半周时，VD_2导通，电容器C_2被充电到$-\sqrt{2}U_2$。因为

$$U_{AB} = U_{AC} + U_{CB}$$

所以
$$U_{AC} = \sqrt{2}U_2 + \sqrt{2}U_2 = 2\sqrt{2}U_2$$

即输入交流电压为$\sqrt{2}U_2$，而在输出端得到的直流电压为$2\sqrt{2}U_2$，这就是二倍压整流电路的工作原理。同理，可做成三倍压整流电路及多倍压整流电路。

第五节　滤波电路

整流电路可以使交流电转换成脉动直流电，这种脉动直流电中不仅包含直流分量，而且有交流分量。而我们需要的是直流分量，因此必须把脉动直流电中的交流分量去掉。从阻抗观点看，电感线圈的直流电阻很小，而交流阻抗很大；电容器的直流电阻很大，而交流电阻很小。若组合起来就能很好地滤去交流分量，留下需要的直流分量，这种组合就是滤波电路。常用的滤波电路有下面几种形式，如图 2-7 所示。

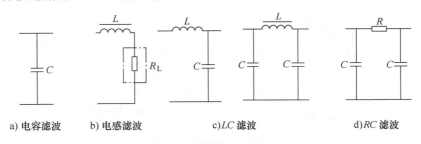

a) 电容滤波　　b) 电感滤波　　　　c)LC 滤波　　　　　d)RC 滤波

图 2-7　常用滤波电路

1. 电容滤波电路

电容滤波器电路如图 2-8a 所示，它由负载两端并联一只电容组成。

电容滤波电路利用了电容两端电压不能突变的特性。当二极管导通时，一方面给负载 R_L 供电，另一方面对电容器 C 进行充电。充电时间常数 $T_1 = 2R_D C$，其中 R_D 为二极管的正向导通电阻，其值

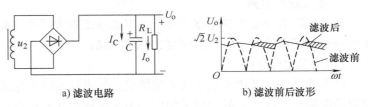

a) 滤波电路　　　　　b) 滤波前后波形

图 2-8　电容滤波电路

非常小，充电电压 U_c 与上升的正弦电压 U_2 一致，$U_o = U_c \approx U_2$，当 U_c 充电到 u_2 的最大值 $\sqrt{2}U_2$，U_2 开始下降，且下降速率逐渐加快。当 $U_2 < U_c$ 时，4 个二极管均截止，电容 C 经负载电阻 R_L 放电，放电时间常数 $T_2 = R_L C$，故放电较慢，直到负半周。

在负半周，当 $U_2 > U_c$ 时，另外两个二极管导通，再次给电容 C 充电，当 U_c 充电到 u_2 的最大值 $\sqrt{2}U_2$，U_2 开始下降，且下降速率逐渐加快，当 $U_2 < U_c$ 时，4 个二极管再次截止，电容 C 经负载 R_L 放电。如此重复上述过程。负载两端的输出电压波形如图 2-8b 所示。

由上述讨论可见，输出电压的大小和脉动程度与放电时间常数 $T_2 = R_L C$ 有关。若 R_L 开路，电容 C 无放电通路，U_o 将一直保持最大充电电压 $\sqrt{2}U_2$；若 R_L 很小，放电时间常数很小，U_c 下降很快，使得输出电压的脉动增大。

桥式整流电容滤波后，其输出电压 $U_o = (1.1 \sim 1.4) U_2$ 范围内，滤波电容选用几十微法以上的电解电容，其耐压值应高于 $\sqrt{2}U_2$。

2. 电感滤波电路

如果要求负载电流较大时，输出电压 U_o 仍较平稳，则采用电感滤波。电感滤波电路如

图 2-9a 所示。

由于电感线圈上的直流阻抗很小，所以脉动电压中的直流分量很容易通过电感线圈，几乎全部到达负载 R_L。而电感对交流的阻抗很大，所以脉动电压中的交流分量很难通过电感线圈。由于电感 L 和负载 R_L 串联，对交流分量可看成是一个分压器，如果我们选择电感的感抗 $X_L = \omega L$ 比负载 R_L 大很多（如交流电源是 50Hz，全波和桥式整流后的脉动频率是 100Hz，半波整流后是 50Hz），那么，交流分量将大部分降在电感上，在负载 R_L 上的交流分量就很小了。这样将原来的脉动较大的直流输出变为较平稳的直流输出了。如图 2-9b 实线所示。

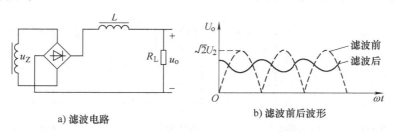

a) 滤波电路   b) 滤波前后波形

图 2-9 电感滤波电路

如果 R_L 一定，电感越大，输出电压波动越小，滤波效果就越好。所以电感滤波一般适用于负载变动较大，负载平均电流较大的场合。

3. 复式滤波电路

通过电容滤波或电感滤波的分析，直流输出或多或少仍有波动。在要求较高的场合，为了得到更加平滑的直流可以采用复式滤波电路。

（1）LC 滤波电路

电容滤波电路适用于负载较大的情况，而电感滤波电路适用于负载较小的情况，如果把这两种电路组合起来，就构成了如图 2-10a 所示的滤波电路，它对于一般负载都适用。

在 LC 滤波电路中，脉动电压将经过双重滤波作用，使交流分量大部分被电感 L 阻止，即使有小部分通过了电感 L，还要经过电容 C 的滤波作用，使交流旁路，因此在负载上的交流分量很小，从而达到了滤除交流的目的。

（2）LC-π 形滤波电路

如图 2-10b 所示，LC-π 形滤波电路是由 C 形滤波电路和 LC 滤波电路组合而成，滤波过程：交流电整流后先经 C 形滤波电路滤波，然后再经 LC 滤波电路滤波，所以 π 形滤波器性能比 LC 和 C 形滤波电路都要优越，在 R_L 上获得的电压将更平滑。

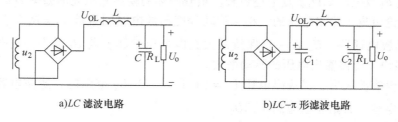

a) LC 滤波电路   b) LC-π 形滤波电路

图 2-10 LC 滤波和 LC-π 形滤波电路

由于 $LC\text{-}\pi$ 形滤波电路前面接有电容，所以这种滤波电路的外特性和电容滤波电路相似。

4. RC 滤波电路

在有些场合，如果负载电流不大，为了减轻重量，降低成本，缩小体积，可将上述两个复式滤波电路上的 L 用一只电阻来代替，组成 $RC\text{-}\tau$ 形滤波电路和 $RC\text{-}\pi$ 形滤波电路，如图2-11 所示。

在 RC 滤波电路中，R 值大滤波效果好，但电阻上压降损失也大。一般在小电流的场合，电阻通常取几十欧到几百欧，电容取几百微法（$200\sim500\mu F$）。

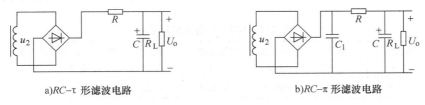

a)RC-τ 形滤波电路　　　　b)RC-π 形滤波电路

图 2-11　RC 滤波电路

在整流后需加滤波电容，滤波电容的容量需根据用电负载的大小来选取，通常选用几十微法至几百微法。有些要求较高的直流电源，还需增设集成稳压器进行稳压，以取得纹波较小的高质量的稳压电源。滤波电容容量与负载电流的关系如表2-1 所示，可根据输出电流选择滤波电容的大小。

表 2-1　滤波电容容量与负载电流的关系

I_o	2A 左右	1A 左右	$0.5\sim1A$	$0.1\sim0.5A$	$50\sim100mA$	$<50mA$
电容容量/μF	4000	2000	1000	500	$200\sim500$	200

其次要确定电容的耐压值，耐压值选小了，会因过电压而击穿，选大了会增加体积和成本，可按下式确定电容的耐压值：

$$U_C = \sqrt{2}U_2 \tag{2-1}$$

第六节　直流稳压电源

直流稳压电源就是把交流电源变成稳定的直流电源，有并联型和串联型之分。并联型电源主要用于要求不高的场合；分立元件的稳压电源已被集成的稳压电源所代替。下面分别介绍三端稳压可调式直流稳压电源和正、负直流稳压电源。

1. 三端稳压可调式直流稳压电源

三端可调正压集成稳压器的品种较多，三端指的是电压输入端、电压输出端和电压调整端，正压指的是输出正电压。国际流行的正压输出稳压器有 LM117/217/317 系列、LM123 系列、LM140 系列、LM138 系列和 LM150 系列等。图2-12 所示为 LM317 三端稳压可调式直流稳压电源，它是输出电压连续可调的直流电源，全波整流、电容滤波的直流电源。交流电源变压器二次侧采用对称双二次侧，输出直流电压为变压器二次电压的 0.9 倍。

LM317 是三端正稳压器，它的输出电压可调，稳压精度高，输出纹波小，一般输出电压为 1.25～35V，最大负载电流为 1.5A，电路内部设置过电流保护、芯片过热保护及调整管安全工作区保护，它的工作温度为 0～150℃。主要参数见表 2-2。

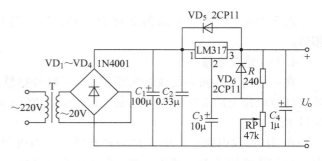

图 2-12　三端稳压可调式直流稳压电源

表 2-2　LM317 的主要参数表

电压调整率	电流调整率	基准电压	调整端电流	调整端电流变化	纹波抑制比	输出电压温度变化率	最大输入电压	最小输入电压
0.01% V	1% V	1.25V	50μA	0.2μA	80dB	0.7mV/℃	40V	3V

2. 正、负直流稳压电源

图 2-13 采用集成正、负稳压器的电源电路，变压器的二次输出电压为 24V，经全波整流后输出的直流电压为 24V×0.9 = 21.6V。两个 1000μF 电容器分别为两个桥式整流电路的滤波电容。经过集成稳压器稳压后，分别输出正、负 15V 的直流电源。

集成稳压器内部稳压系统及纹波消除系统十分完善，因此滤波电容不必太大。特别是目前使用广泛的声控灯开关，均使用这种电源供电。

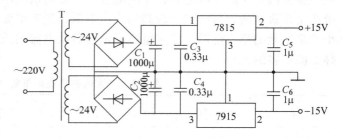

图 2-13　正、负直流稳压电源

第七节　晶　体　管

晶体管由 2 个 PN 结组成，它有 3 个电极，即发射极 E、集电极 C，基极 B，所以晶体管是具有 3 个极、2 个 PN 结的半导体器件。它分为 NPN 型与 PNP 型，如图 2-14 所示。

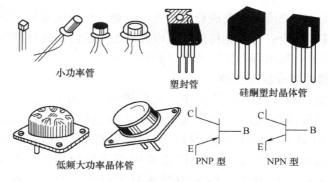

图 2-14　晶体管的外形及符号

1. 晶体管的管型与电极

根据 PN 结的单向导电性，把万用表置 $R \times 10$ 或 $R \times 100$ 挡，分别测量两个 PN 结的正反向电阻，即可判别管子的类型和基极。方法是：黑表笔接触被测管子的任一电极不动，红表笔分别接触另外两个电极，若被测电阻为几百欧时，则被测管子为 NPN 型，黑表笔接触的电极是基极 B。在 C、B 间跨接一只 $100k\Omega$ 电阻，两次测量（表笔对调一次）BC 间电阻，对应于阻值小的那一次，黑表笔接的是 C 极，另一个为 E 极。反之，红表笔与黑表笔交换，

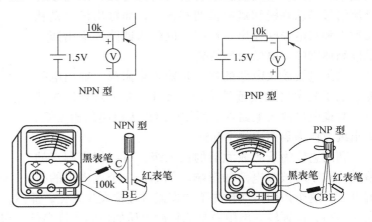

NPN 型   PNP 型

图 2-15 管型与电极的判别

则被测管子是 PNP 型，红表笔接触的电极是 B 极，如图 2-15 所示。

2. 晶体管的主要参数

（1）电流放大倍数 β。它是衡量晶体管放大能力的一个主要参数，由集电极电流变化量与基极电流变化量的比值来表示，即 $\beta = \Delta i_C / i_B$，β 值约为 $20 \sim 100$。β 值太高会使晶体管性能不稳定，β 值太低会导致放大作用不好。

（2）反向饱和电流 I_{CBO}。它是当发射极开路时，集电极与基极间的反向电流，这个数值要求越小越好。

（3）穿透电流 I_{CEO}。它是当基极开路，集电极接反向电压，发射极接正向电压时，流过集电极的电流，这个数值越小越好。

第八节　晶体管的基本放大电路

1. 共发射极放大电路

共发射极放大电路具有较大的电压放大、电流放大和功率放大倍数，输入电阻小，而输出电阻大，参数相对适中。所以，一般只要对输入电阻、输出电阻和频率响应没有特殊要求的地方，均常采用。因此，共发射极放大电路被广泛地用作低频电压放大的输入级、中间级和输出级。

共发射极放大电路如图 2-16 所示。

2. 共集电极放大电路

共集电极放大电路如图 2-17 所示。从图中可见，它与共发射极放大电路不同，它的输出端是从发射极引出的，故称为射极输出器。

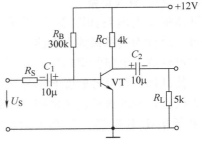

图 2-16 共发射极放大电路

　　由于直流电源对于交流信号来说是短路的，所以对于交流信号而言，晶体管的集电极直接接地。因此，由发射极输出的电路图可见，该电路的交流信号是从基极和集电极两端输入，而输出信号是从发射极和集电极间输出，也就是说输入回路和输出回路是以晶体管的集电极为公共端的。

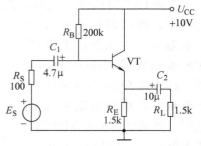

图2-17　共集电极放大电路

　　共集电极放大电路的特点是输入电阻高、输出电阻低、电压放大倍数接近于1而小于1，由于具有这些特点，共集电极放大电路常被用作多级放大电路的输入级、输出级或作为隔离用的中间级。

　　利用它作为量测放大器的输入级，可以提高测量的精度并减小对被测电路的影响。例如，一个有内阻的待测电压，这个内阻可能预先不知道或者经常发生变化，显然，只要把量测放大器的输入电阻大大提高，保证输入电阻总是比待测电压的内阻大许多倍，那么测得的结果与待测电压基本相等，只有这样，在我们把测量放大器接到被测电路上以后，才不致改变被测电路原来的工作状态。

　　其次，如果放大器推动的是一个变化的负载，为了在负载变化时保证放大器的输出电压比较稳定，就要求放大器具有很低的输出电阻。这时，用射极输出器作为放大器的输出级。

　　共集电极放大电路虽然没有电压放大作用，但有电流和功率放大作用。

　　共集电极放大电路具有输出电阻小，输出电阻约为几欧到几十欧，比共发射极放大电路的输出电阻要小得多。输出电阻越小，当负载变化时，输出电压变化也就越小，也就是共集电极放大电路带负载能力强的原因。

　　综上所述，共集电极放大电路具有输入电阻大、输出电阻小的特点，在电子电路中得到广泛的应用。在测量仪表中，常用它作为输入级，主要是它的输入电阻很大，被测电路信号流入的电流很小，对被测电路工作情况影响很小，从而提高了测量的精度。在多级放大电路中，常用它作输出级，主要是它的输出电阻小，当负载变化时，输出电压仍很稳定。有时将共集电极放大电路接在两个共发射极放大电路的中间，对前级而言，它的高输入电阻可以提高前级的负载电阻，从而提高了前级的电压放大倍数。对后级而言，它的低输出电阻正好与输入电阻小的共发射极放大电路相配合，这就是射极输出器的阻抗变换作用。这个中间级又称为隔离级或缓冲级。

3. 共基极放大电路

　　共基极放大电路如图2-18所示。其输入、输出共用基极，故称为共基极放大电路。

　　共基极放大电路的突出特点在于它具有很低的输入电阻，使晶体管结电容的影响不显著，因而频率响应得到很大改善，所以这种接法常用于宽频带放大器中。另外，由于输出电阻高，共基极放大电路可以作为恒流源。

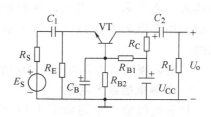

图2-18　共基极放大电路

第九节 集成运算放大器

集成运算放大器内部通常由高阻输入级、中间放大级、低阻输出级和偏置电路等组成。它具有高输入阻抗和高放大倍数。因此,在各类放大器中应用较多。其中最常用的集成运放电路有单运放 5G23(F004)、5G24(F007)、μA741;双运放 5G022、5G353;四运放电路 LM324、LM2902 和 LA6324 等。

集成运算放大器至少有五个引出端:一个同相输入端(+)和一个反相输入端(-),一个电源正端(U_{DD})和一个电源负端(U_{SS}),还有一个输出端。

集成运算放大器输入电路的两个输入端采用差分的方法输入,两个输入端 U_+ 和 U_-。标以"+"号的输入端称为同相输入端,其输出信号 U_o 与输入信号 U_i 同相;标以"-"号的输入端称为反相输入端,其输出信号 U_o 与输入信号 U_i 反相。

在实际应用中,运算放大器的输入阻抗为几百千欧至几兆欧。作为放大器时,它的放大倍数为几万至几十万倍,已经接近理想的运算放大器。与分立元件的放大器相比,它具有稳定性好、可靠性高、便于调整等优点。

运算放大器可做加法、减法、微分、积分等运算。具有信号的产生、变换及信号处理等功能,应用非常广泛。

1. 反相运算放大器

反相运算放大电路如图 2-19 所示。输入信号 u_i 通过电阻 R_1 加到反相输入端(-),同相输入端(+)通过电阻 R_2 接地,输出电压 u_o 通过反馈电阻 R_F 接回到输入端(-),引入一个深度的电压并联负反馈。R_1 是输入电阻。R_2 是输入平衡电阻,它的作用是使两输入电阻相等,电路处于平衡状态。R_2 的阻值应等于 R_1 和 R_F 并联之和。保证运放的两个输入端处于平衡工作状态,避免输入电流产生的附加差动输入电压,使反相与同相输入端对地电阻相等。

反相放大器的电压放大倍数 A_{uf} 等于输出电压 u_o 与输入电压 u_i 之比,但相位相反。其数值可由反馈电阻 R_F 和输入端电阻 R_1 的比值确定。即

$$A_{uf} = \frac{u_o}{u_i} = -\frac{R_F}{R_1} \tag{2-2}$$

上式说明输出电压与输入电压是反向比例放大关系。在计算放大倍数时,只要知道 R_F 和 R_1 的阻值即可,而与运算放大器的本身参数无关,从而避免了复杂的运算。

2. 同相运算放大器

如果将输入信号通过 R_2 从运算放大器的同相输入端(+)输入,就构成了同相放大器,

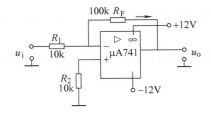

图 2-19 反相运算放大器

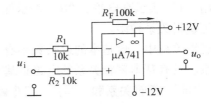

图 2-20 同相运算放大器

这时需将反相输入端（−）通过 R_1 接地。输出电压 u_o 通过反馈电阻 R_F 仍反馈到反相输入端（−）。同时使 $R_2 = R_1 /\!/ R_F$ 以保证两个输入端对地的电阻相等，如图 2-20 所示。

通过分析和推导，同相放大器的放大倍数为

$$A_{uf} = \frac{u_o}{u_i} = 1 + \frac{R_F}{R_i} \tag{2-3}$$

由式（2-3）可知，同相放大器的放大倍数比反相放大器的放大倍数大 1，且与输入信号同相位。只要运算放大器的开环电压放大倍数足够大，闭环电压放大倍数就只决定于 R_F 和 R_1，而与运算放大器的其他参数无关。

图 2-19 和图 2-20 均采用双 ±12V 电压供电，在电路连接时，一定要注意电源的极性，不能接错。

3. 电压跟随器

在特定情况下，当接成如图 2-21 所示的电路时，当 $R_1 = \infty$ （断开）或 $R_F = 0$ 时，则

$$A_{uf} = \frac{u_o}{u_i} = 1 \tag{2-4}$$

电源电压 12V 经 R_1、R_2 分压后在同相输入端得到 +6V 的输入电压，故输出 $u_o = 6V$。

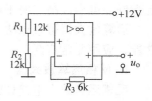

图 2-21　电压跟随器

这种电路称为电压跟随器，它是同相比例运算放大器的一个特例。电压跟随器虽然没有放大输入信号的作用，但在电路中常用作阻抗变换，在多级放大电路中，实现放大器的前后级间匹配，起着十分重要的作用。

第十节　门　电　路

在日常生活中，有很多完全对立而又互相统一的事件，如电源开关的"通"和"断"，电位的"高"和"低"，信号的"有"和"无"等，它们都可以用逻辑的"真"和"假"来表示。所谓逻辑，就是事件的发生条件与结果之间所要遵循的规律。一般说来，事件的发生条件与产生的结果均为有限个状态，每一个和结果有关的条件都有满足或者不满足的可能，在逻辑中可以用"1"和"0"来表示。这里的"1"和"0"不表示数字，仅表示状态。

在数字电路中，输出信号和输入信号之间的关系为逻辑关系，所以数字电路也称为逻辑电路。在数字电路中，每一个端口的信号只允许有两种状态：高电平"1"和低电平"0"，其中高电平规定为 2~5V，低电平 0~0.7V。

当用"1"表示高电平，"0"表示低电平时，称为正逻辑关系，反之称为负逻辑关系。一般用正逻辑关系较多。

在逻辑关系中，最基本的逻辑关系有三种："与"逻辑关系、"或"逻辑关系和"非"逻辑关系。具有基本逻辑关系的电路是基本门电路。

1. "与"逻辑关系和"与"门电路

能实现"与"逻辑关系的电路称为"与"门电路。

（1）"与"逻辑关系

当某一事件发生的所有条件都满足时，事件必然发生，至少有一个条件不满足时，事件决不会发生。这种逻辑关系称为"与"逻辑关系，也称为逻辑乘。

在图2-22中，当以灯亮作为事件发生的结果，以开关是否闭合作为事件发生的条件时，可以得到下面的结论：当有一个或一个以上的开关处于"断开"状态时，灯 F 就不会亮；只有所有的开关都处于"闭合"状态时，灯 F 才会亮。若将开关"闭合"定义为逻辑"1"，开关"断开"定义为逻辑"0"；灯"亮"定义为逻辑"1"，灯"灭"定义为逻辑"0"，就可以得到开关和灯状态之间的一一对应关系，见表2-3。这种用表格形式列出的逻辑关系叫做真值表。

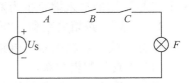

图2-22 "与"逻辑关系

表2-3 "与"逻辑真值表

A	B	C	F
0	0	0	0
0	0	1	0
0	1	0	0
0	1	1	0
1	0	0	0
1	0	1	0
1	1	0	0
1	1	1	1

除了用真值表表示"与"逻辑关系之外，将 F 看作输出变量，A、B、C 看作输入变量，输出变量和输入变量之间的逻辑关系也可以用逻辑函数式表示为

$$F = A \cdot B \cdot C \qquad (2\text{-}5)$$

式（2-5）中的"·"表示"与"逻辑（"乘"逻辑），在不发生混淆的条件下，该符号可以略写。

（2）"与"门电路

下面通过图2-23说明门电路如何实现"与"逻辑功能。设图中二极管为理想二极管，输入信号只有两种取值，低电平"0"，高电平"1"。

1）当输入端中至少有一个为低电平时，设 A 端为"0"，因为电源电位高于输入端电位，必然有二极管导通。对于同阳极接法的二极管，此时阴极电位最低的二极管导通，即 VD_1 导通，其他二极管截止。A 端的低电平被送到输出端，输出电位为低电平"0"。

2）当所有的输入端全部为高电平"1"时，各二极管相当于并联，二极

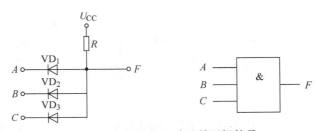

图2-23 "与"门电路及其逻辑符号

管全部导通，输出电位为高电平"1"。

当将电路的输入和输出关系用表格来表示，并取高电平为逻辑"1"，低电平为逻辑"0"，则电路的"与"逻辑功能：有 0 出 0，全 1 出 1。"与"门的逻辑符号如图 2-23 所示，一个"与"门的输入端至少有两个，输出端为一个。

2. "或"逻辑关系和"或"门电路

具有"或"逻辑关系的电路称为"或"门电路。

（1）"或"逻辑关系

当某一事件发生的所有条件中至少有一个条件满足时，事件必然发生，当全部条件都不满足时，事件决不会发生。这种逻辑关系称为"或"逻辑关系，也称为"加"逻辑。

在图 2-24 中，当以灯亮作为事件发生的结果，以开关是否闭合作为事件发生的条件时，可以得到下面的结论：当有一个或一个以上的开关处于"闭合"状态时，灯 F 就会亮；只有所有的开关都处于"断开"状态时，灯 F 不会亮。若将开关"闭合"定义为逻辑"1"，开关"断开"定义为逻辑"0"；灯"亮"定义为逻辑"1"，灯"灭"定义为逻辑"0"，就可以得到开关和灯状态之间的一一对应关系，见表 2-4。

"或"逻辑除了用真值表表示之外，将 F 看作输出变量，A、B、C 看作输入变量，输出变量和输入变量之间的逻辑关系也可以用逻辑函数式表示为

$$F = A + B + C \tag{2-6}$$

式（2-6）中的"+"表示"或"逻辑（"加"逻辑）。

表 2-4 "或"逻辑真值表

A	B	C	F
0	0	0	0
0	0	1	1
0	1	0	1
0	1	1	1
1	0	0	1
1	0	1	1
1	1	0	1
1	1	1	1

（2）"或"门电路

下面通过图 2-25 说明门电路如何实现"或"逻辑功能。设图 2-25 中二极管为理想二极管，输入信号的两种取值分别为低电平"0"和高电平"1"。

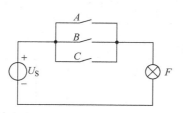

图 2-24 "或"逻辑关系图

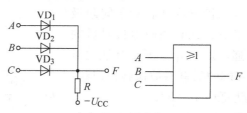

图 2-25 "或"门电路及其逻辑符号

1）当输入端中至少有一个为高电平时，设 A 端为"1"，因为电源电位低于输入端电位，必然有二极管导通，对于同阴极接法的二极管，此时阳极电位最高的二极管导通，即 VD_1 导通，其他二极管截止。A 端的高电平 3V 被送到输出端，输出电位为高电平"1"。

2）当所有的输入端全部为低电平"0"时，所有二极管相当于并联，二极管全部导通，输出电位为低电平 0V。

当同样将电路的输入和输出关系用表格来表示，并取高电平为逻辑"1"、低电平为逻辑"0"，电路具有"或"逻辑功能：有 1 出 1，全 0 出 0。"或"门的逻辑符号如图 2-25 所示。一个"或"门的输入端至少为两个，输出端为一个。

3. "非" 逻辑关系和 "非" 门电路

具有"非"逻辑关系的电路称为"非"门电路。

（1）"非"逻辑关系

当某一事件相关的条件不满足时，事件必然发生，当条件满足时，事件决不会发生。这种逻辑关系称为"非"逻辑关系。

仍以灯亮作为事件发生的结果，以开关是否闭合作为事件发生的条件，在图 2-26 中，可以得到下面的结论：当开关处于"断开"状态时，灯 F 就会亮；当开关处于"闭合"状态时，灯 F 不会亮。同样将开关"闭合"定义为逻辑"1"，开关"断开"定义为逻辑"0"；灯"亮"定义为逻辑"1"，灯"灭"定义为逻辑"0"，就可以得到开关和灯状态之间的对应关系，见表 2-5。

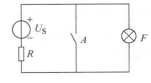

图 2-26　"非" 逻辑关系

表 2-5　"非" 逻辑真值表

A	F
1	0
0	1

显然，"非"逻辑的功能是有 1 出 0，有 0 出 1。"非"逻辑除了用真值表表示外，也可以用逻辑函数式表示，输出变量用 F 表示，输入变量用 A 表示，其逻辑函数式为

$$F = \overline{A} \tag{2-7}$$

式（2-27）中输入变量 A 上面的"—"表示"非"逻辑，即"取反"。

（2）"非"门电路

"非"门电路实际上就是一个反相放大器，如图 2-27 所示。设图 2-27 中输入信号的两种取值分别为低电平 0V 和高电平 3V。

1）当输入端为高电平 3V 时，晶体管饱和导通，输出电位为低电平。

2）当输入端为低电平 0V 时，晶体管截止，输出电位为高电平。

因此，反相器的输入和输出关系取高电平为逻辑"1"，低电平为逻辑"0"，与"非"门的真值表完全相同，即反相器具有"非"逻辑功能。

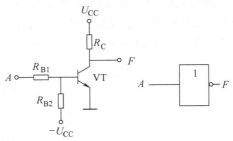

图 2-27　"非"门电路及其逻辑符号

"非"门的逻辑符号如图2-27所示，图中的小圆圈表示"非"。一个"非"门只有一个输入端和一个输出端。

4. "与非"门电路

"与非"逻辑是"与"逻辑和"非"逻辑的复合，有相应的逻辑符号予以表示，如图2-28所示。

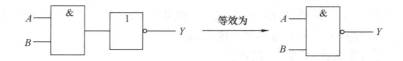

图2-28　"与非"门电路

图2-28所示的"与非"逻辑其表达式为

$$Y = \overline{AB}$$

表达式中的非号应覆盖A、B两个字母，表示对A、B两个变量的"与"逻辑运算结果取反，而不是对A、B两个变量取反，所以，运算时要由内向外、先"与"后"非"。

"与非"逻辑的真值表如表2-6所示，为便于读者理解，表中附加了A、B相"与"的中间结果。

表2-6　"与非"逻辑真值表

A　B	AB	$Y = \overline{AB}$
0　　0	0	1
0　　1	0	1
1　　0	0	1
1　　1	1	0

对于"与非"逻辑的输入、输出之间的取值规律可总结为：有0为1、全1为0。

5. "或非"门电路

"或非"逻辑是"或"逻辑和"非"逻辑的复合，有相应的逻辑符号予以表示，如图2-29所示。

图2-29所示的"或非"逻辑其表达式为

$$Y = \overline{A + B}$$

表达式中的非号要覆盖整个参与"或"逻辑运算的内容，表示对A、B两个变量的"或"逻辑运算结果取反。运算时要由内向外、先"或"后"非"。"或非"逻辑的真值表见表2-7（表中附加有A、B相"或"的中间结果）。

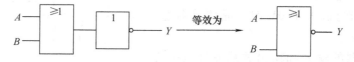

图2-29　"或非"门电路

表 2-7　"或非"逻辑真值表

A　B	$A+B$	$Y=\overline{A+B}$
0　0	0	1
0　1	1	0
1　0	1	0
1　1	1	0

对于"或非"逻辑的输入、输出之间的取值规律可总结为：有 1 为 0、全 0 为 1。

6. "异或" 门电路

"异或"逻辑是一种重要的复合逻辑，它表示一个事件由两个条件决定，当两个条件不同时具备时事件才能成立，而两个条件同时具备或同时不具备时事件不能成立。"异或"逻辑有特定的逻辑符号，如图 2-30 所示。

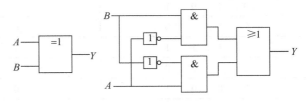

图 2-30　"异或"门电路

图 2-30 所示的"异或"逻辑及其复合关系为

$$Y = A \oplus B = \overline{A}B + A\overline{B}$$

根据"异或"逻辑的等效复合关系，"异或"一词可以直观地理解为两个逻辑变量的异状态相"与"再"或"的结果。"异或"逻辑的真值表见表 2-8。

表 2-8　"异或"逻辑的真值表

A　B	Y	运　算　说　明
0　0	0	$Y=0 \oplus 0 = 0$
0　1	1	$Y=0 \oplus 1 = 1$
1　0	1	$Y=1 \oplus 0 = 1$
1　1	0	$Y=1 \oplus 1 = 0$

"异或"逻辑运算规律可总结为：同为 0、异为 1。

7. "与或非" 逻辑门电路

"与或非"逻辑是"与"逻辑、"或"逻辑和"非"逻辑三种运算的复合，也有相应的逻辑符号予以表示，如图 2-31 所示。

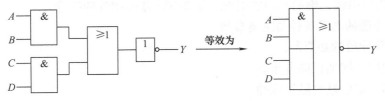

图 2-31　"与或非"门电路

图 2-31 所示的"与或非"逻辑其表达式为

$$Y = \overline{AB + CD}$$

表达式中的非号要覆盖整个"与或"运算的全部内容，表示对"与"、"或"逻辑运算的最后结果取反。"与或非"逻辑的真值表见表2-9。

表 2-9　"与或非"逻辑的真值表

A	B	C	D	$AB + CD$	$Y = \overline{AB + CD}$
0	0	0	0	0	1
0	0	0	1	0	1
0	0	1	0	0	1
0	0	1	1	1	0
0	1	0	0	0	1
0	1	0	1	0	1
0	1	1	0	0	1
0	1	1	1	1	0
1	0	0	0	0	1
1	0	0	1	0	1
1	0	1	0	0	1
1	0	1	1	1	0
1	1	0	0	1	0
1	1	0	1	1	0
1	1	1	0	1	0
1	1	1	1	1	0

第十一节　普通晶闸管

1. 晶闸管的分类与结构

晶闸管的种类很多，常用的有单向和双向晶闸管。晶闸管的外形、结构与符号如图2-32所示。晶闸管是在晶体管基础上发展起来的一种大功率半导体器件，它是具有 3 个 PN 结的四层结构，图 2-32a 是晶闸管的外形，图 2-32b 是内部结构示意图，从图 b 看出，晶闸管的一端是一个螺栓，这是阳极引出端，同时可以利用它固定散热片；另一端有两根引出线，其中粗的一根是阴极引线，细的是门极引线。图 2-32c 是晶闸管的符号。

2. 晶闸管导通的必要条件与主要参数

（1）晶闸管导通的必要条件

1）阳极到阴极间加正向电压。

2）门极加一定数量的触发脉冲。

（2）晶闸管的主要参数

1）额定通态平均电流 I_{T}：在一定条件下，I_{T} 为阳极、阴极间可以连续通过的频率为50Hz 的正弦波电流的平均值，使用时不得超过这个值。

2）正向阻断峰值电压 U_{PF}：在触发信号为零（$I_{\mathrm{G}} =0$）时可以重复加在晶闸管两端（阳

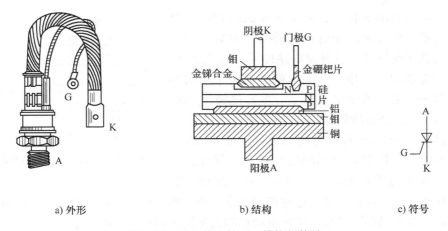

a) 外形　　　　　　　　　　　b) 结构　　　　　　　　　c) 符号

图 2-32　晶闸管的外形、结构与符号

极、阴极）的正向峰值电压。这个电压比正向转折电压 U_{PM} 低（如低 100V），使用时不能超过这个值。

3）反向阻断峰值电压 U_{PR}：当晶闸管按反向阻断时，U_{PR} 为可以反复加在晶闸管两端的反向峰值电压，它比反向最高测试电压 U_{PM} 低（如低 100V），使用时不得超过这个值。

4）门极触发电流 I_{GT} 和触发电压 U_{GT}：在规定的环境温度下，阳极、阴极加有一定的正向电压时，晶闸管从阻断状态转为导通状态所需要的最小控制电流和电压。

5）维持电流 I_H：在规定温度下，门极断路（$I_G = 0$），维持晶闸管导通所必需的最小阳极正向电流。

以上参数和另外一些参数，如正向电压上升率、正向电流上升率、开通时间、关断时间等都可在手册上查到。

近年来，许多新型晶闸管器件相继问世，如适于高频应用的快速晶闸管，可以用正、负触发信号控制的双向晶闸管，可以用正触发信号使其导通、用负触发信号使其关断的可关断晶闸管等。

3. 晶闸管使用注意事项

1）应在海拔 1000m 以下，温度在 -40 ~ +40℃ 之间使用。

2）应在无污染、无爆炸、无腐蚀性的干燥场合使用。

3）由于晶闸管功率较大，20A 以上的器件必须强迫风冷、水冷、加装散热器。

4）工作电压要为峰值电压的 1/2 ~ 2/3 倍，如在 220V 交流电路中，应选 600V 以上的晶闸管，一是留有余地，二是防止误导通。

5）正向电流 I_T 是在频率为 50Hz 正弦波电压导通角为 180° 时规定的。一般使用时，导通角小于 180°，所以使用时的工作电流（平均值）一定要小于 I_T；导通角越小，工作频率越高时，工作电流的平均值应越小。

第十二节　双向晶闸管

双向晶闸管，在电路中用符号"VTH"来表示。双向晶闸管是一种 NPNPN 型五层半导体器件，与普通晶闸管相比，如用普通晶闸管控制交流负载，需要两个普通晶闸管的反并联，两套触发电路，而双向晶闸管只需一套触发电路即可。除此之外，双向晶闸管能够双向导电，双向晶闸管的三个引出电极分别为第一（主）电极 T_1、第二（主）电极 T_2 和门极 G，图 2-33 是双向晶闸管的结构与符号。

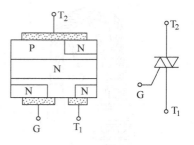

图 2-33　双向晶闸管的结构与符号

双向晶闸管可以在阳极与阴极之间加正向电压，门极加触发信号，控制双向晶闸管实现双向导通，因此适合用作交流电源开关，广泛用于工业、交通、家用电器等领域。双向晶闸管还可通过控制其导通角 θ 的大小来控制它的输出电压的大小。根据这一特点，双向晶闸管常用于交流电动机的交流调压调速控制电路中。

1. 双向晶闸管的主要参数

为了保证双向晶闸管的可靠运行，必须根据开关的工作条件，合理选择双向晶闸管的额定通态电流、断态重复峰值电压（铭牌额定电压）以及换向电压上升率。

（1）额定通态电流 $I_{T(RMS)}$ 的选择

双向晶闸管交流开关多用于频繁起动和制动，对可逆运转的交流电动机，要考虑起动或反接电流峰值来选取器件的额定通态电流 $I_{T(RMS)}$。

对于绕线转子电动机最大电流为电动机额定电流的 3～6 倍，对笼型异步电动机则为 7～10 倍，如对于 30kW 的绕线转子电动机和 11kW 的笼型异步电动机要选用 $I_{T(RMS)}$ 为 200A 的双向晶闸管。

（2）额定电压 U_{Tn} 的选择

电压裕量通常取 2 倍，380V 电路用的交流开关，一般应选 U_{Tn} 为 1000～1200V 的双向晶闸管。

（3）电压上升率 $\left(\dfrac{du}{dt}\right)c$

这是晶闸管的重要参数，一些双向晶闸管的交流开关经常发生短路事故，主要原因之一是器件允许的 $\left(\dfrac{du}{dt}\right)c$ 太小。通常解决的方法是：

1）在交流开关的主电路中串接空心电抗器，抑制电路中的换向电压上升率，降低对双向晶闸管换向导电能力的要求；

2）选用 $\left(\dfrac{du}{dt}\right)c$ 值高的器件，一般选 $\left(\dfrac{du}{dt}\right)c$ 为 200V/μs。

2. 双向晶闸管与普通晶闸管额定电流的换算关系

对于两个反并联的普通晶闸管，流过每个晶闸管的正向平均电流 I_F 与额定电流的有效值 I_a 关系如下：

$$I_F = \frac{\sqrt{2}I_a}{\pi} = 0.45 I_a$$

选择双向晶闸管时，它的额定电流应等于每个反并联普通晶闸管额定电流的 2 倍。如 1 个 10A 的双向晶闸管可以近似代替 2 个 5A 的反并联的普通晶闸管。

3. 晶闸管的过电流、过电压保护措施

晶闸管的过电流保护措施主要有快速熔断器保护、过电流继电器保护、限流与脉冲移相保护、快速开关保护、过电流截止保护。

晶闸管的过电压保护措施主要有阻容保护、非线性电阻吸收装置、硒堆与压敏电阻保护。

第十三节　晶闸管可控整流电路

晶闸管工作在整流电路中，在其承受正向电压的时间内，改变触发脉冲的输入时刻，即改变控制角的大小，就改变了晶闸管的导通角，可以在负载 R 上得到不同数值的直流电压，因而控制了输出电压的大小。

1. 可控整流电路

目前单相半控桥式整流和三相半控桥式整流被广泛采用，电路如图 2-34 和图 2-35 所示。

当输入电压为正半周时（a 为正，b 为负），VTH_1 处于正向电压，在门极 G 加入脉冲后导通，而 VTH_2 处于反向电压，不会导通。电流从 a 端经 VTH_1、R、VD_2 回到电源的负极 b 端。

当输入电压为负半周时，a 为负，b 为正，VTH_2、VD_1 导通，VTH_1、VD_2 不通。由此可见，电源供给的电流方向是交变的，负载电阻 R 上却获得可调的直流电压。

同理，读者可自己分析三相半控桥式整流电路。

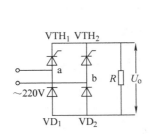

图 2-34　单相半控桥式整流电路

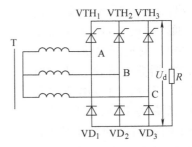

图 2-35　三相半控桥式整流电路

2. 晶闸管对触发电路的要求

1）触发时，触发电路应有足够大的功率。

2）触发脉冲要有足够的宽度，前沿要陡，一般应保持 $20 \sim 50 \mu s$。

3）触发脉冲应与主电路保持同步。

4）脉冲发出时间前后能平稳地移动，而移动的范围要宽。

3. 晶闸管触发电路的种类

晶闸管触发电路常用的有以下几种方式：

1）电阻、电容器组成的移相触发电路。

2）单结晶体管组成的同步触发电路。

3）正弦波同步触发电路。

4）锯齿波同步触发电路。

5）集成电路组成的触发电路。

6）数字触发电路。

第十四节　晶闸管的工作原理与应用

1. 晶闸管的工作原理

门极只是给晶闸管提供微小的触发信号，使晶闸管导通，一旦晶闸管导通以后，门极完成任务，将失去控制作用，无关断晶闸管的功能。因为晶闸管工作在导通或关断两个状态，两者必居其一，中间状态不能停留。当晶闸管处于导通时，即使去掉门极，晶闸管一直保持导通状态。

改变导通角的大小，一般用触发脉冲移相的办法来实现。触发脉冲是靠电容充放电来保证的。电容充放电的速度越快，尖顶脉冲就越宽，第一个脉冲发出的时间就越提前，晶闸管导通角就越大，输出电压也越高。电容充电速度的快慢是由可调电阻 R 确定的。R 值小，则充电快，尖顶波的距离就靠近，导通角就加大，反之导通角就减小。

2. 晶闸管的应用

电阻加热器是使用晶闸管的一个例子。图 2-36 所示为采用交流半波的零电压开关温度控制电路。选定高灵敏度晶闸管 VTH 作为主控制用，以热敏电阻 RT 作温度检出。由（RP + R_2）、RT、R_5、R_4 组成的电桥电路用作温度误差检出。若电桥处于平衡状态，VT_1、VT_2 断开，接入 C_2 使 VTH 导通。这时 VTH 在交流半个周期的零电压附近开关动作。

随着加热器温度升高，热敏电阻 RT 的阻值减少，门极电流被切断。一旦电桥失去平衡，VT_1、VT_2 导通，流向 VTH 门极的电流被 VT_2 分流，VTH 断开。就这样通过开—关控制进行温度调节。

这种开关控制，利用了高灵敏度热敏电阻，电路简单，是最经济的调温电路。可用于没有精度要求的小容量加热器负载。

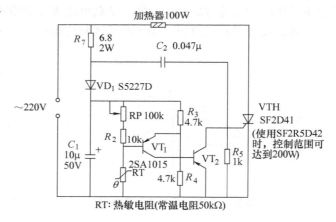

图 2-36　电阻加热器控制电路

第十五节　单结晶体管

只有一个 PN 结的三端半导体器件，称单结晶体管，简称单晶管。它同时引出两个基极 B_1 和 B_2，所以也称双基极二极管，它的结构与表示符号如图 2-37 所示。

1. 单结晶体管的三个极

用万用表 $R \times 1k$ 挡，测任意两管脚的正、反向电阻，直到测得的正反向电阻不变时，

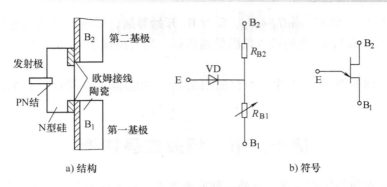

a) 结构   b) 符号

图 2-37   单结晶体管的结构与符号

则这两管脚分别是第一基极 B_1 和第二基极 B_2（B_1 与 B_2 之间的阻值一般在 $3 \sim 12k\Omega$ 之间），而另一管脚则是发射极 E。然后再区别 B_1 和 B_2，由于 E 靠近 B_2，所以 E 与 B_1 间的正向电阻比 E 与 B_2 的正向电阻稍大一些。但在实际应用时，即使 B_1、B_2 接反了也不会损坏管子，只是发不出脉冲或脉冲很小。

2. 单结晶体管的主要参数

单结晶体管的主要参数见表 2-10。

表 2-10   单结晶体管的主要参数

参数名称	分压比 η		基极电阻 $R_{BB}/k\Omega$	峰点电流 $I_p/\mu A$	谷点电流 I_v/mA	谷点电压 U_v/V	饱和电压 U_{CES}/V	最大反压 U_{EB2max}/V	反向漏电流 $I_{EO}/\mu A$	耗散功率 P_{max}/mW
测试条件	$U_{BB}=20V$		$U_{BB}=3V$ $I_E=0$	$U_{BB}=0$	$U_{BB}=0$	$U_{BB}=0$	$U_{BB}=0$ $I_E=I_{Emax}$		U_{EB2} 为 最大值	
BT33	A	$0.45-0.9$	$2 \sim 4.5$	<4	>1.5	<3.5	<4	$\geqslant 30$	<2	800
	B							$\geqslant 60$		
	C	$0.3 \sim 0.9$	$>4.5 \sim 12$			<4	<4.5	$\geqslant 30$		
	D							$\geqslant 60$		
BT35	A	$0.45 \sim 0.9$	$2 \sim 4.5$			<3.5	<4	$\geqslant 30$		500
	B					>3.5		$\geqslant 60$		
	C	$0.3 \sim 0.9$	$>4.5 \sim 12$				<4.5	$\geqslant 30$		
	D					>4		$\geqslant 60$		

3. 单结晶体管的工作原理

单结晶闸管原理如图 2-38 所示。

点划线框中 VD 表示 PN 结。R_{B1} 和 R_{B2} 分别表示第一和第二基极电阻。当两个基极之外加 U_B 时（B_2 接正、B_1 接负），发射极 E 所处的电位高低将决定于 R_{B2} 与 R_{B1} 的分压比 η：

$$\eta = \frac{R_{B1}}{R_{B1} + R_{B2}}$$

当发射极电位 U_E 比该点电位高出一个二

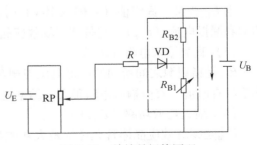

图 2-38   单结晶闸管原理

极管的管压降 U_D 时，即 $U_E = \eta U_B + U_D$，E 对 B_1 开始导通，导通后随着发射极电流 I_E 的增大，R_{B1} 迅速减小，E 与 B_1 之间进入低阻导通状态。当电位低于 U_E 时，E 与 B_1 之间又恢复阻断状态。

利用单结晶体管的上述特性，配合适当的电阻和电容元件就可以构成晶闸管的触发电路。

第十六节　场效应晶体管

场效应晶体管同晶体管一样，也是一种放大器件，所不同的是，晶体管是一种电流控制器件，它利用基极电流对集电极电流的控制作用来实现放大功能；而场效应晶体管则是一种电压控制器件，它是利用电场效应来控制其电流的大小，从而实现放大功能。场效应晶体管工作时，内部参与导电的只有一种载流子，因此又称为单极性器件。

根据结构不同，场效应晶体管分为两大类，结型场效应晶体管和绝缘栅型场效应晶体管。

以结型场效应晶体管为例，结型场效应晶体管分为 N 沟道结型场效应晶体管和 P 沟道结型场效应晶体管，它们都具有 3 个电极：栅极 G、源极 S 和漏极 D，分别与晶体管的基极 B、发射极 E 和集电极 C 相对应。结型场效应晶体管如图 2-39 所示。

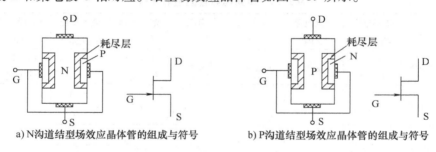

a) N沟道结型场效应晶体管的组成与符号　　　b) P沟道结型场效应晶体管的组成与符号

图 2-39　结型场效应晶体管

1. 场效应晶体管的主要参数

（1）夹断电压 U_p

当 U_p 为某一固定值（一般取 10V）时，使漏极电流近似为零的栅源电压值称为夹断电压 U_p。

（2）饱和漏极电流 I_{DSS}

当 U_{DS} 为某一固定值（一般取 10V）时，$U_{GS} = 0$ 时所对应的漏极电流称为场效应晶体管的饱和漏极电流（I_{DSS}）。它是结型场效应晶体管所能输出的最大电流。

（3）直流输入电阻（R_{GS}）

R_{GS} 是指栅源之间所加的一定电压与栅源电流的比值。场效应晶体管正常工作时，栅极几乎没有电流，直流输入电阻很大，结型场效应晶体管的 $R_{GS} > 10^7 \Omega$。

（4）最大耗散功率（P_{DM}）

P_{DM} 是指场效应晶体管允许的最大耗散功率，与晶体管的 P_{CM} 相当。正常工作时，管子上的功率消耗不能超过 P_{DM}，否则会烧坏管子。

（5）低频跨导（g_m）

g_m为U_{DS}一定时，漏极电流的变化量与栅源电压变化量的比值。g_m反映了场效应晶体管栅源电压对漏极电流的控制及放大作用，单位是 mS（毫西门子）。

（6）漏源击穿电压（$U_{(BR)DS}$）

$U_{(BR)DS}$是指漏极和源极之间的击穿电压。使用时，U_{DS}不允许超过此值。

（7）栅源击穿电压（$U_{(BR)GS}$）

$U_{(BR)GS}$是指使栅源之间击穿时的电压值。栅源之间一旦击穿将造成管子短路，使管子损坏。

2. 判定场效应晶体管的方法

（1）判定结型场效应晶体管的栅极和管型

用万用表的$R \times 1k$挡，将黑表笔接触管子的某一电极，用红表笔分别接触管子的另外两个电极，若两次测得的电阻值都很小（几百欧），则黑表笔接触的那个电极即为栅极，而且是 N 沟道的结型场效应晶体管。若用红表笔接触管子的某一电极，黑表笔分别接触其他两个电极时，两次测得的阻值都较小（几百欧），则可判定红表笔接触的电极为栅极，而且是 P 沟道的结型场效应晶体管。在测量中，如出现两次所测阻值相差悬殊，则需要改换电极重测。

（2）用万用表判定结型场效应晶体管的好坏

用万用表的$R \times 1k$挡，当测 P 沟道结型场效应晶体管时，将红表笔接触源极 S 或漏极 D，黑表笔接触栅极 G，测得的电阻值应该很大（接近无穷大）；如交换表笔重测，测得的电阻值应该很小（几百欧），表明场效应晶体管是好的。当栅极和源极、栅极和漏极间均无反向电阻时，表明场效应晶体管是坏的。

3. 选用场效应晶体管的注意事项

1）选用场效应晶体管时，不能超过其极限参数。

2）结型场效应晶体管的源极和漏极可换。

3）MOS 管有 3 个引脚时，表明衬底已经与源极连在一起，漏极和源极不能互换；有 4 个引脚时，源极和漏极可以互换。

4）MOS 管的输入电阻高，容易造成因感应电荷泄放不掉而使栅极击穿永久失效。因此，在存放 MOS 管时，要将 3 个电极引线短接；焊接时，电烙铁的外壳要良好接地，并按漏极、源极、栅极的顺序进行焊接，而拆卸时则按相反顺序进行；测试时，测量仪器和电路本身都要良好接地，要先接好电路再去除电极之间的短接。测试结束后，要先短接电极再撤除仪器。

5）电源没有关时，绝对不能把场效应晶体管直接插入到电路板中或从电路板中拔出来。

6）相同沟道的结型场效应晶体管和耗尽型 MOS 场效应晶体管，在相同电路中可以通用。

第十七节　集成电路

集成电路（Integrated Circuit，IC）又称集成块，是在晶体管的基础上发展起来的一种电子器件，即将晶体管、电阻、电容、二极管等电子元器件，按照一定的电路互连、"集成"在一块半导体单晶片（如硅或砷化镓）上，封装在一个外壳内，执行某种电子功能的中间产品或者最终产品。它在电路中用字母"IC"（或"N"）表示。

集成电路的外形有圆形、扁平方形和扁平三角形等，图2-40所示为集成电路的外形。集成电路的封装主要有金属封装、陶瓷封装和塑料封装三种。其中，圆形插式结构的集成电路一般采用陶瓷或塑料封装。目前使用的集成电路多为扁平方形。集成电路的引脚有多列直插式和单列直插式两种。各种不同用途的集成电路的引脚数目不等，这些引脚的排列次序都有一定的规律，且通常有色点、凹槽和管键等标记。

图2-40　集成电路外形

1. TTL 集成电路

TTL 集成电路是一种单片集成电路。在这种集成电路中，一个逻辑电路的所有元器件和连线都制作在同一块半导体芯片上。

因为这种数字集成电路的输入端和输出端的电路采用晶体管结构形式，所以一般称为晶体管-晶体管逻辑（Transistor-Transistor Logic）电路，简称 TTL 电路。根据集成度的不同，集成电路可分为小规模（SSI）、中规模（MSI）、大规模（LSI）和超大规模（VISI）之分。

在小规模集成电路中，可包含十几个门电路的全部元器件和连线；在大规模集成电路中，可包含几百至几千个门电路的元器件和连线；而在超大规模集成电路中，则包含了一万个以上门电路的全部元器件和连线。

目前，TTL 电路广泛应用于中、小规模集成电路中，由于这种形式的电路功率比较大，不能用于大规模集成电路中。

2. CMOS 集成电路

由单极型 MOS 管构成的门电路称为 MOS 门电路。MOS 电路具有制造工艺简单、功耗低、集成度高、电源电压适用范围宽和抗干扰能力强等优点，特别适用于大规模集成电路。MOS 门电路按所用 MOS 管的不同可分为三种类型：一种是由 PMOS 管构成的 PMOS 门电路，其工作速度较低；第二种是由 NMOS 管构成的 NMOS 门电路，工作速度比 PMOS 电路要高，但比不上 TTL 门电路；第三种是由 PMOS 管和 NMOS 管两种管子共同组成的互补型电路，称为 CMOS 电路，CMOS 电路的优点突出，其静态功耗极低，有较强的抗干扰能力，工作稳定可靠，且工作速度大大高于 NMOS 和 PMOS 电路，因此，CMOS 电路得到广泛应用。

3. 集成电路的检测

（1）离线检测

集成电路没有接在电路中的检测，将万用表红、黑表笔分别接在集成电路的接地脚，然后用一表笔测各脚对地电阻值是否与正常的集成电路阻值（正常的阻值可通过资料或测量正品集成电路得出）一致，如果相差不多，则可判定被测集成电路是好的，否则说明其已损坏。

（2）在线检测

集成电路接在电路中的检测，可在电路通电的状态下进行。在线检测就是使用万用表直接测量集成电路在电路板上各引脚的直流电阻、对地交直流电压是否正常（正确的值可从有关的资料、图样获得或从同型号能正常工作的机器中获得），来判断该集成电路是否损坏，其方法如下：

1）直流工作电压检测法

直流工作电压检测法是在通电的情况下，用万用表直流电压挡检测集成电路各引脚对地直流电压值，从而来判断集成电路是否正常。当测出某引脚电压与正常值相差较大时，应先检查与此引脚相关的各元器件有无问题，如能找出相关的元器件故障，问题就不是集成电路引起的。

检测时应注意以下三点：

① 测量时，应把各电位器旋到中间位置，如果是电视机，信号源要采用标准彩条信号发生器；

② 对于多种工作方式的装置和动态接收装置，在不同工作方式下，集成电路各引脚电压是不同的，应加以区别。如果电视机中的集成电路各引脚的电压会随信号的有无和大小发生变化，且当有信号或无信号时都无变化或变化异常时，则说明该集成电路损坏；

③ 当测得某一引脚电压值出现异常时，应进一步检测外围元器件，一般是由于外围元器件发生漏电、短路、开路或变值而引起的。另外，还需检查与外围电路连接的可变电位器的滑动臂所处的位置，若所处的位置偏离，也会使集成电路的相关引脚电压发生变化。在检查以上均无异常时，则可判断集成电路已损坏。

2）交流电压检测法

采用带有 dB 插孔的万用表，将万用表拨至交流电压挡，正表笔插入 dB 插孔；若使用无 dB 插孔的万用表，可在正表笔中接一只电容（$0.5\mu F$ 左右），对集成电路的交流工作电压进行检测。但由于不同集成电路的频率和波形均不同，所以测得数据为近似值，只能作为掌握集成电路交流信号变化情况的参考。

3）直流电阻检测法

当采用电压法检测时，如果找不出集成电路周围元器件有明显故障，也不要轻易认为集成电路有问题。此时可再用测引脚电阻的办法进一步判断，但很少有资料标明集成电路引脚的在线电阻值，所以需要把有怀疑的引脚和接地引脚与电路板断开，然后与一个新的集成电路进行对照，测量怀疑的引脚与接地引脚之间的电阻值。当测出的电阻值与新的集成电路电阻值相差较大时（注意对照测量时红黑表笔也应一致），基本上就可断定电路板上的集成电路已损坏。

采用万用表在线检测集成电路的直流电阻时，应注意以下三点：

① 测量前必须断开电源，以免测试时造成万用表和元器件损坏；

② 使用的万用表电阻挡的内部电压不得大于 6V，选用 $R \times 100$ 或 $R \times 1k$ 挡；

③ 当测得某一引脚的直流电阻不正常时，应注意考虑外部因素，如被测机与集成电路相关的电位器滑动臂位置是否正常、相关的外围元器件是否损坏等。

4. 集成电路的使用规则

（1）TTL 集成电路的使用规则

1）电源电压为 5V（推荐值为 4.75～5.25V）

TTL 电路存在电源尖峰电流，要求电源具有小的内阻和良好的地线，必须重视电路的滤波，要求除了在电源输入端接有 $50\mu F$ 电容的低频滤波外，每隔 $5\sim10$ 个集成电路，还应接入一个 $0.01\sim0.1\mu F$ 的高频滤波电容。在使用中规模以上集成电路和高速电路时，还应适当增加高频滤波。

2）不使用的输入端处理办法（以与非门为例）

① 若电源电压不超过 5.5V，可以直接接入电源，也可以串接一只 $1\sim10k\Omega$ 的电阻。

② 可以接至某一固定电压（$2.4V<U<4.5V$）的电源上，也可以接在输入端接地的多余与非门或反相器的输出端。

③ 若前级驱动能力允许，可以与使用的输入端并联使用，但应注意，对于 T4000 系列器件，应避免这样使用。

④ 悬空，相当于逻辑 1，对于一般小规模电路的数据输入端，实验时允许悬空处理。但是，输入端悬空容易受干扰，破坏电路功能。对于接有长线的输入端、中规模以上的集成电路和使用集成电路较多的复杂电路，所有控制输入端必须按逻辑要求可靠地接入电路，不允许悬空。

⑤ 对于不使用的与非门，为了降低整个电路功耗，应把其中一个输入端接地。

⑥ 或非门，不使用的输入端应接地；对于与或非门中不使用的与门，至少应有一个输入端接地。

3）输入端电阻

TTL 电路输入端通过电阻接地，电阻 R 值的大小直接影响电路所处的状态。当 $R\leqslant680\Omega$ 时，输入端相当于逻辑 0；当 $R\geqslant10k\Omega$ 时，输入端相当于逻辑 1。对于不同系列的器件，要求的阻值不同。

4）输出端不允许并联使用

TTL 电路（除集电极开路输出电路和三状态输出电路外）的输出端不允许并联使用。否则，不仅会使电路逻辑混乱，而且会导致器件损坏。

5）输出端不允许直接与 +5V 电源或地连接

有时为了使后级电路获得较高的输入高电平（例如，驱动 CMOS 电路），允许输出端通过电阻 R（称为提升电阻）接至 U_{cc}。一般取 R 为 $3\sim5.1k\Omega$。

（2）CMOS 集成电路的使用规则

1）U_{DD} 接电源正极，U_{SS} 接电源负极（通常接地），电源绝对不允许反接。

CC4000 系列的电源电压允许在 $3\sim18V$ 范围内选择。实验中一般要求使用 5V 电源。C000 系列的电源电压允许在 $7\sim15V$ 范围内选择。工作在不同电源电压下的器件，其输出阻抗、工作速度和功耗等参数也会不同，在设计使用中应引起注意。

2）对器件的输入信号 U_i 要求其电压范围在 $U_{SS}\leqslant U_i\leqslant U_{DD}$。

3）所有输入端一律不准悬空。输入端悬空不仅会造成逻辑混乱，而且容易损坏器件。如果安装在电路板上的器件输入端可能出现悬空时（例如，在印刷电路板从插座上拔下后），必须在电路板的输入端接限流电阻 RP 和保护电阻 R，如图 2-41 所示，RP 阻值的选

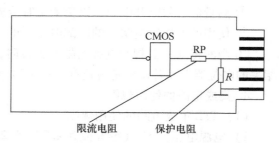

图 2-41　印制电路板上的限流电阻和保护电阻

取通常应使输入电流不超过 1mA，故 RP = U_{DD}/1mA。当 U_{DD} = +5V 时，RP = 5.1kΩ。R 一般取 100kΩ ~ 1MΩ。

CMOS 电路具有很高的输入阻抗，致使器件易受外界干扰、冲击和静电击穿。因此，通常在器件内部输入端接有图 2-42 所示的二极管保护电路（其中 R 为 1.5 ~ 2.5kΩ）。输入保护网络的引入，使器件输入阻抗有一定的下降，但仍能达到 10^8Ω 以上。

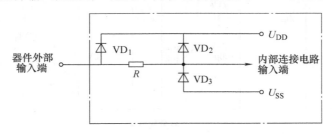

图 2-42　器件内部保护电路

但是，保护电路吸收的瞬变能量有限，太大的瞬变信号和过高的静电电压将使保护电路失去作用。因此，在使用与存放时应特别注意。

4）不使用的输入端应按照逻辑要求直接接入 U_{DD} 或 U_{SS}工作速度不高的电路中，允许输入端并联使用。

5）输出端不允许直接与 U_{DD} 或 U_{SS}连接，否则将导致器件损坏。

除三态输出器件外，不允许两个器件输出端连接使用。为了增加驱动能力，允许把同一芯片上的电路并联使用。此时器件的输入端与输出端均对应相连。

6）在装接电路、改变电路连线或插拔电路器件时，必须切断电源，严禁带电操作。

7）焊接、测试和储存时的注意事项

① 电路应存放在导电的容器内。

② 焊接时必须将电路板的电源切断；电烙铁外壳必须良好接地，必要时可以拔下烙铁电源，利用烙铁的余热进行焊接。

③ 所有测试仪器外壳必须良好接地。

④ 若信号源与电路板使用两组电源供电，开机时，先接通电路板电源，再接通信号源电源；关机时，先断开信号电源，再断开电路板电源。

第十八节　电子技术应用举例

1. 无线电遥控电路

发射模块 TDC1808 既可发射非调频信号，也可外接调制源来发射调制信号。接收模块 TDC1809 可接收由 TDC1808 发射的高频信号，并具有解调功能。其载波频率在 250 ~ 300MHz 之间可调，大约有 10 种频率可供选择。

（1）发射电路

如图 2-43a 所示的发射电路中，采用 TDC1808 发射模块，当按下 S 接通 9V 电源后，由 VT_1 和 VT_2 组成的振荡电路产生的高频振荡信号，经电阻 R_7 送到 TDC1808 发射模块，发射电路将发射出经方波调制的射频信号。

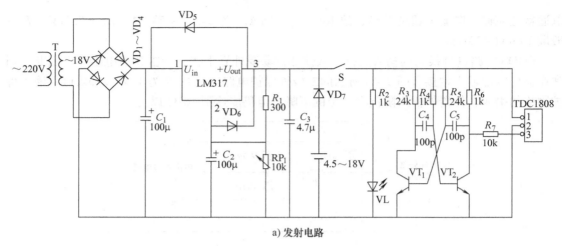

a) 发射电路

b) 接收电路

图 2-43　无线电遥控电路

（2）接收电路

如图 2-43b 所示的接收电路，按下开关 S，接通 5V 电源，TDC1809 接收到发射信号并经解调后，由其 1 脚输出送入音频解码器 NE567 的 3 脚进行选频解码，然后 NE567 的第 8 脚输出低电平去控制执行机构工作。

为了满足发射电路和接收电路 9V 和 5.1V 的要求，在发射和接收电路中均采用三端稳压可调电源供电。根据需要，移动使用时，可采用干电池。

2. 人走自动关灯电路

在走廊、门洞或楼梯口处的照明灯开关上，常贴"人走灯灭"或"随手关灯"的字样，以求节约用电。但是，人们时常忽视了这些关灯的要求，使照明灯彻夜长明，既浪费了电，又缩短了灯泡寿命。

图 2-44 所示的电路，可以有效地解决"人走灯灭"的问题。它是一个自动关灯的延时开关，当人们点亮走廊、门洞或楼梯口的照明灯 5min（或 3min）后，灯便自动熄灭，这段时间人们足以走完这段距离，也包括开锁或上锁的时间在内。这种自动装置可节电 90% 以

上，并且使用十分方便，只需开一次灯即可。

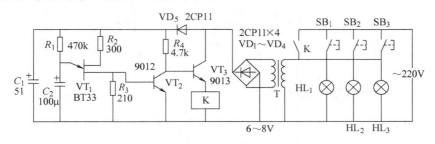

图 2-44 人走自动关灯电路

图 2-44 中 SB$_1$、SB$_2$、SB$_3$ 分别为设在三层楼梯上的三盏灯 HL$_1$、HL$_2$、HL$_3$ 的三个开关。无论按下哪一个开关，均可使三盏灯同时点亮。在按下任一个开关使灯点亮的同时，变压器 T 的一次侧也有电流通过，经降压后，再经 VD$_1$ ~ VD$_4$ 桥式整流变为直流向电路供电。这时，因 C$_2$ 上的电压不能突变，C$_2$ 上的电压为零，故单结晶体管 VT$_1$ 不导通，使 VT$_2$ 基极接近地电位而截止。VT$_2$ 截止，集电极电位接近电源电压，使射极输出器 VT$_3$ 导通，继电器 K 吸合，其触头 K 自锁。这时，SB$_1$ ~ SB$_3$ 中按下的开关已经抬起，灯照样能点亮。随着时间的推迟，当电源电流经 R$_1$ 向 C$_2$ 充电，使 C$_2$ 上的电压达到 VT$_1$ 的导通电压时，VT$_1$ 就输出一个正脉冲，使 VT$_2$ 导通。VT$_2$ 导通，其集电极电位接近地电位，VT$_3$ 立即截止，继电器 K 释放，其触头 K 断开，切断负载 HL$_1$ ~ HL$_3$ 的电源，灯灭。

图中，二极管 VD$_5$ 为隔离二极管，用来防止 C$_1$ 中存储的电能使继电器 K 常处于导通状态，不能切断灯的电路。继电器 K 可选用 JRX-13F 型继电器，HL$_1$ ~ HL$_3$ 的灯泡功率一般选 15W 即可。调整 R$_1$ 的数值，可调节灯照明的时间长短，一般调在 3 ~ 5min 较适宜。

3. 流水线堵料报警电路

（1）电路原理

堵料监视电路如图 2-45 所示。当光路被物料挡住时，光敏晶体管 VT$_1$ 截止，晶体管 VT$_2$ 截止，VT$_3$、VT$_4$ 组成的射耦双稳态触发器翻转成 VT$_3$ 导通、VT$_4$ 截止的状态，二极管 VD$_2$ 不能导通，由 VT$_5$ 和电位器 RP 组成的恒流源向 C$_2$ 充电，C$_2$ 电压上升到一定值后复合管 VT$_6$、VT$_7$ 导通，K$_1$ 吸合，控制外电路工作或报警。如果 C$_2$ 上电压还没升高到使 VT$_6$ 导通的程度，光路又通了，则射耦双稳翻转成 VT$_3$ 截止、VT$_4$ 导通的状态，VD$_2$ 导通，将电容 C$_2$ 正端钳制在低电位，K$_1$ 不能吸合。调整 RP 可改变电路允许的最大堵料时间（也即短时间堵料电路不报警）。VT$_8$ 组成光源自动切换及报警电路。

（2）元器件选择及调试

VT$_1$ 选 3DU5，VT$_2$ ~ VT$_4$、VT$_6$ 选 3DG6，β 值在 50 ~ 80 之间的晶体管。VT$_7$ 和 VT$_8$ 选 3DG12 或 3DK4，β 值在 40 ~ 50 之间即可。

K$_1$ 和 K$_2$ 选用 JQX-4F 型 12V 的继电器或其他灵敏继电器。

调试时，光线照到 VT$_1$ 上，VT$_3$ 应截止，K$_1$ 应释放，如果不是这样，可将 VT$_2$ 换 β 值大的（如 100 倍）晶体管。如果光路挡住很长时间 K$_1$ 也不吸合，可将 R$_{10}$ 换成阻值小一点的电阻。

4. 光电计数电路

（1）电路工作原理

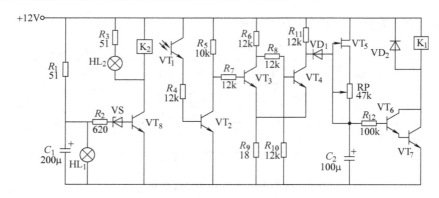

图 2-45　堵料监视电路

当对传送带上的面粉袋等进行计数时，首先应把运行的面粉袋转换成脉冲信号，然后将脉冲信号（每个面粉袋产生一个脉冲）送至计数器进行自动计数。图 2-46 所示电路就是一种面粉袋计数器的光电转换电路。

当传送带上没有面粉袋时，光敏晶体管 3DU 受光直射呈低阻，光电流很大，VT_1 截止，这时 VT_2 饱和，VT_3 截止。在面粉袋遮光的瞬间，光敏晶体管呈高阻，I_{B1} 增大，VT_1 饱和，U_{C1} 从 +5V 下降到 0，这个负跳变经 RC 微分电路得到一个负脉冲，触发单稳态电路，使 VT_2 截止，VT_3 导通。单稳态电路经一段时间又自动回到原来状态，得到一个较宽脉冲，这就避免由于闪光等造成多个信号的现象。

DN_1 ~ DN_5 组成积分整形电路，这也是个单稳态电路，它能将上述较宽的脉冲变窄，以适应计数的要求。

光敏晶体管的光电流和暗电流变化范围较小，为使 VT_1 可靠饱和、截止，可仔细反复地调节电位器 RP。

（2）元器件选择

VT_1 ~ VT_3 都选 3DG6，$\beta \geqslant 50$ 的晶体管。DN_1 ~ DN_5 选 74LS00 型集成电路 "与非" 门。R 与 R_{C1} 的值要根据每个面粉袋的遮光时间来确定，可按 $CR = 2t$（t 为遮光时间）计算。其他元器件型号参数如图所示。本例也可用于饮料、矿泉水等类似行业使用。

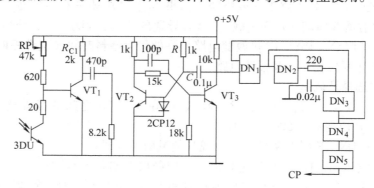

图 2-46　光电转换电路

5. 多功能环保电路

随着液化气、煤气等工业气体燃器具的增加，一些易燃、易爆及有害气体的存在已成为人们不可忽视的问题。家用多功能环保器具有对有害气体声光报警、自动排风换气、清新空气的功能，下面就其工作原理作简单介绍。

家用多功能环保器的电路如图 2-47 所示。

气敏声光报警：由三端稳压器 7812 输出 12V 的直流电压，以供气敏元件 QM-N5 的加热极。QM-N5 对煤气、液化气、一氧化碳及烟雾很敏感，当室内有害气体的浓度增加到一定程度时，其 A、B 极间的导电率增大，导致 B 点电位升高。该检测信号经延时加至 VT_1，使 VT_1 饱和导通，此时 NE555 的第 2、6 脚由高电平变为低电平，3 脚输出高电平，于是发光二极管 VL_2 熄灭，VL_1 亮点。同时以 VT_2 等组成的弛张振荡器起振，压电片 B 发出有节奏的报警声，完成声光报警。

自动排风换气：在声光报警同时，继电器动作，此时与换气扇相连的 K-1 吸合进行排风换气。反之，当有害气体的浓度降到一定值时，换气扇自动断电，并解除声光报警。

清新空气的产生：清新的空气是通过开放式负离子发生器产生的。在继电器动作的同时，也使 K-2 吸合，以 VT_3 为主组成的多谐振荡器起振，在变压器 T_2 的二次侧整流输出负高压，经放电场放电使空气电离。所产生的空气负离子具有捕俘飘尘、杀菌和中和有害气体的作用，能使空气清新并有利于健康。放电端采用了开放多板式，以提高负离子的发送率和扩散面积。

该家用多功能环保器的特点是电路比较简单，对所用元器件的要求并不高，然而却有比较好的效果。

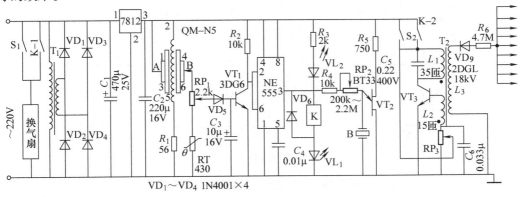

图 2-47　家用多功能环保器电路

6. 太阳能热水器电路

如果在家庭的房顶上安装一台太阳能热水器，一次性投资，长期受益。如能在太阳能热水器上安装一只自动跟踪的装置，与固定式太阳能热水器相比，可以提高太阳热水器的热效率。

太阳能热水器的外形与电路如图 2-48 所示。早晨日出后，光照强度由弱到强，逐渐增大，光敏晶体管的 C、E 极之间的阻值将逐渐减小，A 点电位也逐渐升高，当达到 VS 的击穿电压时，VS 击穿，VT_1、VT_2 导通，继电器 K_1 吸合，直流电动机 M 带动采光面及光敏晶体管（用来跟踪）沿太阳的运动轨迹作弧线运动。当采光面与阳光垂直时，光敏晶体管

C、E极之间的阻值急剧减小，又使 A 点电位下降，由于 C 两端的电压不能突变，致使 K_1 延时释放，这样可给 VD_2 一个超前量，避免电动机的频繁起动。电容 C 还具有整机的抗干扰能力。当 C 两端电压低于 VS 击穿电压时，K_1 释放，电动机停转。

当太阳继续移动一定的角度后，电动机起动不频繁而阳光又基本上垂直采光面，又开始进行如前所述的跟踪，直至如此跟踪到日落之前挡光块撞上限位开关 SQ_2，K_2 吸合，使整机由跟踪状态转为自保复位状态，电动机反转带动采光面向东复位，复位后挡块撞上限位开关 SQ_1，使整机从自保复位状转为跟踪状态，等待下一次的日出。

a)外形

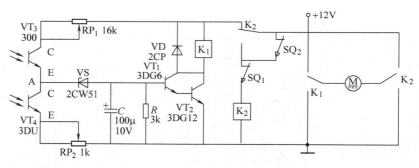

b)电路

图2-48　太阳能热水器的外形与电路

第三章 电工识图

第一节 电 路 图

图样是工程技术的通用语言。为了便于电气行业人员能有共同的语言，国家标准局编制了《电气制图及图形符号国家标准汇编》，要求该行业人员均以此为标准绘制各种电工图，供设计、安装、调试和维修使用。电气工程技术人员根据电气动作原理或安装配线要求，将所需要的电源、负载及各种电气设备，按照国家规定的画法和符号画在图纸上，并标注一些必要的能够说明这些电气设备和电气元器件名称、用途、作用以及安装要求的文字符号，构成完整的电路图。电气工人则按照它进行安装、维修和检查电气设备。

要做到会看图和看懂图，首先必须掌握看图的基本知识，且应该了解电路图的构成、种类、特点以及在工程中的作用，了解各种电气图形符号和文字符号，了解常用的土木建筑图形符号，还应该了解看图的基本方法和步骤，以及绘制电路图的一些规定等。

本章介绍电工看图的基本知识。掌握了这些基本知识，也就掌握了看图的一般原则和规律，为用图打下基础。

1. 电路图的简介

用导线将电源和负载以及有关控制元器件连接起来，构成闭合回路，以实现电气设备的预定功能，这种回路的总体就叫做电路。

电路通常分为两部分：主电路和辅助电路。主电路也叫一次回路，是电源向负载输送电能的电路。它一般包括发电机、变压器、开关、接触器、熔断器和负载等。辅助电路也叫二次回路，是对主电路进行控制、保护、监测、指示的电路。它一般包括继电器、仪表、指示灯控制开关等。通常主电路通过的电流较大，线径较粗；而辅助电路中的电流较小，线径也较细。

电路是电路图的主要构成部分。因为电器元件的外形和结构比较复杂，所以采用国家统一规定的图形符号和文字符号来表示电器元件的不同种类、规格以及安装方式。此外，根据电路图的不同用途，要绘制成不同的形式。有的电路只绘制其工作原理图，以便了解电路的工作过程及特点。有的电路只绘制装配图，以便了解各电器元件的安装位置及配线方式。对于比较复杂的电路，通常绘制工作原理图和安装接线图。必要时，还要绘制展开接线图、平面布置图等，以供生产部门和用户使用。

2. 电路图的组成

电路图一般由电路原理图、技术说明书和标题栏组成。

（1）电路原理图

电路原理图是电子产品采用图形文字符号按照一定规则表示的所有元器件的展开图形。确切表明了各元器件间的组成、相互关系和工作原理。也是设计、生产、编制接线图和研究产品时的原始资料。在装接、检查、试验、调整和维修产品时与接线图一起使用，也是绘制安装接线图的基本依据。

电路原理图只表示电流从电源到负载间的传送情况和元器件的动作原理，不表示元器件的结构尺寸、安装位置和实际配线方法。在电路原理图上详细标注各元器件的位置符号、规格、型号和参数等。一些辅助元件，如紧固件、接线柱、焊片、支架等组成部分在原理图中都不画出来。

（2）技术说明

电气图中的文字说明和元器件明细表等总称为技术说明。文字说明注明电路的某些要点及安装要求等，通常写在电路图的右上方。元器件明细栏均以表格的形式写在标题栏的上方。

1）元器件明细栏（表）的组成

明细栏一般由序号、代号、名称、数量、材料、重量（单件、总计）、分区、备注等组成，也可按实际需要增加或减少。元器件明细栏一般以表格的形式画在标题栏的上方，明细栏中的序号自下而上编排。明细栏的尺寸与格式如图 3-1 所示。

元器件明细表填写内容见表 3-1。

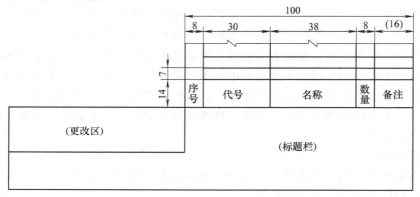

图 3-1　明细栏的尺寸与格式

表 3-1　元器件明细表

序　号	代　号	名　　称	规　格	数　量	备　注
1	C	电容器	CCG1-63-0.01	4	
2	R	电阻	RJ710.125	5	
3	V	晶体管	3DG6	3	
4	KR	热继电器	JR16-60/3	3	
5	TA	电流互感器	LMZJ-0.5	3	
6	M	交流电动机	Y180M-2	2	
7	SB	按钮	LA2	3	
8	KM	交流接触器	CJ10-20	2	
9	FU	熔断器	RL1-100	4	

当装配图中不能在标题栏的上方配置明细栏时，可作为装配图的续页按 A4 幅面单独给出。其顺序应是由上而下延伸，还可连续加页，但应在明细栏的下方配置标题栏，并在标题栏中填写与装配图相一致的名称和代号。

2）文字说明

当在图中无法表示时，则采用文字形式进行说明，如：

① 供电电源交流 220V 架空引至元器件加工车间。

② 照明配电箱外壳应采取保护接地。

文字说明通常写在电路图的右上方。

（3）标题栏

标题栏画在电路图的右下角，其中注有工程名称、图号、设计人、制图人，审核人、批准人的签名和日期。标题栏是电路图的重要技术档案，栏目中的签名者应对图中的内容各负其责。

标题栏一般由更改区、签字区、其他区、名称及代号区组成，如图 3-2 所示，也可按实际需要增加或减少。

更改区：一般由更改标记、处数、分区、更改文件号、签名和年月日等组成。

签字区：一般由设计、审核、工艺、标准化、批准、签名和年月日等组成。

其他区：一般由材料标记、阶段标记、重量、比例、共__张第__张等组成。

名称及代号区：一般由单位名称、图样名称和图样代号等组成。

标题栏的组成如图 3-2 所示。

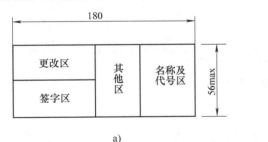

图 3-2 标题栏的组成

3. 电路的分布规律

按照一般规律，电路原理图上元器件的输入端在左边，输出端在右边；整机的输入端也在左边，输出端在右边；信号的流向从左到右；一些重要的线路画在上部，辅助线路画在下部。

第二节 企业供电电路图的识图方法

本节主要介绍电力系统传输过程、工厂供配电系统常用电气一、二次接线图，熟悉相应的图形符号及电气接线图的方法。

1. 电力供电一次电路图

低压侧母线采用分段式接线，用隔离开关和断路器实现电源和负载间的接通与断开。为了保证变压器不受大气过电压的侵害，在变压器的高压侧装有 FS-10 型避雷器。图中所示的各电流互感器在线路中供测量仪表使用。

图 3-3 所示为单母线分段放射式供电系统，用隔离开关来联络Ⅰ、Ⅱ两段母线。配电屏向用电设备进行供电的线路共有 14 条支路，系统采用双电源供电、母线分段式接线方式，电源进线和配线采用配电屏，整体结构紧凑，使用方便，便于安装和维护，供电可靠性高。

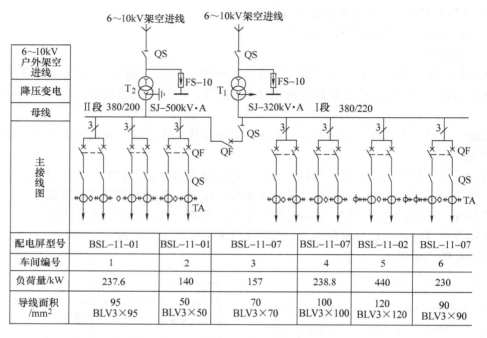

配电屏型号	BSL−11−01	BSL−11−01	BSL−11−07	BSL−11−07	BSL−11−02	BSL−11−07
车间编号	1	2	3	4	5	6
负荷量/kW	237.6	140	157	238.8	440	230
导线面积 /mm²	95 BLV3×95	50 BLV3×50	70 BLV3×70	100 BLV3×100	120 BLV3×120	90 BLV3×90

图 3-3　某厂电力系统一次电路图

2. 低压二次接线电路图

图 3-4 所示是某厂二次低压配电屏的接线原理图，包括三部分，即电压测量回路、二次继电保护回路和电能计量回路。

（1）电压测量回路

利用电压转换开关 SA 和电压表 PV，随时监测三相电源运行状态是否正常，以满足负载所需电压的要求。

（2）二次继电保护回路

回路由常开触头、合闸指示信号红灯 HLR、分闸指示信号绿灯 HLG、限流电阻 R 等构成。线路通过合闸、分闸信号装置，正确、清晰地表示电路工作状态。电气设备与线路在运行过程中，出现过负载或失电压时，通过失电压脱扣器线圈 FV 与负载开关 QF 构成的失电压脱扣器及时切断线路，确保线路、设备和人身安全。

（3）电能计量回路

电能计量回路包括一块三相有功电能表 PJ 和三只电流互感器 $TA_1 \sim TA_3$ 及三块电流表 PA。利用电能表计量系统用电量情况，利用电流互感器和电流表构成电流测量线路，用以监测线路电流正常与否。

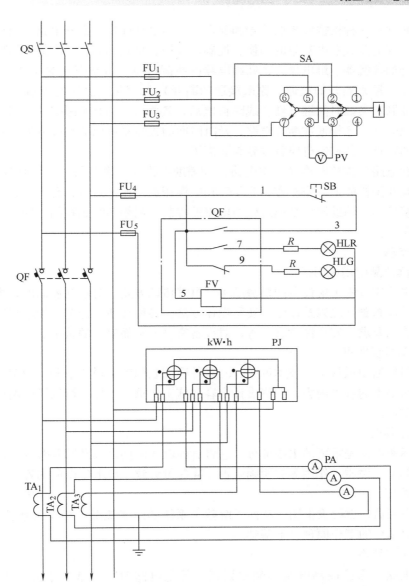

图 3-4 某厂二次低压配电屏接线原理图

第三节 电气控制电路图的识图方法

在工农业生产中，广泛采用继电器-接触器控制系统，这种控制系统主要由交流接触器、按钮、热继电器、熔断器等电器组成。对中、小功率异步电动机、机床进行控制。因此，在掌握常用电气符号的基础上，学会识读电气图的基本方法，才能在实际工作中迅速、正确地进行安装、接线和调试。

1. 识图要点

电器控制是借助于各种电磁元件的结构、特性对机械设备进行自动或远距离控制的一种方法。电器元件是一种根据外界的信号和要求，采用手动或自动断开电路，断续或连续改变电参数，以实现电路或非电对象的切换、控制、保护、检测和调节。掌握元器件的结构原理是个重点。例如接触器、继电器、中间继电器的线圈得电，带动衔铁的吸合，使它们的主、辅触头作相反（原来断开的接通，原来接通的断开）的变化，去接通或断开主电路及其他电路以实现控制。又如时间继电器，线圈得电后，其常开、常闭触头不是马上接通或断开，而是延时一段时间，才接通或断开电路，延时时间的长短是可以调整改变的。只要我们掌握这些元器件的特点，其控制电路就很容易看懂了。

电气控制电路分主控电路（一次电路）和辅助电路（二次电路、控制电路）。主电路一般用粗实线画在图样的上方或左方，它与三相电源相连，连接负载，允许通过大电流，受辅助电路的直接控制；辅助电路是通过较弱电流的控制，用细实线画在图纸的下方或右方，控制主电路动作的。

2. 看图步骤

（1）阅读产品使用说明书

在看图之前应首先了解设备的机械结构、电气传动方式、对电气控制的要求、电动机和电器元件的大体布置情况以及设备的使用操作方法，各种按钮、开关、指示器等的作用。此外还应了解使用要求、安全注意事项等，对设备有一个全面完整的认识。

（2）看图样说明书

图样说明包括图纸目录、技术说明、元器件明细表和施工说明书等。识图时，首先要看清楚图样说明书中的各项内容，搞清设计内容和施工要求，这样就可以了解图样的大体情况和抓住识图重点。

（3）看标题栏

图样中标题栏也是重要的组成部分，它告诉你电气图的名称及图号等有关内容，由此可对电气图的类型、性质、作用等有明确认识，同时可大致了解电气图的内容。

（4）看框图

读图样说明后，就要看框图，从而了解整个系统的组成概况、相互关系及其主要特征，为进一步理解系统的工作原理打下基础。

（5）看主电路图

先读主电路，再读控制电路的顺序识读。看主电路时，通常从下往上看，即从用电设备开始，经控制元器件、保护元器件依次看到电源。通过看主电路，要搞清楚用电设备是怎样取得电源的，电源是经过哪些元器件到达负载，这些元器件的规格、型号、作用是什么。

（6）看控制电路

应自上而下，从左向右看，即先看电源，再依次看各条回路，分析各条回路元器件的工作情况及其对主电路的控制关系。看控制电路时，要搞清电路的构成，各元器件间的联系（如顺序、互锁等）及控制关系和在什么条件下电路构成通路或断路，控制电路是如何控制主电路工作的，从而搞清楚整个系统的工作原理，如图3-5所示。

（7）看接线图

接线图是根据电路原理图绘制的，读接线图时，要对照原理图来读接线图。

先看主电路，再看控制电路。看接线图要根据端子标志、回路标号，从电源端顺次查下

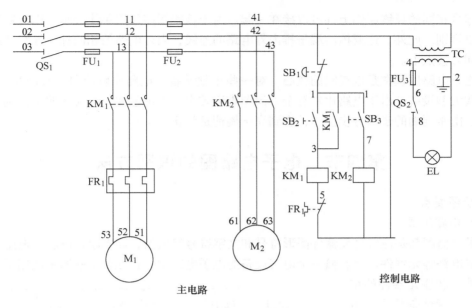

图 3-5　电动机起动控制原理图

去，搞清楚线路的走向和电路的连接方法，即搞清楚每个元器件是如何通过连线构成闭合回路的。读主电路时，从电源输入端开始，顺次经过控制元器件、保护元器件到用电设备，与看电路原理图时有所不同，如图 3-6 所示。

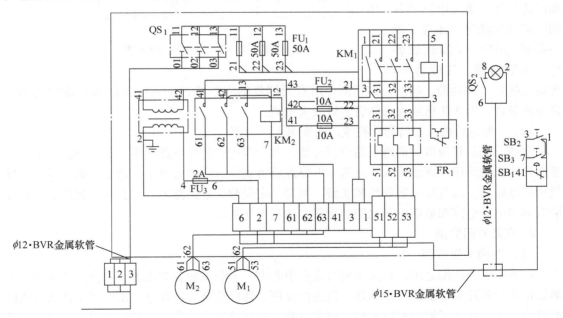

图 3-6　接线图

看控制电路时，要从电源的引入端，经控制元器件到构成回路回到电源的另一端，按元器件的顺序对每个回路进行分析。接线图中的回路标号（线号）是电器元件间导线连接的标记，标号相同的导线原则上都可以接在一起。由于接线图多采用单线表示，因此对导线走向应加以辨别。此外，还要搞清端子排内外电路的连线，内外电路的相同标号导线要接在端子排的同号接点上。

总之，电路原理图是电气图的核心，对一些小型设备，电路比较简单，看图相对容易，但对一些大型设备，由于电路比较复杂，读图难度较大。不论怎样，都应按照由简到繁、由易到难、由粗到细的步骤分步读图，直到完全搞清楚为止。

第四节　电子电路图的识图方法

1. 看图要点

（1）电路组成

电子电路图都是由各种元器件图形符号和文字符号组成的，如电阻、电容、电感、晶体管、集成电路等元器件。要看懂一个电气设备的电子电路图，首先要了解图中使用了哪些电子元器件，这些元器件的结构、功能、特性是什么。电路图中用得最多的是晶体管和集成电路，因此要了解晶体管的输入、输出特性以及工作在放大区、截止区和饱和区的条件，集成电路芯片的引脚及功能等。还应了解一些敏感器件（如热敏器件、湿敏器件、气敏器件、光敏二极管）的功能、特性。掌握图中所有元器件的工作特性、工作条件为识读电路图提供方便条件。图3-7所示为晶体管多级放大电路。

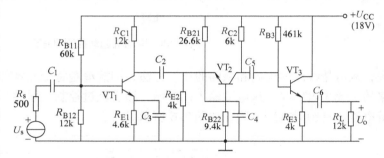

图3-7　晶体管多级放大电路

（2）"先易后难，先局部后整体，逐步深入"原则

读图应先从较简单的局部电路分析开始，然后再进行整体电路分析。在读图过程中要注意综合知识的运用，逐步深入，对基本电路理解得越深，掌握得越牢，就会化难为易，读懂复杂的电路图。通过反复的训练和实践，取得一定经验，读图能力一定会逐步提高。下面分别对模拟电子电路和数字电子电路的读图方法进行介绍。

2. 电路看图方法

（1）图物对照看图

在看电子电路图之前，先阅读电气设备说明书，了解该设备的用途、安全注意事项，了解设备中的各开关、旋钮、指示灯、仪表的作用，然后结合实物在电路图中找到其相应的图形符号位置，从而了解它们属于哪一部分电路，功能是什么，有哪些控制作用，这样可大致了解电路的整体情况，为进一步详细、深入看图做好准备。有的说明书给出框图，通过阅读框图大致了解整个电路由哪些部分组成，各部分之间的相互关系等，这样就可粗略地知道电路的构成、功能和用途。

（2）化整为零，逐级分析

电子电路不论有多么复杂，都可以分解成若干个单元电路。在模拟电路中，一般可分为输入电路、中间电路、输出电路、电源电路、附属电路等几部分。每一部分又可分解为几个基本的单元电路，而单元电路又是由各种元器件构成。还可用画框图的方法对整机电路进行分解，将电路按功能分成若干单元电路，找出它们之间的联系，搞清每一单元内元器件的作用，及每一单元电路的功能，进而了解单元电路之间具有何种关系，从而对整个电路有完整的了解。

（3）从静态到动态

模拟电路中各种晶体管、集成电路是电路的核心，而它们在工作中需要建立静态工作点，才能实现对交流信号的放大作用。为了进一步理解电路工作原理，在看图分析时可以采用直流等效电路法、交流等效电路法，对电路进行静态、动态分析。

直流等效电路法就是在输入信号为零时，各级放大电路在直流电源作用下的工作状态，实际上就是找出直流通路，确定各级电路在静态时的偏置电流和电压。交流等效电路法就是在输入信号不为零时，确定电路的交流信号通路及工作状态。

应当注意的是，在采用等效电路法分析时，要根据元器件性质给予特别处理。如电路中含有电容、电感这两种元件时，电容具有"隔直通交"的作用，电感具有"隔交通直"的作用。在进行直流等效电路分析时，直流信号不能通过电容，这时电容相当于断路，但直流信号可以通过电感，这时电感相当于短路（只起到导线的作用），这样使得电路可以简单化，便于对电路进行分析。而在用交流等效法分析时，要考虑输入信号频率的高低，信号频率不同，则信号通过电容、电感时，所呈现的容抗和感抗大小就会不同，即对交流信号的阻碍作用亦不同，电路的特性、功能亦会不同。当输入信号中包含多种频率成分时，有的元器件允许高频信号通过，而阻止低频信号通过；有的正好相反，这就要看电路中各元器件的具体参数。有些电路形式相似，但功能、特性完全不同，其重要原因是电路参数不同。因此，识图时不仅要看元器件在图中的位置，还要看它们的参数，参数不同，其功能、作用也不同。

（4）综合分析，全面理解

最后要把每个单元电路按其功能，根据信号流程连接起来，进行综合分析。从电路图的输入端开始逐步与输出端贯穿起来，理清信号的传递过程及发生的变化，分析电路前级与后级的输出、输入之间的关系，以便对整个电路的原理、功能有一个完整的、全面的、正确的认识。

第五节 数字电路图的识图方法

本节主要介绍数字逻辑电路的分类、特点、分析方法、重点、难点和综合应用举例。读者可从这些实际应用举例中，加深对理论的理解和认识。

1. 数字逻辑电路的分类

从整体上来看，数字逻辑电路可分为组合逻辑电路和时序逻辑电路两大类。在逻辑功能方面，组合逻辑电路在任一时刻的输出信号仅仅与当时的输入信号有关，而与信号作用前电路原来所处的状态无关；而时序逻辑电路在任一时刻的输出信号不仅与当时的输入信号有关，而且还与电路原来的状态有关。在电路结构方面，组合逻辑电路仅由若干逻辑门组成，没有存储电路，也没有输出到输入的反馈回路，因而无记忆能力；而时序逻辑电路除包含组合电路外，还含有存储电路，因而具有记忆能力。

在时序逻辑电路中，存储电路常由触发器组成，根据这些触发器时钟接法的不同，时序分为同步时序逻辑电路和异步时序逻辑电路。在同步时序逻辑电路中，存储电路内所有触发器的时钟输入端都接同一个时钟脉冲源，因而，所有触发器的状态（即时序逻辑电路的状态）的变化都与所加时钟脉冲信号同步。在异步时序逻辑电路中，没有统一的时钟脉冲，某些触发器的时钟输入端与时钟脉冲源相连，这些触发器的状态变化与时钟脉冲同步，而其他触发器状态的变化并不与时钟脉冲同步。同步时序电路的速度高于异步时序电路，但电路结构一般较后者复杂；而异步时序电路的瞬时功耗要小于同步时序电路，但各触发器不同时翻转，以避免引起竞争冒险现象。

另外，根据发展阶段和电路集成度等不同的分类标准，数字电路还有其他不同的分类法，在此不再赘述。

2. 数字逻辑电路的特点

数字电路研究和处理的对象是数字信号，而数字信号在时间上和数值上均是离散的，因而数字电路中的电子元器件通常工作在饱和区和截止区，信号通常只有高电平和低电平两种状态。这两种状态可用二进制的 1 和 0 来表示，因而可以用二进制对数字信号进行编码。由于数字信号的高电平和低电平表示的都是一定的电压范围，所以我们可以着重考虑信号的有无，而不必过多关心信号的大小；数字电路主要研究电路单元系统的输入和输出状态之间的逻辑关系，即逻辑功能。

数字电路的以上特点，决定了数字电路具有速度快、精度高、抗干扰能力强和易于集成等优点，在当今的自动控制、测量仪表、数字通信和智能计算等领域，都得到了相当广泛的应用。

3. 数字逻辑电路的看图方法

实现一定逻辑功能的电路，称为逻辑电路，又称为开关电路、数字电路。这种电路中的晶体管一般都工作在开关状态。数字电路可以由分立元件构成（如反相器、自激多谐振荡器等），但现在绝大多数是由集成电路构成（如与门电路、或门电路等）。要看懂数字电路图，首先应掌握一些数字电路的基本知识；二是了解二进制逻辑单元的各种逻辑符号及输出、输入关系；三是还应掌握一些逻辑代数的知识。具备了这些基本知识，也就为看懂数字电路图奠定了良好基础。

（1）"是是非非看逻辑"

通过阅读电路说明书来了解逻辑电路的结构组成、功能、用途，也可通过阅读真值表，了解输出与输入间的"是"或"非"的逻辑关系，掌握各单元模块的逻辑功能。

（2）元器件功能看引脚

数字电路中往往使用具有各种逻辑功能的集成电路，这样会使整个电路更简单、可靠，但也为识图带来一定困难。因为看不到集成块内部元器件及电路组成情况，只能看到外部的许多引脚，这些引脚各有各的作用，可与外部其他元器件或电路连接，以实现一定的功能。实际上很多时候我们并不需要知道集成块内部电路组成情况，只需了解外部各引脚的功能即可。集成电路各引脚的功能用文字加以注明，如电路中没给出文字说明或参数，则应查阅有关手册，了解集成块的逻辑功能和各引脚的作用。对一些常用的集成电路，如常用的 LM324 运算放大器、74LS00 四二输入与非门、555 时基电路等，读者应记住各引脚的功能，这对快速、准确识图有所帮助。图 3-8 和图 3-9 分别为 74LS00、CH7555 的引脚图。

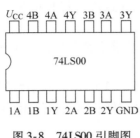

图 3-8　74LS00 引脚图

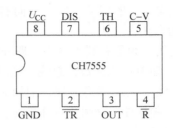

图 3-9　CH7555 引脚图

（3）功能分解看模块

对数字电路可按信号流向把系统分成若干个功能模块，每个模块完成相对独立的功能，对模块进行互操作状态分析，必要时可列出各模块的输入、输出逻辑真值表。

（4）综合起来看整体

将各模块连接起来，分析电路从输入到输出的完整工作过程，必要时可画出有关工作波形图，以帮助对电路逻辑功能的分析、理解。

4. 逻辑图

采用逻辑符号表达电路各部分之间的逻辑关系的工作原理图称为逻辑图。它广泛应用于数字电路中，用以表示各种具有逻辑功能的单元电路。由于大规模集成电路的迅速发展，在绘制数字电路图时，不必考虑元器件的内部结构组成情况，而代之以逻辑图。

（1）逻辑图的绘制方法

同原理图一样，绘制逻辑图要求层次清楚、布局合理、线条均匀，有利于阅读，如图 3-10 所示。

二—十进制计数器是用二进制计数单元构成的十进制计数器。图中由 4 个 J—K 触发器构成 8421 编码二—十进制计数器。触发器 F_4 的计数脉冲来自 Q_1，它的两 J 输入端分别接到 Q_2 和 Q_3。在 F_4 触发器置"0"后，欲翻转为"1"状态，必须在第 8 个脉冲后沿到来后，即 F_4 输出 Q_4 后才能由"0"变为"1"。第 9 个脉冲输入后，计数器计数状态从 1000 变为 1001。第 10 个脉冲输入后计数器状态变成 0000。

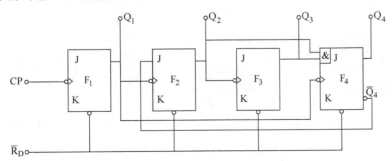

图 3-10　二—十进制计数器

绘制时应注意:

1）符号统一　同一元器件在同一电路，同一张逻辑图中不能出现两种符号。必须采用符合国家标准的符号，大规模集成电路的引脚名称保留外文字母标注方法。

2）信号流向　一般信号流向由左向右，自下而上（这点与其他原理图不同），即输入在左（下），输出在右（上）。

3）分组连线　为了有利于电路原理分析和应用，应将功能相同的或有关联的线排在一组，保持间距。如单片机的数据总线、地址总线等。

4）引脚标注　大规模集成块，引脚之间距离太小，引脚名称和引脚标号不能同时标注，可以择其一种标注，而另用一张图标注引脚排列及功能；对于多只相同的集成元件，可标注其中一个即可。

（2）逻辑图的化简

简化原理图的规则，同样适合逻辑图。关于连线较多，可采取单线表示法、同组省略法和断线表示法。

第六节　无线电电路图的识图方法

当打开收音机后端盖时，我们会发现有各种元器件安装在一块底板上，这块底板就是印制电路板，它是按照原理图设计的，有经验的技术人员，可以把原理图设计成印制板图，也可以从印制板上的元器件布局和连接方式画出电路原理图。

无线电电路图就是表示各种无线电设备的电路。由于收音机电路简单易学，元器件易于购买，装配也比较容易。本节以无线电收音机为例，介绍无线电电路的看图方法。

1. 认识元器件

无线电收音机所用的元器件大多数与电子电路相同，如电阻、电容、二极管、晶体管等。由于收音机电路的特殊性，还有许多元器件是一般电子电路没有的，如磁棒天线、高频/中频变压器，输入/输出变压器、选台双连电容、带开关的电位器等。如图 3-11 所示。

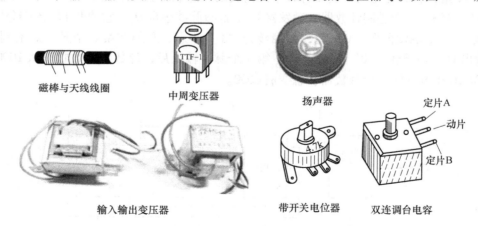

磁棒与天线线圈　　　　中周变压器　　　　扬声器　　　　　定片A
　　　　　　　　　　　　　　　　　　　　　　　　　　　　　动片
　　　　　　　　　　　　　　　　　　　　　　　　　　　　　定片B

输入输出变压器　　　　　带开关电位器　　双连调台电容

图 3-11　收音机部分元器件

2. 电路原理分析

无线电收音机主要由天线调谐输入回路、变频级、中频放大级、检波级、低频前置放大级、音频功率放大级和负载扬声器组成。如图 3-12 所示。

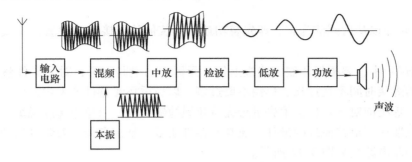

图 3-12 无线电收音机的组成框图

收音机电路原理图如图 3-13 所示。天线调谐回路接收广播电台发射的高频信号，送入变频级，变频级包括本机振荡器和混频器两部分。本机振荡器产生的振荡信号的频率比输入高频信号高 465kHz，这两个信号同时送入混频器进行混频，产生一系列新的频率信号，这些信号经过混频器输出端的调谐回路选择后，只允许差频信号 465kHz 通过。这样就将任意一个广播电台的信号，经变频级后总是固定在频率 465kHz。这个固定的中频信号再经过中频放大器放大到一定程度后，送入检波级检出音频信号，经过低频前置放大器和低频功率放大器放大，推动扬声器发出声音。

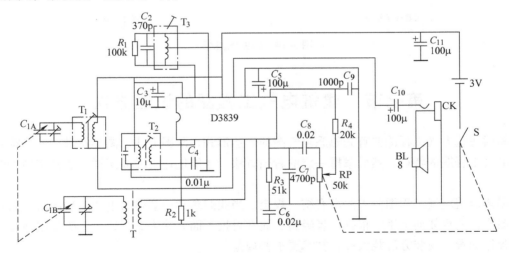

图 3-13 收音机电路原理图

3. 印制电路板

收音机性能的好坏，不仅取决于电路原理的设计，还与元器件质量、整机布局、安装调试的工艺水平等直接相关。因此在装配过程中应注意以下几点：

1）装配前，应先对照元器件清单对所供元器件、紧固件等进行核对；对电阻、电容、天线线圈、中周、晶体管等要用万用表逐一检测其好坏；晶体管最好用晶体管特性图示仪观察其特性曲线，测量 β 值及穿透电流 I_{CEO} 大小，一般要求高频管 $I_{CEO} < 50\mu A$，为使收音机噪声低，且工作状态相对稳定，原则上选 I_{CEO} 最小的高频管做变频级，I_{CEO} 最小的低频管用在低放第一级。为保证收音机有足够的灵敏度和音频输出功率，各级放大器 β 值选择要适宜。

2）装配顺序以从后到前为宜，即先装功放，再装低放，接着装检波、中放，最后装变频级。

3）安装过程中，要根据印制电路板上每个元器件的空间位置，对元器件整型。焊接时每个元器件的焊接时间不宜过长、焊锡不要过多，以免烫坏元器件或发生短路。不要在整机通电时焊接，焊接前对元器件必须先进行去氧化膜搪锡处理，以免虚焊或脱焊，收音机性能的好坏，不仅取决于电路原理的设计，还与元器件质量、整机布局、安装调试的工艺水平等直接相关。印制电路板如图 3-14 所示。

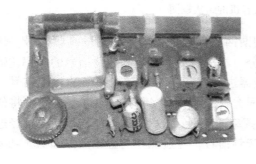

a) 元器件插接面　　　　　　　　　　　　　　b) 元器件焊接面

图 3-14　印制电路板

第七节　建筑电气工程图的识图方法

阅读建筑电气工程图要首先熟悉电气图的表达形式、画图方法、图形符号、文字符号和建筑电气工程图的特点，然后掌握一定的看图方法，才能迅速地看懂图样，达到实现看图的意图。

阅读建筑电气工程图的方法没有统一规定。当我们拿到一套建筑电气工程图时，面对一大摞图样，究竟如何下手？根据作者经验，通常可按下面方法去做，即了解概况粗略看，重点内容仔细看；安装方法找大样，技术要求要规范。

具体针对一套图样，一般多按以下顺序读，而后再重点阅读。

1. 看标题栏及图样目录

了解工程名称、项目内容、设计日期及图样数量和内容等。

2. 看总体说明书

了解工程总体概况及设计依据，了解图样中未能表达清楚的各有关事项，如供电电源的来源、电压等级、线路敷设方法、设备安装高度及安装方式、补充使用的非国标图形符号、施工时应注意的事项等。有些分项局部问题是在分项工程的图样上说明的，看分项工程图时，也要先看设计说明书。

3. 看系统图

各分项工程的图样中都包含系统图。如变配电工程的供电系统图、电力工程的电力系统图、照明工程的照明系统图以及电缆电视系统图等。看系统图的目的是了解系统的基本组成，主要电气设备、元器件等连接关系及它们的规格、型号、参数等，掌握该系统的组成概况。

4. 看平面布局图

平面布置图是建筑电气工程中的重要图样之一，如变配电所电气设备安装平面图、剖面图、电力平面图、照明平面图、防雷和接地平面图等，都是用来表示设备安装位置、线路敷设部位、敷设方法及所用导线型号、规格、数量、管径大小的。在通过阅读系统图，了解了系统组成概况之后，就可依据平面图编制工程预算和施工方案，具体组织施工。所以对平面图必须熟读。阅读平面图时，一般可按以下顺序：进线→总配电箱→干线→支干线→分配电箱→用电设备。

5. 看电路原理图

了解各系统中用电设备的电气自动控制原理，用来指导设备的安装和控制系统的调试工作。因电路图多是采用功能布局法绘制的，看图时应依据功能关系从上至下或从左至右一个回路、一个回路地阅读。熟悉电路中各电器的性能和特点，对读懂图样将是一个极大的帮助。

6. 看安装接线图

了解设备或电器的布置与接线，与电路图对应阅读，进行控制系统的配线和调校工作。

7. 看安装大样图

安装大样图是用来详细表示设备安装方法的图样，是依据施工平面图，进行安装施工和编制工程材料计划时的重要参考图样。特别是对于初学安装的人员更显重要，甚至可以说是不可缺少的。安装大样图多采用全国通用电气装置标准图集。

8. 看设备材料表

设备材料表给我们提供了该工程使用的设备、材料的型号、规格和数量，是我们编制购置设备、材料计划的重要依据之一。

阅读图样的顺序没有一定的规律可循，可根据自己的需要，灵活掌握，突出重点，以达到用图样指导安装施工，保质保量的目的。

除此之外，还应阅读有关施工及验收规范、质量检验评定标准，以详细了解安装技术要求，保证施工质量。

第八节 机床电路图的识图方法

机床电气原理图是用来表明机床电气的工作原理及各电器元件的作用、相互之间的关系的一种表示方式。掌握了阅读电路原理图的方法和技巧，对于分析电气线路、排除机床电路故障是十分有意义的。机床电路图一般由主电路、控制电路、保护、配电、照明电路等几部分组成。阅读方法如下：

1）阅读主电路时，应首先了解主电路中有哪些用电设备，各起什么作用，受哪些电器的控制，工作过程及工作特点是什么（如电动机的起动、制动、调速方式等）。然后再根据生产工艺的要求了解各用电设备之间的联系。在充分了解电路的控制要求及工作特点的基础上，再阅读控制电路图（如电动机起动、停止的顺序要求、联锁控制及动作顺序控制的要点等）。

2）控制电路一般是由开关、按钮、接触器、继电器的线圈和各种辅助触头构成，无论简单或复杂的控制电路，一般均是由各种典型电路（如延时电路、联锁电路、顺控电路等）组合而成，用以控制主电路中受控设备的"起动"、"运动"、"停止"，使主电路中的设备按设计工艺的要求正常工作。对简单的控制电路，只要依据主电路要实现的功能，结合生产工艺要求及设备动作的先、后顺序仔细阅读，依次分析，就可以理解控制电路的内容。对于复杂的控制电路，要按各部分所完成的功能分割成若干个局部控制电路，然后与典型电路相对照，找出相同之处，本着先简后繁、先易后难的原则逐个理解每个局部环节。再找到各环节的相互关系，综合起来从整体上全面地分析，就可以将控制电路所表达的内容读懂。

3）保护电路图的构成与控制电路基本相同，主要是根据电气原理图要达到的工艺要求，为避免设备出现故障时可能造成的损伤事故所设的各种保护功能。阅读时在图样上找到相应的保护措施及保护原理，然后找出与控制电路的联系加以理解。这样就能掌握电路的各种保护功能，最后再读配电电路的信号指示、工作照明、信号检测等方面的电路。

当然，对于某些机械、电气、液压配合较紧密的机床设备只靠电气原理图是不可能全部理解其控制过程的，还应充分了解有关机械传动、液压传动及各种操纵手柄的作用，才可以清楚全部的工作过程，此外只有在阅读了一定量的机床线路图的基础上才能熟练、准确的分析电气原理图。

第九节　电路中元器件的标注方法

电路是元器件组成的，每种元器件都用不同的单位来标注，即使是同一种元器件，也有不同的标注方式。有些要标注，有些可省略，使读者方便识读。根据大家的使用习惯，常用的标注方法如下：

1. 电路图中电阻阻值单位按标注规则识读，方法如下：

1）带有小数点的，加单位"Ω"，以便与 MΩ 区别，如 $R_1 = 1.5\Omega$。

2）阻值在 1kΩ 以下的可标注单位，也可不标注单位。例如，100Ω 可标注为 100，又例如，910Ω 可标注为 910。

3）阻值在 1～100kΩ 之间的，标注单位为 k，如 5.1kΩ 可标注为 5.1k，阻值在 100kΩ～1MΩ 之间的，标注单位为 M。如510kΩ，可标注为 0.510M。

4）阻值在 1MΩ 以上的，标注单位为 M。如 5.1MΩ，可标注为 5.1M，单位也可以省略，但要加小数点和 0，如"R_1 为 6.0"，则表示电阻 R_1 为6MΩ。

5）5.1k 也可用 5k1 表示。

2. 电路图中电容容量单位按标注规则识读，方法如下：

1）带有小数点的，加单位"pF"，以便与"μF"区别，如 $C_1 = 3.5pF$。

2）当电容器大于 100pF，而又小于 1μF 时，一般不标注单位，没有小数点的其单位是 pF，有小数点的其单位是 μF。如 5100 就是 5100pF，0.33 就是 0.33μF。当电容量大于 10000pF 时，可用 μF 为单位。当电容量小于 10000pF 时，可用 pF 为单位。

3）用国际单位制表示：用数字表示有效值，字母表示数值的量级，即 m 表示毫法（10^{-3}F），μ 表示微法（10^{-6}F），n 表示纳法（10^{-9}F），p 表示皮法（10^{-12}F）。字母有时也表示小数点的位置。如 lm5 表示 1.5mF，即 1500pF，4μ7 表示 4.7μF，3n9 表示 3.9nF = 3900pF，47n 表示 47nF = 0.047μF，2p2 表示 2.2pF。

4）数码表示法：电容器的数码表示法，一般用三位数来表示容量的大小，其单位为 pF（皮法），从左起第一、二位数字为有效数字位，第三位数表示有效数字后边加零的个数。若第三位数为数字"9"的话，表示前两位数要乘 10^{-1}。如 102 表示 1000pF；223 表示 22000pF，即 0.022μF；229 表示 $22 \times 10^{-1} = 2.2$pF。

第四章　高低压电器元件

第一节　高压断路器

凡是工作电压在 1000V 以上的电器，通常称为高压电器。通常把高压电器分为断路器、隔离开关、负载开关、接地开关、测量仪表、高压母线等。

1. 高压断路器

高压断路器又称为高压自动开关，它是用来接通和断开高压电路中的电流，当电路中出现过载或短路时，它能自动断开电路，它的断流能力通常以 kA 计算。

高压断路器是按灭弧和绝缘介质情况分类的，有油断路器（其中包括多油断路器和少油断路器）、压缩空气断路器、断路器、真空断路器、磁吹断路器和空气断路器。目前用得较多的是少油断路器、真空断路器等。高压断路器如图 4-1 所示。

图 4-1　高压断路器

2. 操动机构

操动机构是高压开关设备不可缺少的重要组成部分。其中断路器的要求最高，它不仅要求操动机构具有保证断路器准确无误地关闭和切断短路电流，使断路器可靠地保持在分闸或合闸位置上的功能，而且操动机构需要完成快速自动重合闸动作，具备防跳跃、自动复位和闭锁等功能。由于断路器在分、合闸时需要很大的操作力、很快的动作速度和很高的工作可靠性，因此操动机构的制造难度很大。隔离开关所用的操动机构，其分、合闸速度要求不高，但必须操作平稳，且具有足够的操动力和操作功。操动机构如图 4-2 所示。

3. 高压断路器参数

真空高压断路器参数如表 4-1 所示。

图 4-2 操动机构

表 4-1 真空高压断路器参数

型 号	额定电压 /kV	额定电流 /A	额定断流容量 /MV·A	额定开断电流 /kA	极限通过电流/kA		4s热稳定电流 /kA	固有分闸时间 /s	合闸时间 /s	器身重/kg	操动机构	外形尺寸 /mm			备注
					有效值	峰值						高	宽	深	
ZN-10/1000-16	10	1000	300	17.3		40	16	0.05	0.2	120	-220	500	580	624	
ZN-10/600	10	600	150	8.7		22	8.7	0.05	0.2	85	110V	240	522	550	
ZN-10/1000	10	1000	150	8.7		44		0.05	0.2		CD-25				
ZN-10/1000	10	1000	300	17.3		50	17.3	0.05	0.2	135	CD-25	730	538	610	
ZN-10/1000-20	10	1000		20		30	50	0.05	0.1	105	CD-35	872	635	410	单相
ZN-27.5/600	27.5	600		11.5		30	11.5	0.06	0.2		CD-40G	1500	500	1070	
ZN1-10/600	10	300		3		22	3	0.016	0.07	150		644	97.5	188	
ZN2-10/600	10	600	200	11.6		29.4	11.6	0.05	0.2	12		540	620	560	
ZN3-10/600	10	600	150	8.7			8.7	0.05	0.2	75		819	560	360	
EN4-10e/600	10	600	300	17.3			17.3	0.05	0.2	75					

第二节 高压隔离开关

1. 高压隔离开关分类

（1）按安装地点不同可分为户内式和户外式 2 种；

（2）按用途不同可分为一般输配电用、发电机引出线用、变压器中性点接地用和快分用 4 种；

（3）按断口两端是否安装接地刀的情况可分为单接地（一侧有接地刀）、双接地（两侧有接地刀）和不接地（无接地刀）3 种；

（4）按触头的运动方式不同可分为水平回转式、垂直回转式、伸缩式（即折架式）和直线移动式（即插拔式）4 种。高压隔离开关如图 4-3 所示。

图 4-3 高压隔离开关

2. 高压隔离开关的用途

高压隔离开关中设有专门的灭弧装置，在分闸状态下具有明显的断口（包括直接和间接可见）的开关电器，使运行人员能明确判断其工作状态。高压隔离开关的断口在任何状态下都不能被击穿，因此它的断口耐压一般需要比对地绝缘的耐压高出 10% ~15%。必要时，应该在隔离开关上附设接地刀开关，供检修时接地用。在配电装置中，它的容量通常是断路器的 2~4 倍。其主要用途有：

（1）为设备和线路检修与分段进行电气隔离；

（2）在断口两端接近等电位条件下，倒换母线改变接线方式；

（3）分、合一定长度母线或电缆、绝缘套管和断路器的并联均压电容器中通过的小电容电流；

（4）分、合一定容量的空载变压器和电压互感器。

3. 户内高压隔离开关参数

户内高压隔离开关参数如表4-2所示。

表4-2　户内高压隔离开关参数

型　号	额定电压 /kV	最大工作电压 /A	额定电流 /A	极限通过电流/kA		热稳定电流/kA			试验电压/kV		配用机构	器身重 /kg
				有效值	峰值	1s	5s	10s	同极触头间	导电部分对地间		
GN1-10/2000	10	11.5	2000		85		14	36	53	45		
GN1-20/400	20	23	400		50		14	10	85	70	CS6-2	
GN1-35/400	35	40.5	400		50		20	10	130	105		
GN1-35/600	35	40.5	600		50			14	130	105		
GN2-10/2000	10	11.5	2 000		85			36	53	45	CS6-2	
CN2-10/3000	10	11.5	3 000		100			50	53	45	CS7	87.5
GN2-20/400	20	23	400		50			10	85	70	CS6-2	181
CN2-35/400	35	40.5	400		50			10	130	105	CS6-2	80
GN2-35/600	35	40.5	600		50			14	130	105	CS6-2	112.2
GN2-35T/400	35	40.5	400	30	52	30	10	14			CS6-2T	118.2
GN2-35T/600	35	40.5	600	37	64	37	17.7	25			CS6-2T	100
GN2-35T/1000	35	40.5	1 000	40.5	70	40.5	27.5				CS6-2T	101
GN3-10/3000	10	11.5	3 000		200		120				CS9	186
GN3-10/4000	10	11.5	4 000		200		120				CS9	196.5
GN5-6/200	6	6.9	200		25.5		10	7	40	34		
GN5-6/400	6	6.9	400		52		14	10	40	34		4.0
GN5-6/600	6	6.9	600		52		20	14	40	34		4.5
GN5-10/200	10	11.5	200		25.5		10	7	53	45	CS6-1T	5.1
GN5-10/400	10	11.5	400		52		14	10	53	45		6.0
GN5-10/600	10	11.5	600		52		20	14	53	45		6.5
GN5-10/1000	10	11.5	1 000		75		20	21	53	45		7.1
GN6-6T/200	6	6.9	200	14.7	25.5	14.7	10	7			CS6-1	25
GN6-6T/400	6	6.9	400	30	40	30	14	10			CS6-1	27
GN6-6T/600	6	6.9	600	30	52	30	20	14			CS6-1	29
GN6-10T/200	10	11.5	200	14.7	25.5	14.7	10	7			CS6-1	25

4. 户外高压隔离开关参数

户外高压隔离开关参数如表4-3所示。

表4-3　户外高压隔离开关参数

型　号	额定电压 /kV	额定电流 /A	极限通过电流/kA		热稳定电流 /kA			分闸时间 /s	破冰厚度 /mm	接线端拉力 /N	泄漏比距/ (cm/kV)	配用机构	器身重 /kg
			有效	峰值	4s	5s	10s						
GW1-6/20	6	200	9	15		7	10				4	CS8-1	36
GW-6/400	6	400	15	21		14	14				4	CS8-1	45.6
GW1-6/600	6	600	25	35		20	10				4	CS8-1	47.4
GW1-10/200	10	200	15			7	14					CS8-1	60
GW1-10/400	10	400	25	15		14						CS8-1	61.5
GW1-10/600	10	600		21		20						CS8-1	63
GW1-10（W）/200	10	200		35		7						CS8-1	19.4
GW1-10（W）/400	10	400		15		14						CS8-1	19.5
GW1-10（W）/600	10	600		25		20						CS8-1	20.5
				35									
GW2-35/600	35	600	29	50			10					CS8-2	75
GW2-35D/600	35	600	29	50			10					CS8-2D	75
GW2-35/1000	35	1000	29	50			10					CS8-2	75
GW2-35D/1000	35	1000	29	50			10					CS8-2D	75
GW2-35G/600	35	600		42	20							CS11-D	
GW2-35GD/600	35	600		42	20							CS8-6D	
GW4-35/600	35	600		50	15.8							CS11-G	65
GW4-35D/1000	35	1000		50	23.7							CS8-6D	68
GW4-35D（W）/600	35	600		50	15.8				10~15	500		CJ5 或 CS14G	524~598
CW5-35G/600	35	600	29	50	23.7	14		0.25				CS-G	92
GW5-35G/1000	35	1000						0.25				CS-G	
CW5-35GD/600	35	600										CS-G	
GW5-35GD/1000	35	1000										CS-G	
CW5-35GK/600	35	600										CS1-XG	
GW5-35GK/1000	35	1000										CS1-XG	
GW9-10（W）/200	10	200		15		5					5		10.9
GW9-10（W）/400	10	400		21		10					5		11.1
GW9-10（W）/600	10	600		35		14					5		11.8
GWT1-10/600	10	600	20	35		14					4.1		
GWT2-10/200	10	200	9	15		5					4.3		
GWT2-10/400	10	400	15	25		10					4.3		
GWT2-10/600	10	600	20	35		14					4.3		
GWT5-10/200	10	200	9	15		5					4.1		
GWT5-10/400	10	400	15	25		10					4.1		
GWT5-10/600	10	600	20	35		14					4.1		

第三节 高压负载开关

1. 高压负载开关

高压负载开关是带有简单灭弧室装置的一种开关电器，高压负载开关按不同的介质分为压缩空气式、有机材料气体、真空式、矿物油和六氟化硫气体开关 5 种，它适用于交流 50Hz，3.6kV、7.2kV、12kV、40.5kV 和 72.5kV 电压等级的电网中。高压负载开关是在额定电压和电流条件下，接通或断开高压电路的开关电器。它和限流熔断器串联组合，可代替断路器使用，即由高压负载开关承担关合和开断负载电流，而由熔断器承担开断过大的过载电流和短路电流。

高压负载开关分通用型和专用型两种。通用型高压负载开关除了能在额定电流范围内完成正常闭合和断开的任务以外，还能关合短路电流。专用型高压负载开关是用来闭合和切断空载变压器、空载电路或电容器组等的。

高压负载开关应满足以下要求：①放在分闸位置时，要有明显可见的间隙，无需串联隔离开关，在检修电气设备时，只要开断高压负载开关即可。②要能经受频繁的开断次数。③高压负载开关不要求开断短路电流，但要求能关合短路电流。如图 4-4 所示。

图 4-4 高压负载开关

2. 高压负载开关与高压隔离开关的区别

高压负载开关能用来接通和断开高压电路中的负载电流，但不能断开短路和过载等故障电流。在容量较小的高压电路中，如 1000kV·A 以下的配电变压器，在保护要求不高时，可选用高压负载开关来代替断路器，以节省设备投资。

高压隔离开关不允许用来接通或断开正常的负载电流，只能供隔离高压电源用，以确保高压电气设备或高压线路在维修时的安全。

3. 高压户外负载开关技术参数

PW 型高压户外负载开关技术参数如表 4-4 所示。

4. 高压户内负载开关技术参数

PN 型高压户内负载开关技术参数如表 4-5 所示。

表 4-4 PW 型高压户外负载开关技术参数

型 号	额定电压/kV	额定电流/kA	最大开断电流/kA	极限通过电流/kA		热稳定电流/kA		器身重/kg	操动机构	外形尺寸/mm		
				有效值	峰值	4s	5s			高	宽	深
PW1-10/400	10	400	800					80				
PW2-10G/200	10	200	1500	8	14	7.9	7.8	164	绝缘棒	810	530	412
PW2-10G/400		400	1500	8			12	168				
PW4-10/200	10	200	800	8.7	15	5.8		157	绝缘棒	557	640	630
PW4-10/400		400	800	8.7				174				
PW5-10/200	10	200	1500		10	4		75	绝缘棒	760	900	850

表 4-5 PN 型高压户内负载开关技术参数

型 号	额定电压/kV	额定电流/A	额定断流容量/MV·A	最大开断电流/kA	极限通流/kA		热稳定电流/kA		固有分闸时间不大于/s	器身重/kg	操动机构	外形尺寸		
					有效值	峰值	4s	5s				高/mm	宽/mm	深/mm
PN2-10/400	10	400	25	1200	14.5	25		8.5		44	CS4、CS4-T	450	932	586
PN2-10R/400	10	400	25	1200	14.5	25		8.5		44	CS4、CS4-T		932	586
PN3-6/400	6	400	20	1950	14.5	25		8.5		42	CS3、CS3-T 及 CS2	226	850	590
PN3-6R/400	6	400	20	1950	14.5	25		8.5		58		662	850	590
PN3-10/400	10	400	25	1450	14.5	25		8.5		42			850	590
PN3-10R/400	10	400	25	1450	14.5	25		8.5		58			850	590
PN4-10/600	10	600	50	3000		75	3		0.05	75	电磁	810	560	365

第四节　高压油断路器

1. 高压油断路器

高压油断路器按场地分为户内式、户外式；按内部储油量的多少分为多油断路器和少油断路器。其中 10kV、35kV 多油断路器有 DW 系列，油起绝缘和灭弧作用。少油断路器有 SN 和 SW 系列，油起息弧的作用。在正常运行或故障情况下，接通或切断电路。油断路器的外形如图 4-5 所示。

油断路器检修周期：一般事故跳闸 4 次，检修一次，正常操作 30 ~ 35 次，检修一次。检修内容为：换油、加润滑油、动静触头烧伤、弯曲变形等情况。

油断路器触头在切断或接通电路瞬间会产生电弧，

图 4-5　油断路器的外形

电弧高温在 4000～10000℃时，周围的油被分解气化，产生很高的压力，使油面升高。若油升到油箱盖时，电弧未切断，继续产生气体，发生喷油或爆炸事故。若油太少时，断弧时间延长而无法灭弧，产生大量的有害气体而引起爆炸。油量以标准为宜，过多或过少都是有害的。

2. 高压油断路器参数

（1）多油断路器技术参数

多油断路器技术参数如表 4-6 所示。

表 4-6　多油断路器技术参数

名　　称	型号	额定电压/V	额定电流/A	断流容量/MV·A	额定断流量/kA	极限电流/kA	热稳定电流/kA	固有分闸时间/s	分闸时间/s	三相油重/kg	总重/kg	使用操动机构
户内多油断路器	DN1-10	10	200	30，100	9.7，5.8	25，15	6	0.07	0.1	50	100	CS2 CD2g
			400				10					
			600									
			800									
	DN3-10		400	75，150	14.5	37，14	13	0.08	0.15	14	125	CS13
柱上油断路器	DW4-10	10	100	50	2.88	37	7.4	0.1		45	145	构棒
			200			14.2	4.2					
			400									
	DW5-10	10	50	25	2.9	7.4	7.4			60	210	
			100			4.2	4.2					
			200									
	DW7-10		30		1.5	5.6	5.6	0.2		55	135	
			50			2.3	2.3					
			75									
			100									
户外多油断路器	DW6-35		400					0.1	0.27	360	1.05	CS2 CD2
	DW8-35	10	600	1000	16.5	41，29	16.5 (4s)	0.07	0.3	380	1.068 1.3	CD11-X
			800									
			1000									

（2）户内少油断路器技术参数

户内少油断路器技术参数如表 4-7 所示。

表 4-7　户内少油断路器技术参数

型　　号	额定电压/kV	额定电流/A	额定断流容量/kV·A	额定开断电流/kA	最大关合电流/kA	极限通过电流/kA	4s热稳定电流/kA	合闸时间/s	固有分闸时间/s
SN-10/2000	10	2000	750	43.2					
SN-10/3000		3000	800	46.2					
SN1-10G/400		400	200	11.5					
SN1-10G/600		600							
SN2-10G/400		400	350	20					
SN2-10G/600		600							
SN2-10G/1000	10	1000							
SN3-10G/2000		2000	400	23		75	30	0.5	0.14
SN3-10G/3000		3000							
SN4-10G/5000		5000	1800					0.65	
SN4-10G/6000		6000					120		0.15
SN4-20G/6000				58	60	300			
SN4-20G/8000	20	8000	3000						
N4-20G/12000		12000						0.75	
SN10-10/600			300	17.3	40	40	17.3		
SN10-10/600		600		20			20	0.2	
			350				20.2		
SN10-10/600				20.2					
SN10-10/1000			300	17.3	44.1	44.1	17.3		
SN10-10/1000	10	1000		29	74	74	29	0.25	0.06
SN10-10/1000			500	28.9	79	79	28.9		
SN10-10/1000				31.5			31.5		
SN10-10/1250		1250						0.2	
SN10-10/2000		2000	750	43.3	130	130	43.3		
SN10-10/3000		3000							
SN10-35/1250	35	1250	1000	16	40	40	16	0.25	

第五节　高压熔断器

1. 高压熔断器

高压熔断器的主要元件是熔丝，在电气设备工作正常情况下，流过熔丝的电流不应该使熔丝熔断。当系统中出现过载或短路时，熔丝将因为过热而自行熔断，切断电路，保护其他设备不受到损害。如自动重合闸跌落式高压熔断器，每相装有两只熔丝管，一只为常用，另一只为备用。在备用熔丝管下面装置一个重合机构，当常用熔丝管熔断跌落下来后，隔一定时间（在 0.3s 以内），借助重合机构而自动重合。高压熔断器的外形如图 4-6 所示。

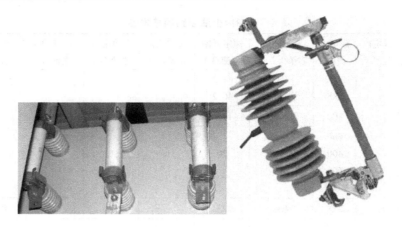

图 4-6   高压熔断器的外形

2. 高压熔断器安装应注意事项

1）安装应牢固可靠，向下应有 20°～30° 的倾斜角。

2）熔丝管长度应适当，合闸后被鸭嘴舌头扣住部分要在 2/3 以上，以防运行中产生自掉，但熔丝管也不能顶住鸭嘴以防熔丝熔断后，熔丝管不能跌落。

3）重合保险的重合传动杆，不宜过高或过低，应与熔丝管保持 45°。

4）熔丝机械强度不应小于 15kg，熔丝额定电压不能大于跌落熔丝管的额定电流。

5）10kV 用跌落式熔断器间的安装距离不应小于 600mm。

3. 高压熔断器技术参数

（1）RN1 型户内高压熔断器的技术参数

RN1 型户内高压熔断器的技术参数如表 4-8 所示。

表 4-8   RN1 型户内高压熔断器的技术参数

型　号	额定电压/kV	额定电流/A	最大开断容量（三相）/MV·A	最大切断电流（有效值）/kA	最小切断电流（额定电流倍数）	当切断极限短路电流时之最大电流峰值（限流、kA）	熔丝管数	器身重/kg
RN1-3/2		2					1	8.6
RN1-3/3		3					1	8.6
RN1-3/5		5					1	8.6
RN1-3/7.5		7.5			不规定		1	8.6
RN1-3/10		10					1	8.6
RN1-3/15		15		40			1	8.6
RN1-3/20		30				6.5	1	8.6
RN1-3/30	3	30					1	8.8
RN1-3/40		40			1.3		1	8.8
RN1-3/50		50					1	8.8

（续）

型　号	额定电压/kV	额定电流/A	最大开断容量（三相）/MV·A	最大切断电流（有效值）/kA	最小切断电流（额定电流倍数）	当切断极限短路电流时之最大电流峰值（限流、kA）	熔丝管数	器身重/kg
RN1-3/75		75					1	8.8
RN1-3/100		100			1.3	24.5	1	8.8
RN1-3/150		150					2	10.5
RN1-3/200	3	200		40		35	2	10.5
RN1-3/300		300					4	12.5
RN1-3/400		400					4	13
RN1-6/2		2					1	10
RN1-6/3		3					1	10
RN1-6/5		5					1	10
RN1-6/7.5		7.5			不规定		1	10
RN1-6/10		10					1	10
RN1-6/15		15	200	-			1	10
RN1-6/20		30				5.2	1	10
RN1-6/30	6	30		20			1	11.6
RN1-6/40		40					1	11.6
RN1-6/50		50					1	11.6
RN1-6/75		75			1.3	14	1	11.6
RN1-6/100		100				19	2	11.8
RN1-6/150		200					2	12.9
RN1-6/200		300				25	2	12.9
RN1-6/300		400					4	13.5
RN1-10/2		2					1	11
RN1-10/3		3					1	11
RN1-10/5		5					1	11
RN1-10/7.5	10	7.5		12	不规定		1	11
RN1-10/10		10					1	11
RN1-10/15		15					1	11

（2）RN2 型户内高压熔断器的技术参数

RN2 型户内高压熔断器的技术参数如表 4-9 所示。

表 4-9　RN2 型户内高压熔断器的技术参数

型　　号	额定电压/kV	额定电流/A	最大开断电流（三相）/MV·A	最大切断电流/kV	当切断极限短路电流时的最大电流峰值/kA	最小熔断电流（1min）/A	过电压倍数	熔丝电阻/Ω	熔丝管重/kg	器身重/kg
RN2-3/0.5	3	0.5	500	100	160	0.6~1.8	不超过2倍工作电压	90	0.9	6.4
RN2-6/0.5	6		1 000	85	300					
RN2-10/0.5	10			50	1 000					
RN2-15/0.5	15			40	350			200	1.0	10
RN2-20/0.5	20			30	850					
RN2-35/0.5				17	700			315	2.5	14
RN2-35/2		2								14
RN2-35/3		3								14
RN2-35/5		5								14

第六节　低压开关

　　凡用在 500V 以下的电器，通常称为低压电器。它在供配电系统中对电能的发送、分配与应用起着转换、控制、保护与调节等作用。

　　常用的低压电器通常分为配电电器和控制电器两类。配电电器是指断路器、熔断器、万能开关和转换开关；控制电器是控制继电器、起动器、控制器、主令电器、电阻器、变阻器、电磁铁等。

1. 刀开关

　　刀开关由刀开关和熔断器两部分组成。根据刀开关的构造，可分为开启式负载开关和封闭式负载开关两种，如图 4-7a 所示。刀开关分为单极、双极、三极 3 种。刀开关的文字符号为 FU，图形符号如图 4-7b 所示，常用于绘制电路图之用。

　　刀开关的主要特点是容量小，常用的有 15A、30A，最大为 60A；没有灭弧能力，容易损伤刀片，只用于不频繁操作的场合；构造简单，价格低廉；常用于家庭、建筑工地临时用电。

　　刀开关的型号及技术参数。

　　刀开关型号为 HK1、HK2 等系列。HK1 系列刀开关的基本技术参数如表 4-10 所示。

a) 实物图

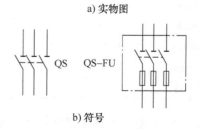

b) 符号

图 4-7　刀开关

表 4-10　HK1 系列刀开关的基本技术参数

型　号	极数	额定电流/A	额定电压/V	可控制电动机最大容量/kW		配用熔丝规格			
				220V	380V	熔丝成分（%）			熔丝线径/mm
						铅	锡	锑	
HK1-15	2	15	220						1.45 ~ 1.59
HK1-30	2	30	220						2.30 ~ 2.52
HK1-60	2	60	220			98	1	1	3.36 ~ 4.00
HK2-15	3	15	300	1.5	2.2				1.45 ~ 1.59
HK2-30	3	30	380	3.0	4.0				2.30 ~ 2.52
HK2-60	3	60	380	4.5	5.5				3.36 ~ 4.00

2. 封闭式负载开关

封闭式负载开关的型号有 HH3、HH4、HH10、HH11 等系列，基本结构如图 4-8 所示。

封闭式负载开关常用的型号为 HH10 系列，容量有 10A、15A、20A、30A、60A、100A；HH11 系列，容量有 100A、200A、300A、400A 等。封闭式负载开关容量选择一般为电动机额定电流的 3 倍。

封闭式负载开关的主要特点是：有灭弧能力、铁壳保护和联锁装置（即带电时不能开门），所以操作安全；有短路保护能力，可用在不频繁操作的场合。

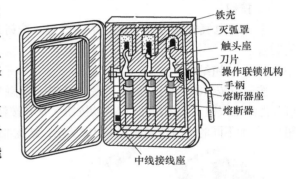

铁壳
灭弧罩
触头座
刀片
操作联锁机构
手柄
熔断器座
熔断器
中线接线座

图 4-8　封闭式负载开关

3. 转换开关

转换开关又叫组合开关，常用在机床电气控制设备上。它是一种由多组触头组合而成的刀开关，具有结构紧凑、体积小的特点。转换开关也可用作交流 380V 和直流 220V 以下的电路电源引入开关，控制 5kW 以下小容量电动机的直接起动，以及电动机正、反转控制和机床照明电路控制。在机床电气设备上，转换开关多用作电源开关，一般不带负载，作为空载断开电源或维修切断电源用。转换开关的外形如图 4-9a 所示。

转换开关的型号为 HZ 系列，图形符号如图 4-9b 所示。

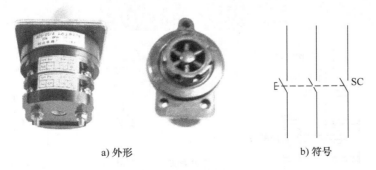

a) 外形　　　　　　　　　　　　　　b) 符号

图 4-9　转换开关

（1）转换开关的型号与基本技术参数

　　转换开关的型号有 HZ5-10、HZ5-20、HZ5-40、HZ5-60 型号和 HZ10 系列，其中 HZ10 系列转换开关的技术参数如表 4-11 所示。

表 4-11　HZ10 系列转换开关的技术参数

型　　号	极　　数	额定电流/A	额定电压/V	
HZ10-10	2，3	6，10		
HZ10-25	2，3	25		
HZ10-60	2，3	60	直流 220	交流 380
HZ10-100	2，3	100		

（2）转换开关的选用

　　根据电源种类、电压等级、所需触头数及电动机的容量来选择。转换开关的额定电流一般为电动机额定电流的 1.5～2 倍。

4. 按钮

　　电工在电气安装过程中常会用到按钮。按钮是一种手动操作接通或分断小电流控制电路的装置。

（1）按钮结构

　　按钮由按钮帽、复位弹簧、桥式动触头、静触头和外壳等组成，其触头导电容量很小。按钮可分为停止按钮（常闭按钮）、启动按钮（常开按钮）及复合按钮（常闭、常开组合为一体的按钮）。各种不同的按钮外形如图 4-10a 所示，结构如图 4-10b 所示，符号如图 4-10c 所示。

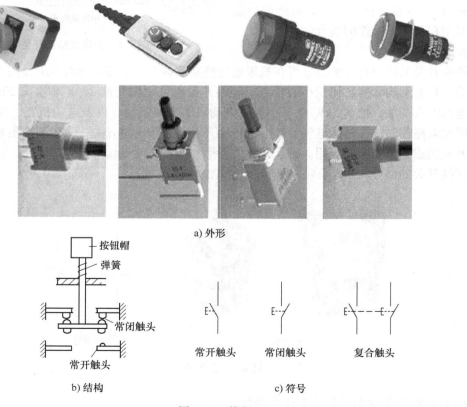

图 4-10　按钮

按钮的型号为 LA 系列，含义如下：

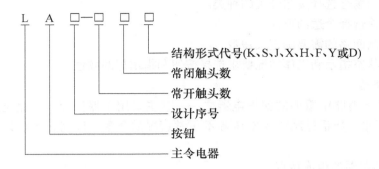

一般情况下它不直接控制主电路的通断，而是在控制电路中发出"指令"去控制接触器或继电器等器件的线圈吸合或断开，再由它们对主电路进行控制。

（2）按钮的基本技术参数

按钮的基本技术参数如表 4-12 所示。

表 4-12　按钮的基本技术参数

型　　号	额定电压/V	额定电流/A	结构形式	触 头 对 数		按 钮 数	按钮颜色
				常　开	常　闭		
LA2			元件	1	1	1	黑、绿、红
LA10-2K			开启式	2	2	2	黑、绿、红
LA10-3K			开启式	3	3	3	黑、绿、红
LA10-2H			保护式	2	2	2	黑、绿、红
LA10-3H			保护式	3	3	3	红、绿、红
LA18-22J			元件（紧急式）	2	2	1	红
LA18-44J			元件（紧急式）	4	4	1	红
A18-66J			元件（紧急式）	6	6	1	红
LA18-22Y			元件（钥匙式）	2	2	1	黑
LA18-44Y	500	5	元件（钥匙式）	4	4	1	黑
LA18-22X			元件（旋钮式）	2	2	1	黑
LA18-44X			元件（旋钮式）	4	4	1	黑
LA18-66X			元件（旋钮式）	6	6	1	黑
LA19-11J			元件（紧急式）	1	1	1	红
LA19-11D			元件（指示灯式）	1	1	1	红、绿、黄、蓝、白

（3）按钮的选择

1）根据使用场合选择按钮开关的种类。

2）根据用途选择合适的形式。

3）根据控制回路的需要确定按钮数。

4）按工作状态指示和工作情况要求选择按钮和指示灯的颜色。

5. 低压断路器

断路器是低压电路中重要的保护电器之一。它主要用于保护交、直流电路内的电气设备，使之免受短路、严重过载或欠电压等不正常情况的危害。同时，也可以用于不频繁地起、停电动机等。

（1）低压断路器的组成特点

低压断路器的特点是：有多种保护功能、动作后不需要更换元件、动作电流可按需要整定、工作可靠、安装方便和分断能力较强等。因此，在各种动力线路和机床设备中应用较广泛。

尽管各种低压断路器形式各异，但其基本结构和动作原理却都相同。它主要由触头系统、灭弧装置、操作机构和保护装置（各种脱扣器）等几部分组成。

图 4-11a 是 2 极漏电保护开关的结构外形，图 4-11b 是 3 极漏电保护开关的结构外形，图 4-11c 是原理图，图 4-11d 是在电路中使用的低压断路器符号。开关的主触头是靠操作机构进行合闸与分闸的。

a) 2 极漏电保护开关的结构外形

b) 3 极漏电保护开关的结构外形

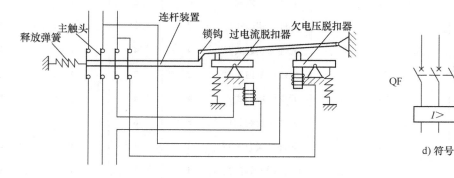

c) 原理

d) 符号

图 4-11　低压断路器

一般容量的低压断路器采用手动操作，较大容量的低压断路器往往采用电动操作。合闸后，主触头被钩子锁在闭合位置。

（2）低压断路器的保护装置

1）电磁脱扣器

当流过的电流在整定值以内时，电磁脱扣器的线圈所产生的吸力不足以吸动衔铁。当发生短路故障时短路电流超过整定值，强磁场的吸力克服弹簧的拉力拉动衔铁，顶开钩子，使开关跳闸。电磁脱扣器起到熔断器的作用。

2）失压脱扣器

失压脱扣器的工作过程与电磁脱扣器的工作过程恰恰相反。当电源电压在额定值时，失压脱扣器线圈产生的磁力足以将衔铁吸合，使开关保持合闸状态。当电源电压下降到低于整定值或降为零时，在弹簧作用下衔铁被释放，顶开钩子而切断电源。

3）热脱扣器

热脱扣器的作用和基本原理与前面介绍的热继电器相同。

4）分励脱扣器

分励脱扣器用于远距离操作。在正常工作时，其线圈是断电的。在需要远方操作时，使线圈通电，电磁铁带动机械机构动作，使开关跳闸。

5）复式脱扣器

开关同时具有电磁脱扣器和热脱扣器，称为有复式脱扣器。

（3）低压断路器的型号命名与技术参数

低压断路器的型号命名如下：

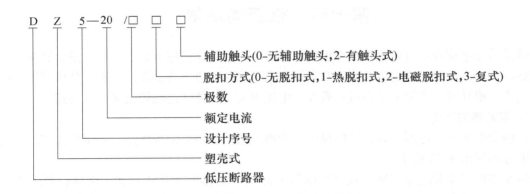

低压断路器的技术参数如表4-13所示。

（4）低压断路器的选择方法

1）电压、电流的选择 低压断路器的额定电压和额定电流应不小于电路的额定电压和最大工作电流。

2）脱扣器整定电流的计算 热脱扣器的整定电流应与所控制负载（如电动机等）的额定电流一致。电磁脱扣器的瞬时动作整定电流应大于负载电路正常工作的最大电流。

表 4-13 低压断路器的技术参数

型　号	额定电压 /V	主触头额定电流 /A	极数	脱扣器形式	热脱扣器额定电流（括号内为整定电流调节范围） /A	电磁脱扣器瞬时动作整定电流/A
DZ5-20/330			3	复式电磁脱扣器式	0.15（0.10~0.15）	
DZ5-20/230			2		0.20（0.15~0.20）	
DZ5-20/320			3		0.30（0.20~0.30）	
DZ5-20/220			2		0.45（0.30~0.45）	
	交流380直流220	20			0.65（0.45~0.65）	为热脱扣器额定电流的8~12倍（出厂时整定为10倍）
					1（0.65~1）	
					1.5（1~1.5）	
					2（1.5~2）	
					3（2~3）	
DZ5-20/310			3	热脱扣器式	4.5（3~4.5）	
DZ5-20/210			2		6.5（4.5~6.5）	
					10（6.5~10）	
					15（10~15）	
					20（15~20）	
DZ5-20/300			3	无脱扣器式		
DZ5-20/200			2			

第七节　低压熔断器

熔断器是电网和用电设备的安全保护电器之一，其主体是用低熔点金属丝或金属薄片制成的熔体，串联在被保护的电路中。它是根据电流的热效应原理工作的。在正常情况下，熔体相当于一根导线；当发生短路或过载时，电流很大，熔体因过热熔化而切断电路。

1. 熔断器的结构

熔断器作为保护电器，具有结构简单、价格低廉、使用方便等优点，应用极为广泛。熔断器的外形如图 4-12 所示。

熔断器由熔体和绝缘底座（或称熔丝管）组成。熔体为丝状或片状。熔体材料通常有两种：一种由铅锡合金和锌等低熔点金属制成，因不易灭弧，多用于小电流的电路；另一种由银、铜等较高熔点的金属制成，易于灭弧，多用于大电流的电路。当正常工作时，流过熔体的电流小于或等于它的额定电流，由于熔体发热的温度尚未到达熔体的熔点，所以熔体不会熔断，当流过熔体的电流达到额定电流的 1.3~2 倍时，熔体缓慢熔断，当流过熔体的电流达到额定电流的 8~10 倍时，熔体迅速熔断。电流越大，熔断越快。电流通常取 2 倍熔断器的熔断电流，其熔断时间约为 30~40s。熔断器对轻度过载反应比较迟钝，一般只能作短路保护用。

2. 熔断器的命名

1）插入式熔断器。

螺旋式

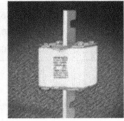

填料式　　　　　　　　　　　　　　　插式

图4-12　熔断器的外形

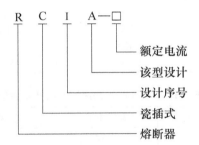

额定电流
该型设计
设计序号
瓷插式
熔断器

2）螺旋式熔断器 RL□—□/□　（R—熔断器，L—螺旋式，□—设计序号，□/□—熔断器额定电流/熔体额定电流）。

3）快速熔断器 RLS—□　（R—熔断器，L—螺旋式，S—快速，□—熔断器额定电流）。

4）快速熔断器 RS—□□　（R—熔断器，S—快速，□—设计序号，□—熔断器额定电流）。

5）封闭管式熔断器 RM（T）□—□□（R—熔断器，M—无填料封闭管式，T—有填料式，□—设计序号，□—额定电流，□—接线形式（Q—板前，H—板后））。

3. 熔断器的技术参数

常用熔断器的技术参数如表4-14所示。

快速熔断器主要用于半导体功率器件或变流装置的短路保护。由于半导体器件的过载能力很低，只能在极短时间内承受较大的过载电流（例如，70A的晶闸管能承受6倍额定电流的时间仅为10ms），因此要求短路保护具有快速熔断的特性。常用快速熔断器有 RS 和 RLS 系列，应当注意，快速熔断器的熔体不能用普通的熔体代替，因为普通的熔体不具有快速熔断的特性。RLS 系列快速熔断器技术参数如表4-15所示。

表4-14 常用熔断器的技术参数

熔断器型号	熔断器额定电流/A	熔体的额定电流/A
瓷插式 RC1-A	5	2、3、5
	10	2、3、5、10
	15	5、10、15
	30	20、25、30
	60	40、50、60
	100	80、100
	200	120、150、200
螺旋式 RL1	15	2、3、5、6、10、15
	60	20、25、30、35、40、50、60
	100	60、80、100
封闭式 RM10	15	
	60	
	100	100、125、160、200（以下两片并用）
	200	200、225、260、300、350
	350	
	600	
填充式 RT0	50	5、10、15、30、40、50
	100	30、40、50、60、80、100
	200	120、150、200
	400	250、300、350、400
	600	450、500、550、600

表4-15 RLS系列快速熔断器技术参数

型号	额定电压/V	额定电流/A	熔体额定电流/A	极限分断电流/kA
RLS-10		10	3、5、10	
RLS-50	500	50	15、20、25、30、40	40
RLS-100		100	50、60、80、100	

4. 熔断器的安秒特性

熔断器的安秒特性如表4-16所示。

表4-16 熔断器的安秒特性

熔体通过的电流/A	$1.25I_N$	$1.6I_N$	$1.8I_N$	$2.0I_N$	$2.5I_N$	$3I_N$	$4I_N$	$8I_N$
熔断时间/s	∞	8600	1200	40	19	4.5	2.5	1

第八节　交流接触器

　　交流接触器是一种用来自动接通或断开大电流电路的电器。大多数情况下其控制对象是电动机，也可用于其他电力负载，如电阻炉、电焊机等。接触器不仅能自动地接通和断开电路，还具有控制容量大、低电压释放保护、寿命长、能远距离控制等优点，所以在电气控制系统中应用十分广泛。

1. 交流接触器的组成

（1）电磁机构

电磁机构包括线圈、铁心（静铁心）和衔铁（动铁心）3部分。

CJ0-20型交流接触器一般采用衔铁直线运动的螺管式，铁心和衔铁形状均为E型，一般都是用硅钢片叠压铆成，以减少交变磁场在铁心中产生的涡流和磁滞耗损，防止铁心过热。

（2）接触器线圈

交流接触器的线圈是用绝缘性能比较好的电磁线绕制而成，它一般并接在电源上。线圈的匝数多、阻抗大、额定电流较小。因构成磁路的铁心存在磁滞损耗和涡流，铁心发热是主要的，所以线圈一般做成粗而短的圆筒形且绕在绝缘骨架上，使铁心与线圈之间隔有一定间隙，这样既增加了铁心的散热面积，又能避免线圈受热损坏。

（3）交流接触器触头系统

CJ0-20型交流接触器触头一般采用双断点桥式触头。动触头桥一般用紫铜片冲压而成，并且有一定的钢性，触头块用银或银基合金制成，镶焊在触头桥的两端；静触头桥一般用黄铜板冲压而成，一端焊在触头块上，另一端为接线座。交流接触器的外形与结构如图4-13所示，交流接触器的符号如图4-14所示。制作触头的材料很多，材料的优劣决定了触头的工作性能和使用寿命。

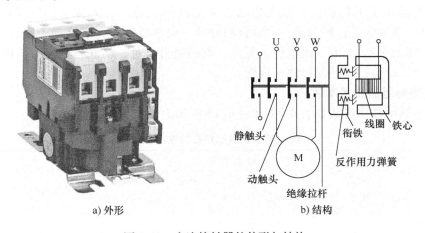

a) 外形　　　　　　　　　　　b) 结构

图4-13　交流接触器的外形与结构

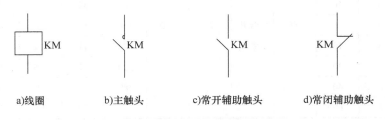

a)线圈　　　b)主触头　　　c)常开辅助触头　　　d)常闭辅助触头

图4-14　交流接触器符号

触头分为主触头和辅助触头，主触头用于通断电流较大的主电路，体积较大，一般由 3 对常开触头组成；辅助触头用于通断电流较小的控制电路，体积较小，一般由两对常开触头和两对常闭触头组成。所谓触头的常开和常闭，是指接触器未通电动作前触头的原始状态。

（4）交流接触器灭弧装置

CJ0-20 型交流接触器一般采用半封闭式绝缘栅片陶土灭弧罩。它通常由耐弧陶土、石棉水泥或耐弧塑料制成，它的作用有两个：一是引导电弧散发，防止发生相间短路；二是使电弧与灭弧罩的绝缘壁接触，从而迅速冷却，促使电弧熄灭。

（5）交流接触器辅助部分

CJ0-20 型交流接触器的辅助部分包括反作用弹簧、缓冲弹簧、动触头固定弹簧、动触头压力弹簧片及传动杠杆等。

交流接触器常用的有 CJ0、CJ10、CJ12 等系列产品，CJ0 与 CJ10 系列一半用于控制交流电动机，CJ12 用于冶金、轧钢以及起重机等电气设备中。

2. 交流接触器的工作原理

当交流接触器的电磁线圈通电后，线圈中流过的电流产生磁场，使静铁心产生足够的电磁吸力，克服反作用弹簧与动触头压力弹簧片的反作用力，将动铁心吸合，同时带动传动杆使动触头和静触头的状态发生改变，其中 3 对常开主触头闭合，主触头两侧的两对常开辅助触头闭合，两对常闭辅助触头断开。当电磁线圈断电后，由于铁心电磁吸力消失，动铁心在反作用弹簧力的作用下释放，各触头也随之恢复原始状态。交流接触器的线圈在 85% ~ 105% 额定电压下工作时，能保证正常吸合和释放。电压过高时，磁路趋于饱和，线圈电流将增大，严重时会烧毁线圈。而电压过低时，电磁吸力不足，动铁心吸合不上或延时释放，线圈电流增大，也会造成线圈过热而烧毁。

3. 交流接触器的技术参数

交流接触器的技术参数如表 4-17 和表 4-18 所示。

表 4-17 交流接触器的技术参数

型　　号	主　触　头			辅　助　触　头			线　圈		可控制三相异步电动机的最大功率/kW	额定操作频率/（次/h）
	对数	额定电流/A	额定电压/V	对数	额定电流/A	额定电压/V	电压/V	功率/W		
CJ0-10	3	10	380	2 常开 2 常闭	5	380	36	14	2.5	4	≤600
CJ0-20	3	20						33	5.5	10	
CJ0-40	3	40						33	11	20	
CJ0-75	3	75					110	55	22	40	
CJ10-10	3	10					（127）	11	2.2	4	
CJ10-20	3	20					220	22	5.5	10	
CJ10-40	3	40					380	32	11	20	
CJ10-60	3	60						70	17	30	

表 4-18　　CJ20 系列交流接触器的技术参数

型　　号	主触头			辅助触头			可控制电动机 最大功率/kW	通断能力		操作频率（次/h）		电寿命/万次		机械寿命/万次
	U_N/V	I_N/A	数量	U_N/V	额定发热电流/A	触头数量		接通电流/A	分断电流/A	AC-3	AC-4	AC-3	AC-4	
CJ20-40	380	40	3	交流380	6	2动合	22	480	400	1 200	300	100	4	1 000
CJ20-40	660	25					22	300	250	600	120			
CJ20-63	380	63					30	756	630	1 200	300	200		
CJ20-63	660	40					35	480	400	600	120	(120)	8	
CJ20-160	380	160					85	1 600	1 280	1 200	300			1 000
CJ20-160	660	100					85	1 200	1 000	600	120	200	1.5	(600)
CJ20-160	1140	80		直流220	10	2动断	85	960	800	300	60	(120)		
CJ20-250	380	250					132	2 500	2 000	600	120		1	
CJ20-250	660	200					190	2 000	1 600	300	60			
CJ20-630	380	630					300	6 300	5 040	600	120	120		600
CJ20-630	660	400					350	4 000	3 200	300	60	(60)	0.5	(300)
CJ20-630	1140	400					400	4 000	3 200	120	30			

第九节　热 继 电 器

热继电器是一种过载保护电器，主要用于电动机的过载保护、断相保护、电流不平衡保护以及设备发热状态时的控制。

热继电器的外形如图 4-15a 所示，结构原理如图 4-15b 所示，在电路中的符号如图 4-15c所示。

1. 热继电器的工作原理

如图 4-15b 所示为热继电器的结构原理图，有两个主双金属片与两个发热元件。两个发热元件分别串联在主电路的两相中。动触头与静触头接在控制电路的热继电器线圈回路中。当负载电流超过额定电流值并经过一定时间后，发热元件所产生的热量足以使双金属片受热向右弯曲，并推动导板向右移动一定距离，导板又推动温度补偿片与推杆，使动触头与静触头分开，从而使热继电器线圈断电释放，将电源切断起到保护作用。电源切断后，电流消失，双金属片逐渐冷却，经过一段时间后恢复原状，于是动触头在失去作用力的情况下，靠自身弹簧的弹性自动复位，经触头闭合。

如 JR16-20/2 型热继电器（间接加热方式）由镍铬合金材料制成，使用时加热元件串接加热元件，热继电器的加热元件一般用康铜、镍铬合金材料制作，被用在被保护电路中。电流通过时，加热元件产生的热量使主双金属片弯曲变形。双金属片材料多为铁镍铬合金或铁镍合金。受热时主双金属机构大多数利用杠杆传递及弹簧跳跃式机构完成触动作机构和触头系统，热继电器动作机构大多数利用杠杆传递弹簧的动作。触头系统多为单断点弹簧跳跃

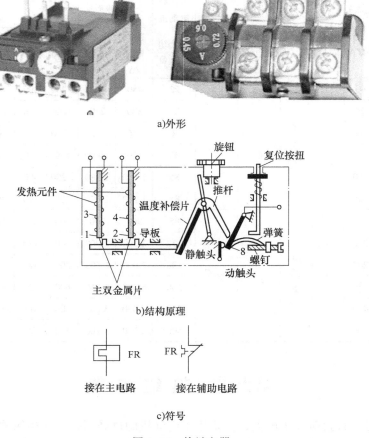

a)外形

b)结构原理

c)符号

图4-15　热继电器

式动作，一般触头为一个常开触头和一个常闭触头。

温度补偿元件：温度补偿元件也是双金属片，它能使热继电器的动作性能在 −30 ～ +40℃的范围内基本上不受周围介质温度变化的影响，其弯曲方向与主双金属片的弯曲方向相同，起补偿作用。

电流整定装置：它通过调整外盘刻度轮来调整推杠间隙，改变推杠移动距离，以达到电流整定值的目的。

复位机构：复位机构有手动和自动两种形式。

2. 热继电器的选用方法

1）一般情况下可选用两相结构的热继电器。对于电网电压均衡性较差、无人看管的电动机或与大容量电动机共用一组熔断器的电动机，宜选用三相结构的热继电器。定子三相绕组作三角形联结的电动机，应采用有断相保护装置的三元件热继电器作过载和断相保护。

2）热元件的额定电流等级一般略大于电动机的额定电流。热元件选定后，再根据电动机的额定电流调整热继电器的整定电流，使整定电流与电动机的额定电流相等。对于过载能力较差的电动机，所选的热继电器的额定电流应适当小一些，并且整定电流调到是电动机额定电流的 60% ~ 80%。目前，我国生产的热继电器基本上适用于轻载起动、长期工作或间断长期工作的电动机过载保护。当电动机因带负载起动而起动时间较长或电动机的负载是冲击性的负载（如冲床等）时，则热继电器的整定电流应稍大于电动机的额定电流。

3）对于工作时间较短、间歇时间较长的电动机（如摇臂钻床的摇臂升降电动机等），以及虽然长期工作但过载的可能性很小的电动机（例如排风机电动机等），可以不设置过载保护。

4）双金属片式热继电器一般用于轻载、不频繁起动电动机的过载保护。对于重载、频繁起动的电动机，则可用过电流继电器（延时动作型的）作它的过载和短路保护。因为热元件受热变形需要时间，故热继电器不能作短路保护。

3. 热继电器的技术参数

热继电器技术参数如表 4-19 和表 4-20 所示。

表 4-19　JR0、JR16 系列热继电器技术参数

型　　号	额定电流/A	热元件等级		主 要 用 途
		额定电流/A	整定电流调节范围/A	
JR0-20/3 JR0-20/3D JR16-20/3 JR16-20/3D	20	0.35	0.25 ~ 0.35	在交流 500V 以下的电气回路中作为电动机的过载保护
		0.50	0.32 ~ 0.50	
		0.72	0.45 ~ 0.72	
		1.1	0.68 ~ 1.1	
		1.6	1.0 ~ 1.6	
		2.4	1.5 ~ 2.4	
		3.5	2.2 ~ 3.5	
		5	3.2 ~ 5	
		7.2	4.5 ~ 7.2	
		11	6.8 ~ 11	
		16	10 ~ 16	
		22	14 ~ 22	
JR0-40/2 JR16-40/3D	40	0.64	0.4 ~ 0.645	
		1	0.64 ~ 1	
		1.6	1 ~ 1.6	
		2.5	1.6 ~ 2.5	
		4	2.5 ~ 4	
		6.4	4 ~ 6.4	
		10	6.4 ~ 10	
		16	10 ~ 16	
		25	16 ~ 25	
		40	25 ~ 40	

表 4-20　JR16B 系列热继电器技术参数

型　　号	额定电流/A	热元件等级	
		热元件额定电流/A	热元件整定电流调节范围/A
JR16B-20/3 JR16B-20/3D	20	0.35	0.25 ~ 0.35
		0.50	0.32 ~ 0.50
		0.72	0.45 ~ 0.72
		1.1	0.68 ~ 1.1
		1.6	1.0 ~ 1.6
		2.4	1.5 ~ 2.4
		3.5	2.2 ~ 3.5
		5.0	3.2 ~ 5.0
		7.2	4.5 ~ 7.2
		11.0	6.8 ~ 11.0
		16.0	10.0 ~ 16.0
		22.0	14.0 ~ 22.0
JR16B-60/3 JR16B-60/3D	60	22.0	14.0 ~ 22.0
		32.0	20.0 ~ 32.0
		45.0	28.0 ~ 45.0
		63.0	40.0 ~ 63.0
JR16B-150/3 JR16B-150/3D	150	63.0	40.0 ~ 63.0
		85.0	53.0 ~ 85.0
		120.0	75.0 ~ 120.0
		160.0	100.0 ~ 160.0

第十节　中间继电器

1. 中间继电器结构原理

中间继电器在结构上是一个电压继电器。它是用来转换控制信号的中间元件。它输入的是线圈的通电信号或断电信号，输出信号为触头的动作。它的触头数量较多，各触头的额定电流相同，多数为 5A，小型的为 3A。输入一个信号（线圈通电或断电）时，较多的触头动作，所以可以用来增加控制电路中信号的数量。它的触头额定电流比线圈大得多，所以可以用来放大信号。

常用的中间继电器的型号有 JZ7 和 JZ8 系列，还有小型的 JZ12、JZ13 和 J 等系列。

JZ7 系列继电器的外形与小型的接触器相似，外形结构如图 4-16a 所示，它由线圈、静铁心、衔铁、触头系统、作用弹簧和复位弹簧等组成。触头有 8 对，没有主辅之分，可以组成 4 对常开 4 对常闭、6 对常开 2 对常闭或 8 对常开三种形式，多用于交流控制电路。

JZ8 系列为交直流两用的中间继电器。其线圈电压有交流 110V、127V、220V、380V 和 12V、24V、48V、110V、220V。触头有 6 对常开 2 对常闭、4 对常开 4 对常闭和 2 对常开 1 对常闭等。如果把触头簧片反装便可使常开与常闭触头相互转换。

中间继电器的图形符号如图 4-16b 所示，文字标注 KA。

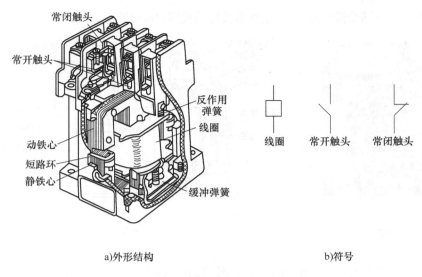

a)外形结构　　　　　　　　　　　　b)符号

图 4-16　JZ7 型中间继电器

2. 中间继电器的技术参数

JZ7 系列中间继电器的技术参数如表 4-21 所示。

表 4-21　JZ7 系列中间继电器的技术参数

型　号	触头额定电压/V		触头额定电流/A	触头数量		额定操作频率/(次/h)	吸引线圈电压/V		吸引线圈消耗功率/W	
	直流	交流		常开	常闭		50Hz	60Hz	起动	吸持
JZ7-44	440	500	5	4	4	1200	12，24，36，48，110，127，220，380，420，440，500	12，36，110，127，220，380，440	75	12
JZ7-62	440	500	5	6	2	1200			75	12
JZ7-80	440	500	6	8	0	1200			75	12

3. 中间继电器的选择

中间继电器的选择主要为：线圈的电压或电流应满足电路的要求，触头的数量与容量（即额定电压和额定电流）应满足被控制电路的要求，也应注意电源是交流的还是直流的。

第十一节　时间继电器

在电气配电设备应用中，为了达到自动控制电器动作的目的，常常用到一种延时开关，这种延时开关就是时间继电器。时间继电器是一种利用电磁原理或机械动作原理来延迟触头闭合或分断的自动控制器件。在交流电路中应用较广泛的是空气阻尼式时间继电器，它是利用气囊中的空气通过小孔节流的原理来获得延时动作的。

1. 时间继电器的组成

时间继电器的型号为 JS 系列，根据触头延时的特点，时间继电器可分为通电延时动作（JS7-1A，JS7-2A）与断电延时复位（JS7-3A、JS7-4A）两种。JS7-A 系列空气阻尼式时间继电器由电磁系统、触头系统（两个微动开关）、空气室及传动机构等部分组成，如图 4-17 所示。

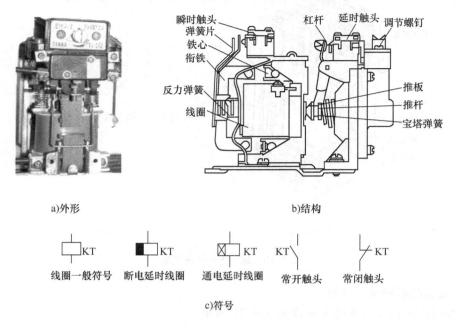

a)外形　　　　　　　　　　　　　　b)结构

c)符号

图 4-17　时间继电器

2. 时间继电器的基本技术参数

JS7-A 系列空气阻尼式时间继电器的基本技术参数如表 4-22 所示。

表 4-22　JS7-A 系列空气阻尼式时间继电器的基本技术参数

型　号	瞬时动作触头数量		延时动作触头数量				触头额定电压 /V	触头额定电流 /A	线圈电压 /V	延时范围 /s	额定操作频率/（次/h）
			通电延时		断电延时						
	常开	常闭	常开	常闭	常开	常闭					
JS7-1A	—	—	1	1	—	—	380	5	24，26，110，127，220，380，420	0.4～60 及 0.4～180	600
JS7-2A	1	1	1	1	—	—					
JS7-3A	—	—	—	—	1	1					
JS7-4A	1	1	—	—	1	1					

3. 时间继电器的选择

1）线圈电压的选择

根据控制电路电压来选择时间继电器的线圈电压。

2）延时方式的选择

时间继电器有通电延时和断电延时两种，应根据控制电路的要求来选择延时方式。

3）JS7-A 系列阻尼式时间继电器

该系列时间继电器的型号有 JS7-1A、2A、3A、4A 四种。1A、2A 为通电延时，3A、4A 为线圈断电后延时。1A 和 3A 只有一对延时触头；2A 和 4A 多一对瞬动触头。触头容量为 380V、3A。延时有 0.4～60s 和 0.4～180s 两种。线圈电压为交流 24V、36V、110V、127V、220V、380V、420V。

4）JS11 系列电动式时间继电器

该系列的时间继电器延时范围有 0～8s、40s、4min、20min、2h、12h、72h 等 7 种。其触头电压为 380V，持续电流 5A，接通电流 3A，分断电流 0.3A。继电器有瞬动触头一组、延时动合触头 3 个、延时动断触头 2 个，有线圈通电延时或断电延时 2 种。电源电压为交流，其频率为 50Hz，电压分 100V、127V、220V、380V 等 4 种。

5）晶体管时间继电器

该系列的时间继电器最大延时范围有 1s、5s、10s、30s、60s、120s、180s、240s、300s、600s 等 10 种。电源电压为交流，其频率为 50Hz，电压分 110V、220V、380V 等 3 种。转换方式：E 为 1 常开 1 常闭；L 为 2 常开 2 常闭；y 为调节电位器外接式。

第十二节 行程开关

行程开关又叫限位开关或位置开关，其作用与按钮相同，只是触头的动作不是靠手动控制，而是通过生产机械运动部件的碰撞，使触头动作来实现接通或分断控制电路，达到一定的控制目的。通常，这类开关被用来限制机械运动的位置或行程，使运动机械按一定位置或行程自动停止、反向运动、变速运动或自动往返运动等。常用行程开关的型号为 LX19、LX33、JLXK1 等系列。

1. 行程开关的外形、结构与符号

行程开关由操作头、触头系统和外壳组成。它分为直动式（按钮式）、旋转式（滚动式）和微动式 3 种。行程开关的外形、结构、符号如图 4-18 所示。

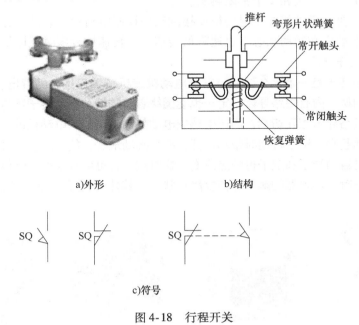

a)外形　　　　　b)结构

c)符号

图 4-18　行程开关

2. 行程开关的技术参数

LX19 等系列行程开关的主要技术参数如表 4-23 所示。

表 4-23　LX19 等系列行程开关的主要技术参数

型　　号	额定电压/额定电流	结 构 特 点	触 头 对 数	
			常　开	常　闭
LX19K		元件	1	1
LX19-111		内侧单轮，自动复位	1	1
LX19-121		外侧单轮，自动复位	1	1
LX19-131		内外侧单轮，自动复位	1	1
LX19-212		内侧双轮，不能自动复位	1	1
LX19-222		外侧双轮，不能自动复位	1	1
LX19-232	380V/5A	内外侧双轮，不能自动复位	1	1
JLXK1		快速行程开关（瞬动）	1	1
LX19-001		无滚轮，仅径向转动杆，自动复位	1	1
LXW1-11		微动开关	1	1
LXW2-11		—	1	1

第十三节　速度与温度继电器

1. 速度继电器

（1）速度继电器的组成原理

速度继电器又叫反接制动继电器。速度继电器是由转子、定子及触头等 3 个主要部分组成。它们均有 2 个常开触头和 2 个常闭触头。

速度继电器主要用于三相异步电动机反接制动的控制电路中，它的任务是当三相电源的相序改变以后，电动机在制动状态下迅速降低转速。在转速接近零时立即发出信号，切断电动机的电源，使之停车。

速度继电器的转子是一个永久磁铁，它与电动机或机械轴连接，随着电动机旋转而转动。定子和笼型转子相似，内有短路导体，定子也能围绕着转轴转动。当转子随电动机转动时，它的磁场与定子的短路导体相互切割，而产生感应电势和电流，和电动机的工作原理相同，使定子随着转子转动起来。定子转动时带动杠杆，杠杆推动触头，使之闭合与开启。电动机旋转方向改变时，继电器的转子和定子也随之改变，这时定子就可以触动另一组触头，使之断开或闭合。电动机停止时，继电器的触头即恢复静止状态。其外形如图 4-19 所示。

图 4-19　速度继电器

（2）JY-1 型速度继电器的技术参数

JY-1 型速度控制继电器主要用于三相笼型电动机的反接制动电路，也可用在异步电动机能耗制动电路中，作为电动机停转后，自动切断直流电源。

1）JY-1 型速度控制继电器在连续工作制中，可靠地工作在 3000r/min 以下，在反复短时工作制中（频繁起动，制动）不超过 30 次/min。

2）JY-1 型速度控制继电器在继电器轴转速为 150r/min 左右时，即能动作。100r/min 以下触头恢复工作位置。

3）抗强度：应能承受 50Hz 电压 1500V，历时 1min。

4）绝缘电阻：在温度 20℃，相对温度不大于 80% 时应不小于 100MΩ。

5）工作环境：温度 -50 ~ +50℃，相对温度不大于 85%（20℃±5℃）。

6）触头电流小于或等于 2A，电压小于或等于 500V。

7）触头寿命：在不大于额定负载之下，不小于 10 万次。

2. 温度继电器

温度继电器是用来控制温度状态的元件，多用在温度自动控制的电路中。温度继电器的外形如图 4-20 所示。

图 4-20　温度继电器的外形

继电器的外壳是用黄铜管做成的感热管，内有一副不锈钢做的弹簧片，触头固定在弹簧片上，弹簧片顶端还有可调节温度的调整螺钉，并伸至外部。

当继电器安装处的介质温度升高到整定值时，继电器外壳（感热管）伸长，通过小轴，使触头断开。温度降低后，感热管缩短，使触头闭合，接通电路。

温度继电器型号：JUX-9F，国外对应型号：24D70CTSW；外形尺寸：21.6mm × 12.5mm ×6mm；输出参数：输出电压 5 ~45V，输出电流 3A，输出电压降 0.1V；输入参数：输入电压 5 ~10V，输入电流 5mA，动作温度 60℃ ±2℃。

第十四节　低压电器元件的参数计算

1. 熔断器的参数计算

（1）各种用途的计算方法

用于保护无起动过程的平稳负载（照明、电阻炉等）可按下式计算：

$$U_{RTR} \geqslant U_{RT}$$
$$I_{RTR} \geqslant I_{RT}$$

(4-1)

式中，U_{RTR}为熔断器额定电压；I_{RTR}为熔断器额定电流；U_{RT}为电路额定电压；I_{RT}为负载额定电流。

用于保护单台长期工作的电动机，按下式计算：

$$I_{RTR} \geq (1.5 \sim 2.5)I_{RT} \tag{4-2}$$

用于频繁起动的电动机，按下式计算：

$$I_{RTR} \geq (3.5 \sim 8.5)I_{RT} \tag{4-3}$$

用于保护多台电动机，按下式计算：

$$I_{RTR} \geq (1.5 \sim 2.5)I_{RT\max} + \sum I_{RT} \tag{4-4}$$

式中，$I_{RT\max}$为多台电动机中容量最大一台电动机的额定电流；$\sum I_{RT}$为其余电动机额定电流之和。

（2）计算举例

已知 4 台电动机的额定电流分别为 10A、15A、5.6A、2.6A，为各台电动机选择分熔断器和总熔断器。

解：

根据式（4-2），分熔断器的容量分别为 20A、40A、10A、5A。

根据式（4-4），总熔断器的容量为 $2 \times 15A + 10A + 5.6A + 2.6A = 30A + 18.2A = 48.2A$，选 50A 即可。

2. 交流接触器的参数计算

（1）根据主触头额定电压和额定电流来计算

接触器主触头的额定电压应大于或等于负载电路的额定电压。主触头的额定电流应大于负载电路的额定电流。

（2）根据线圈电压来选择

交流线圈电压有 36V、110V、127V、220V、380V 几种；直流线圈电压有 24V、48V、110V、220V、440V 几种。从人身和设备安全角度考虑，线圈电压可选择低一些；但当控制电路简单，线圈功率较小时，为了节省变压器，可选 220V 或 380V。

（3）根据接触器主触头额定电压来计算

接触器主触头额定电压应大于或等于负载的额定电压。

3. 常用继电器的参数计算

（1）热继电器的参数计算

1）热继电器的额定电流：热继电器的额定电流应略大于电动机的额定电流。

2）热继电器的型号选用：根据热继电器的额定电流应大于电动机的额定电流原则，查表确定热继电器的额定电流。

3）热继电器的整定电流计算

根据热继电器的型号和热元件的额定电流，一般将热继电器的整定电流调整到等于电动机的额定电流；对过载能力差的电动机，可将热元件整定值调整到电动机额定电流的 0.6 ~ 0.8 倍；对起动时间较长，拖动冲击性负载或不允许停车的电动机，热继电器的整定电流应调节到电动机额定电流的 1.1 ~ 1.5 倍。

（2）中间继电器的参数计算

中间继电器一般用于控制小电流的电路，触头额定电流小于或等于 5A，不需要加灭弧装置；当控制大电流时，主触头的额定电流应大于或等于5A。

4. 几种开关的选用

（1）刀开关的选用

刀开关用于控制电动机时，其额定电流为电动机额定电流的3倍。如一台3kW交流电动机，额定电流6A，而刀开关的额定电流应为6A×3=18A。

（2）封闭式负载开关的选用

封闭式负载开关用于电热器、照明时，按负载的额定电流计算选用；控制电动机时，按电动机额定电流的1.5倍选择封闭式负载开关。

（3）行程开关的选用

行程开关的选择原则如下：

1）根据控制电路的额定电压（380V、220V）和额定电流（5A）选择系列。

2）根据机械与行程开关的触头动作与位移关系选择合适的操作头形式。

（4）按钮的选用

按钮的额定电压为500V，额定电流为5A。

1）根据使用场合选择按钮的型号。

2）根据用途选择合适的形式（如单一按钮，复合按钮）。

3）根据控制电路的需要确定按钮数量。

4）按工作状态指示和工作情况要求选择按钮和指示灯的颜色，如红色代表停止，绿色代表开车运行等。

（5）低压断路器的选用

1）电压、电流的选择

低压断路器的额定电压和额定电流应不小于电路的额定电压和最大工作电流。

2）脱扣器整定电流的计算

热脱扣器的整定电流应与所控制负载（例如电动机等）的额定电流一致。

电磁脱扣器的瞬时脱扣整定电流应大于负载电路正常工作时的最大电流。

对于单台电动机来说，DZ系列自动开关电磁脱扣器的瞬时脱扣整定电流可按下式计算：

$$I_Z \geq kI_q \tag{4-5}$$

式中，k为安全系数，可取1.5～1.7；I_q为电动机的起动电流。

对于多台电动机来说，可按下式计算：

$$I_Z \geq k(I_{q\max} + \sum I_q) \tag{4-6}$$

式中，k为安全系数，可取1.5～1.7；$I_{q\max}$为最大一台电动机的起动电流；$\sum I_q$为其余电动机的工作电流。

第五章　电工常用工具

第一节　验　电　笔

1. 高压验电笔

高压验电笔又称高压测电器、高压测电棒，是用来检查高压电气设备、架空线路和电力电缆等是否带电的工具。10kV 高压验电笔由金属钩、氖管、氖管窗、紧固螺钉、护环和握柄等部分组成，如图5-1a 所示。

高压验电笔在使用时，应特别注意手握部位不得超过护环，如图 5-1b所示。

高压验电笔验电注意事项：

1）使用之前，应先在确定有电处试测，只有证明验电笔确实良好才可使用，并注意验电笔的额定电压与被检验电气设备的电压等级要相适应。

2）使用时，应使验电笔逐渐靠近被测带电体，直至氖管发光。只有在氖管不亮时，它才可与被测物体直接接触。

3）室外使用高压验电笔时，必须在气候条件良好的情况下才能使用；在雨天、雪天、雾天和湿度较高时，禁止使用。

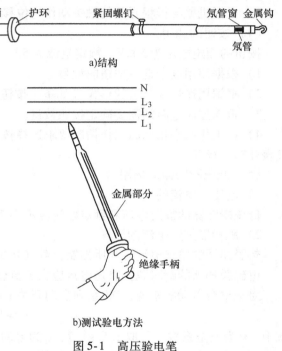

a)结构

b)测试验电方法

图 5-1　高压验电笔

4）测试时，必须戴上符合耐压要求的绝缘手套，不可一人单独测试，身旁应有人监护。测试时要防止发生相间或对地短路事故。人体与带电体应保持足够距离，10kV 高压的安全距离应在 1m 左右。

5）对验电笔每半年进行一次发光和耐压试验，凡试验不合格者不能继续使用，试验合格者应贴合格标记。

2. 低压验电笔

（1）低压验电笔的组成

低压验电笔是用来测量电源是否有电、电气线路和电气设备的金属外壳是否带电的一种常用工具。常用低压验电笔有钢笔形的，也有一字形螺钉旋具式的，如图 5-2a 所示。其前端是金属探头，后部塑料外壳内装配有氖泡、电阻和弹簧，还有金属端盖或钢笔形挂钩，这是使用时手触及的金属部分，其结构如图 5-2b 所示。

a)验电笔外形

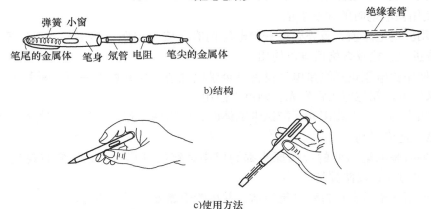

b)结构

c)使用方法

图 5-2 低压验电笔

（2）低压验电笔的应用

普通低压验电笔的电压测量范围为 60～500V，低于 60V 时验电笔的氖泡可能不会发光显示，高于 500V 时则不能用普通验电笔来测量。必须提醒应用电工的初学者，切勿用普通验电笔测试超过 500V 的电压。

当用验电笔测试带电体时，带电体上的电压经笔尖（金属体）、电阻、氖泡、弹簧、笔尾端的金属体，再经过人体接入大地，形成回路。带电体与大地之间的电压超过 60V 后，氖泡便会发光，指示被测带电体有电。正确的测试使用方法如图 5-2c 所示。

3. 感应验电笔

感应验电笔是利用电磁感应原理，检查有无电的一种工具，可检测电吹风、洗衣机、电饭锅等家用电器，如图 5-3 所示。端头两极，灯亮表示电路完好；不亮表示电路故障（同理可检测各类电子元件）。

图 5-3 感应验电笔

（1）感应验电笔的检测功能

1）检测线路（按直接键）装修布线。检查电器的多股线，利用表笔的通断功能，可在线路带电情况下迅速找出线路的头尾或断线。

2）测试交流电（按直接键）。本表笔以液晶显示电压段值、最后数字为所测电压。

3）测试直流电（按直接键）。估算蓄电池电力：手按电池正极，笔尖按负极。灯亮表示无电，暗亮则电力不足，不亮则电力充足。

4）间接测试高压电（不要按电键）。可间接测试高达1kV电压。将笔身移近被测物，如灯亮表示有高压电存在。

5）分辨零相线查找断点（按感应键）。将并排两线分开测试，显示带电符号的是相线。若带电电路中有断点，移动表笔，带电符号消失处便是断点。

6）夜视功能。在黑夜里测试可清晰观察数字显示。

7）自检功能。在使用前自检，灯亮则正常工作，不亮请更换电池。

（2）使用验电笔时的注意事项

1）使用验电笔之前，首先要检查验电笔内有无安全电阻，然后检查验电笔是否损坏，有无受潮或进水，检查合格后方可使用。

2）在使用验电笔正式测量电气设备是否带电之前，先要检查一下，看氖泡是否能正常发光，如果验电笔氖泡能正常发光，则可以使用。

3）在明亮的光线下或阳光下测试带电体时，应当注意避光，以防光线太强观察不到氖泡是否发亮，造成误判。

4）大多数验电笔前面的金属探头都制成小螺钉旋具形状，在用它拧螺钉时，用力要轻，扭矩不可过大，以防损坏。

5）在使用完毕后要保持验电笔清洁，并放置干燥处，严防摔碰。

4. 音乐验电笔

普通验电笔用氖管显示，在强光环境中不易观察判别。音乐验电笔除用发光二极管显示外，还能发出音乐声来区别有无电源，而且在装有暗敷电线的房间墙壁内可方便找到隐蔽的电线。

（1）音乐验电笔的电路原理

图5-4a是音乐验电笔的电路原理图。由场效应晶体管VT_1、晶体管VT_2组成检测电路。当有电时，市电产生的交变磁场在检测电路产生感应电动势，使导通的场效应晶体管VT_1变为截止，VT_2导通，发光二极管LED点亮，音乐片电路放音。无电时，VT_1导通，而使VT_2截止。

（2）音乐验电笔的制作

音乐验电笔中场效应晶体管VT_1，用N沟道结型场效应晶体管3DJ6型，晶体管VT_2用NPN型低频晶体管3DX201B，放大倍数β值大于100。音乐片电路用普通音乐贺卡电路即可。发光二极管宜用平时透明、通电后发红光的进口管，便于在强光环境下比较。电源用晶体收音机用层叠电池4F22型6V。电阻及电容均用小型元件。外壳可用市售遥控器外壳代用，参考尺寸为120mm×36mm×25mm。

图5-4b是音乐验电笔的印制电路板图，印制板尺寸为32mm×32mm，音乐验电笔的感应圈用线径1.13mm的塑料铜线做成内径3mm的小圈，焊到印制电路板上，把感应圈远离

电源线，闭合电源开关，调整电阻 R_2 阻值，使晶体管 VT_2 刚好截止。然后把感应圈靠近相线，因电场作用，VT_1 截止，VT_2 导通，发光二极管点亮。把电阻 R_3 由大减小，使音乐片两端电压控制在 $2 \sim 3V$，音乐片电路工作，驱动压电陶瓷片发声。如把验电笔贴于墙壁上缓缓移动，即可由发光二极管 LED 发光与否及音乐声判别墙内是否有隐蔽的带电电线，凿墙洞时可避免触电危险。同时，也可找出带电电线的线内断路处。

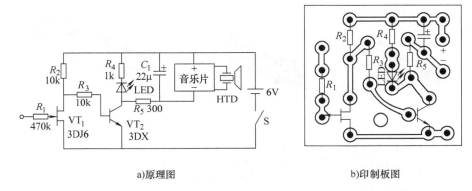

a)原理图　　　　　　　　　　　　　b)印制板图

图 5-4　音乐验电笔电路图

5. 验电笔的其他用途

验电笔除能测量物体是否带电以外，还有如下用途：

1）可以测量线路中任何导线之间同相或异相。其方法是：站在一个与大地绝缘的物体上，两手各持一支验电笔，然后在待测的两根导线上进行测试，如果两支验电笔发光很亮，则这两根导线是异相，否则即同相。

2）可以辨别交流电和直流电。在测试时如果验电笔氖管中的两个极（管的两端）都发光，则是交流电。如果两个极只有一个极发光，则是直流电。

3）可判断直流电的正负极。接在直流电路上测试，氖管发亮的一极是负极，不发亮的一极是正极。

4）能判断直流是否接地。在对地绝缘的直流系统中，可站在地上用验电笔触直流系统中的正极或负极，如果验电笔氖管不亮，则没有接地现象。如果发亮，则说明有接地存在。其发亮如在笔尖一端，则说明正极接地。如发亮在手指一端，则是负极接地。但带接地监察继电器者不在此限。

第二节　电　烙　铁

电烙铁是手工焊接的主要工具，分外热式电烙铁、内热式电烙铁、恒温式电烙铁、调温电烙铁等。其基本结构都是由发热部分、贮热部分和手柄部分组成的。烙铁芯是电烙铁的发热部件，它将电热丝平行地绕制在一根空心瓷管上，层间由云母片绝缘，电热丝的两头与两根交流电源线连接。烙铁头是由紫铜材料制成，其作用是贮存热量，它的温度比被焊物体的温度要高得多。烙铁的温度与烙铁头的体积、形状、长短等均有一定关系。若烙铁头的体积越大，保持温度的时间则越长。

电烙铁把电能转换为热能对焊接点部位的金属进行加热，同时熔化焊锡，使熔融的焊锡与被焊金属形成合金，冷却后形成牢固地连接。

1. 外热式电烙铁

由于发热的烙铁芯安装在烙铁头的外部，故称为外热式电烙铁。它由烙铁头、烙铁芯、外壳、木柄、电源引线及插头等部分组成，常用外热式电烙铁的规格有 25W、45W、75W 和 100W 等，如图 5-5 所示。根据需要进行选择规格型号。

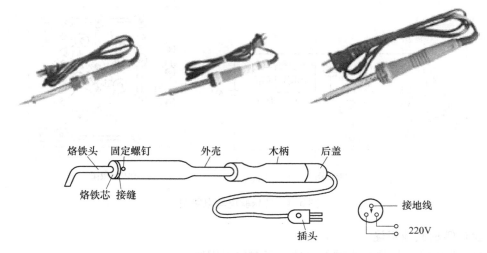

图 5-5　外热式电烙铁

2. 内热式电烙铁

内热式电烙铁如图 5-6a 所示，因烙铁芯安装在烙铁头内而得名。它由手柄、连接杆、弹簧夹、烙铁芯及烙铁头组成，常用规格有 15W、20W、25W、50W、100W 等多种。这种电烙铁有发热快、重量轻、体积小、耗电省且热效率高等优点。

内热式电烙铁的烙铁芯是用较细的镍铬电阻丝绕在瓷管上制成的。20W 的内阻值约为 2.5kΩ。烙铁温度一般可达 350℃左右。图 5-6b 所示的是烙铁架。

a)内热式电烙铁　　　　　　　　　　　　　　b)电烙铁架

图 5-6　内热式电烙铁

3. 恒温电烙铁

恒温电烙铁是通过软磁材料与磁钢的吸合与分离，实现自动控温的，如图 5-7 所示。当焊头温度在恒温度值以下时，连接在焊头端的磁性温度传感器吸住永久磁铁，使磁钢连杆上的触头接通，电源送给发热元件，使焊头温度逐步上升。当温度高于恒温时，加热元件失去磁性，电源切断，停止加温。这样周而复始地使电源自动接通或断开，升温与降温，保持电烙铁处于恒温状态。如改变加热元件的型号，就可以得到不同的恒温值。

恒温电烙铁一般为45W，间断地通电和断电，实际耗电为25W，采用变压器24V供电，交直流两用。恒温电烙铁具有节能、高效、低耗、寿命长等优点，是电子产品生产和电子修理行业理想的焊接工具。

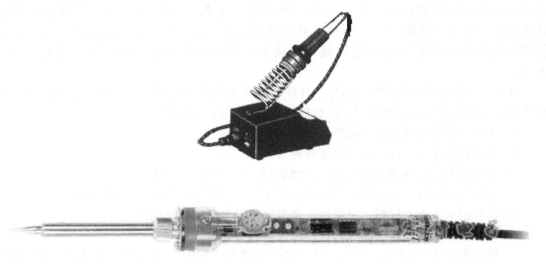

图 5-7　恒温电烙铁

恒温电烙铁电路，如图 5-8 所示。

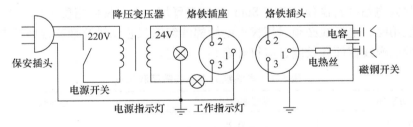

图 5-8　恒温电烙铁电路

4. 电烙铁的选用

一般说来，应根据焊接对象合理选用电烙铁的功率和种类，被焊件较大，使用的电烙铁的功率也应大些，若功率较小，则焊接温度过低，焊料熔化较慢，焊剂不易挥发，焊点不光滑、不牢固，这样势必造成外观质量与焊接强度不合格，甚至焊料不能熔化，焊接无法进行。但电烙铁功率也不能过大，过大了则会使过多的热传递到被焊工件上，使元器件焊点过热，可能造成元器件损坏，使印制电路板的铜箔脱落，焊料在焊接面上流动过快，并无法控制等。

选用电烙铁的原则如下：

1）焊接集成电路、晶体管及其受热易损的元器件时，考虑选用20W内热式或25W外热式电烙铁。

2）焊接较粗导线或同轴电缆时，考虑选用50W内热式或45~75W外热式电烙铁。

3）焊接较大元器件时，如金属底盘接地焊片，应选用100W以上的电烙铁。

4）烙铁头的形状要适应被焊件物面要求和产品装配密度。

5. 使用电烙铁应注意的问题

新电烙铁使用前要进行处理，即让电烙铁通电给烙铁头"上锡"。具体方法是，首先用锉刀把烙铁头按需要锉成一定的形状，然后接上电源，当烙铁头温度升到能熔锡时，将烙铁头在松香上沾涂一下，等松香冒烟后再沾涂一层焊锡，如此反复进行2~3次，使烙铁头的刃面全部挂上一层锡便可使用了。使用过程中始终保证烙铁头挂上一层薄锡。

电烙铁不使用时不宜长时间通电，这样容易使烙铁芯过热而烧断，缩短其寿命，同时也会使烙铁头因长时间加热而氧化，甚至被"烧死"不再"吃锡"。

1）不能在易燃和腐蚀性气体环境中使用。

2）不能任意敲击，以免碰线而缩短寿命。

3）宜用松香，焊锡膏作助焊剂，禁用盐酸，以免损坏元器件。

4）使用若干次后，应将铜头取下去除氧化层，以免日久造成取不出现象。

5）发现铜头不能上锡时，可将铜头表面氧化层去除后继续使用。

6）切勿将电烙铁放置于潮湿处，以免受潮漏电。

7）使用电源为~220V±10%，接上电源线旋合手柄时，切勿使线随手柄旋转，以免短路。

8）电烙铁使用时必须按图接上地线，接地线装置必须可靠地接地。

9）电源线的绝缘层发现破损时应及时更换，以保安全。

10）外热式电烙铁首次使用约在8min左右有冒烟，因云母内脂质挥发，属正常现象。

电烙铁使用时，电源线必须采用橡皮绝缘棉纱编织三芯软线及带有接地接点的插头。

电烙铁的电源线截面和长度，应符合表5-1规定。

表5-1 电烙铁的电源线截面和长度

输入功率/W	导线截面积/mm²	导线长度/mm
20~50	0.28	
70~300	0.35	1800~2000
500	0.5	

6. 吸锡器

吸锡器的外形如图5-9所示。主要用来吸去元器件引脚周围的焊锡，便于更换元器件。

图5-9 吸锡器的外形

第三节　尖嘴钳、钢丝钳、斜嘴钳、剥线钳

电工常用的尖嘴钳、钢丝钳、斜嘴钳、剥线钳如图 5-10 所示。它们的绝缘柄耐压应为 1000V 以上。

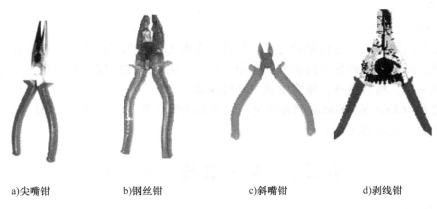

a)尖嘴钳　　　　b)钢丝钳　　　　c)斜嘴钳　　　　d)剥线钳

图 5-10　尖嘴钳、钢丝钳、斜嘴钳、剥线钳

1. 尖嘴钳

尖嘴钳也是电工（尤其是内线电工）常用的工具之一。主要用来剪切线径较细的单股与多股线以及给单股导线接头弯圈、剥塑料绝缘层等。尖嘴钳的头部尖细，适用于狭小的工作空间或带电操作低压电气设备，尖嘴钳可制作小型接线鼻子，也可用来剪断细小的金属丝。它适用于电气仪器仪表制作或维修，又可作家庭日常修理的工具，使用灵活方便。

电工维修人员应选用带有绝缘手柄的，耐压在 500V 以下的尖嘴钳。使用时应注意以下问题。

1）使用尖嘴钳时，手离金属部分的距离应不小于 2cm。

2）注意防潮，勿磕碰损坏尖嘴钳的柄套，以防触电。

3）钳头部分尖细，且经过热处理，钳夹物体不可过大，用力时切勿太猛，以防损伤钳头。

4）使用后要擦净，经常加油，以防生锈。

2. 钢丝钳

钢丝钳是电工常用的工具，因刀口锋利，俗称老虎钳，常用的有 150mm、175mm、200mm、250mm 等多种规格。

钢丝钳由钳头和钳柄两部分组成。钳头由钳口、齿口、刀口和铡口四部分组成。钢丝钳的用途是夹持或折断金属薄板以及切断金属丝，可代替扳手来拧小型螺母；刀口可用来剪切电线、掀拔铁钉，也可用来剥离 4mm^2 及以下导线的绝缘层。

钢丝钳有两种，电工应选用带绝缘手柄的一种，一般钢丝钳的绝缘护套耐压 500V，所以只适合在低压带电设备上使用。在使用钢丝钳时应注意以下几个问题：

1）使用电工钢丝钳以前，必须检查绝缘柄的绝缘是否完好。

2）要保持钢丝钳清洁，注意防潮，勿损坏柄套以防触电。钳轴要经常加油，防止生锈。带电操作时，手与钢丝钳的金属部分保持 2cm 以上的距离。

3）用钢丝钳剪切带电导线时，不得用刀口同时剪切相线和零线，或同时剪切两根相线，以免发生短路故障。

3. 斜嘴钳

斜嘴钳也是电工常用的钳子之一，其头部扁斜，又名斜口钳、扁嘴钳，专门用于剪断较粗的电线和其他金属丝，其柄部有铁柄和绝缘管套。电工常用的绝缘柄剪线钳，其绝缘柄耐压应为 1000V 以上。

4. 剥线钳

剥线钳为内线电工、电机修理电工、仪器仪表电工常用的工具之一。它适宜于塑料、橡胶绝缘电线、纤维等各种导线的剥皮。使用方法是：将待剥皮的线头置于钳头的边口中，用手将两钳柄一捏，然后松开，绝缘皮便与芯线脱离。

剥线钳有 165mm 和 180mm 两种规格。它具有结构合理、刃口锋利、强度高、配合精度好、使用灵活、轻便等优点。

第四节　螺钉旋具与电工刀

1. 螺钉旋具

螺钉旋具（改锥、起子），是电工和家庭中常用的工具之一。按照其刀尖的不同形状，分为"一"字形和"十"字形螺钉旋具，其柄把由木柄或塑料柄材料做成。电工常用的螺钉旋具长度有 50mm、100mm、150mm 和 300mm 四种。

螺钉旋具可以旋转直径为 1～1.5mm、2～4mm、6～8mm 和 10～12mm 的螺钉。"十"字形螺钉旋具和配套的"一"字形螺钉旋具长度相同。螺钉旋具的外形结构及使用方法如图 5-11 所示。不同尺寸的"一"字形和"十"字形螺钉旋具可根据不同型号的螺丝钉选用。近年来，还生产了多用组合式螺钉旋具。

螺钉旋具主要用于拧紧、放松螺钉及调整元器件的可调部分，如电位器等。

螺钉旋具在使用过程中要注意以下几点：

1）螺钉旋具不能在带电操作中使用，以免发生漏电。

2）在使用小头较尖的螺钉旋具松螺钉时，要特别注意用力均匀，保持平直，注意安全。严防手滑触及其他带电体或者刺伤另一只手。

3）螺钉旋具不能当錾子使用，以免损坏螺钉旋具手柄或刀刃。

螺钉旋具的操作方法一般以右手的掌心顶紧螺钉旋具柄，利用拇指和中指旋动螺钉旋具柄，刀刃准确地入螺钉头的凹槽中，左手扶住螺钉。拧螺钉时，掌心必须顶紧螺钉旋具柄，否则有可能使螺钉头的凹槽受伤而无法拧紧或旋出螺钉。

2. 电工刀

电工刀是电工常用的一种切削工具。普通的电工刀由刀片、刀刃、刀把、刀鞘组成。用完后，把刀片收缩到刀把内。电工刀适用于电工在装配、维修工作中割去导线绝缘外皮，刮去导线和元器件引线上的绝缘物和氧化物，使之易于上锡以及割削绳索、木桩等。按尺寸分为大、小两号，还有一种多用型的，既有刀片，又有锯片和锥针，不但可以削，还可以锯割电线槽板，锥钻底孔，使用起来非常方便，如图 5-12 所示。

电工刀的结构与普通小刀相似，比普通刀刚性强、耐用，但造价较高。使用电工刀要注

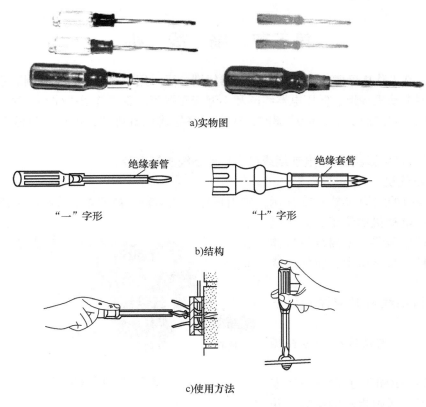

a)实物图

绝缘套管   绝缘套管

"一"字形   "十"字形

b)结构

c)使用方法

图 5-11   螺钉旋具的外形结构及使用方法

意以下几点：

1）使用电工刀时切勿用力过猛，以免不慎划伤手臂。

2）用电工刀切剥导线绝缘层时，刀口千万不要削去线芯。

3）在圆木上钻穿线孔时，可先用多功能电工刀上的锥子锥个定位孔，然后用扩孔锥将小孔扩大，以便电线顺利穿过。

4）严禁用电工刀接触带电设备，因为电工刀的手柄不是绝缘的。

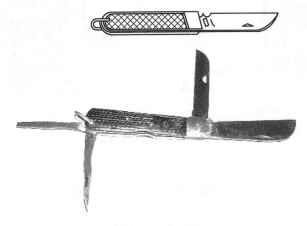

图 5-12   电工刀

第五节　绕　线　机

维修电工在工作中经常需要配制低压电器线圈，可采用手摇绕线机来绕制。手摇绕线机可以绕制小型电动机绕组、低压电器线圈和小型变压器等。手摇绕线机体小、质量轻、操作简便、能记忆绕制的匝数。绕制线圈时，操作者将导线拉直排匀，可从计数器上读出绕制圈数。

绕线机分为手摇绕线机、电动绕线机和自动绕线机等多种。

1. 手摇绕线机

手摇绕线机的结构如图 5-13 所示，它由摇把、主动轮、被动轮和绕线模型组成。主要用来绕制小型电动机的绕组、低压电器线圈和小型变压器。手摇绕线机体积小、重量轻、操作简便、能计数绕制的匝数。

在使手摇绕线机时应注意以下几点：

1）使用时要把绕线机固定在操作台上。

2）当绕制线圈的匝数不是从零开始时，应记下起始指示的匝数，并在绕制后减去。

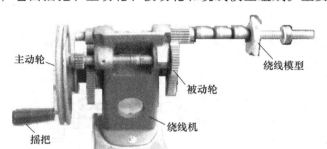

图 5-13　手摇绕线机

3）绕线时应用手把导线拉紧拉直，切勿用力过度，以免将导线拉断。

2. 电动绕线机

电动绕线机采用电动方式，既可作为绕线机使用，又可作电钻使用，具有一机多用的功能，如图 5-14 所示。

a)排线机　　　　　　　　　　b)绕线机

图 5-14　电动绕线机

3. 自动绕线机

自动绕线机具有计数、5 个线圈同时绕制等功能，对批量生产可提高效率，如图 5-15 所示。

图 5-15　自动绕线机

第六节　电　　钻

1. 手电钻

手电钻是电工在安装维修工作中常用的工具之一，它具有体积小、重量轻等优点，而且还可以随意移动。近年来，手电钻的功能不断扩展，功率也越来越大，不但能对金属钻孔，带有冲击功能的手电钻还能对砖墙打孔。目前常用的手电钻有手枪式和手提式两种，电源一般为 220V，也有三相 380V 的。采用的钻头有两类，一类为麻花钻头，一般用于金属打孔；另一类为冲击钻头，用于在砖和水泥柱上打孔。大多数手电钻采用单相交直流两用串激电动机，它的工作原理是接入 220V 交流电源后，通过整流子将电流导入转子绕组，转子绕组所通过的电流方向和定子励磁电流所产生的磁通方向是同时变化的，从而使手电钻上的电动机按一定方向运转，如图 5-16 所示。

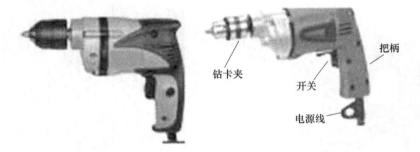

图 5-16　手电钻

使用手电钻时应注意以下几点：

1）使用前首先要检查电线绝缘是否良好，如果电线有破损处，可用胶布包好。最好使用三芯橡皮软线，并将手电钻外壳接地。

2）检查手电钻的额定电压与电源电压是否一致，开关是否灵活可靠。

3）手电钻接入电源后，要用电笔测试外壳是否带电，不带电时方能使用。操作时需接触手电钻的金属外壳时，应戴绝缘手套，穿电工绝缘鞋并站在绝缘板上。

4）拆装钻头时应用专用钥匙，切勿用螺钉旋具和手锤敲击电钻夹头。

5）装钻头要注意钻头与钻夹保持同一轴线，以防钻头在转动时来回摆动。

6）在使用手电钻过程中，钻头应垂直于被钻物体，用力要均匀，当钻头被钻物体卡住时，应停止钻孔，检查钻头是否卡得过松，重新紧固钻头后再使用。

7）钻头在钻金属孔过程中，若温度过高，很可能引起钻头退火，为此，钻孔时要适量加些润滑油。

8）钻孔完毕，应将电线绕在手电钻上，放置干燥处以备下次使用。

2. 冲击电钻

冲击电钻常用于在建筑物上钻孔，如图 5-17 所示。它的用法是：把调节开关置于"钻"的位置，钻头只旋转而没有前后的冲击动作，可作为普通钻使用。置于"锤"的位置，钻头边旋转边前后冲击，便于钻削混凝土或砖结构建筑物墙上打孔。有的冲击电钻调节开关上没有标明"钻"或"锤"的位置，可在使用前让其空转观察，以确定其位置。

遇到较坚硬的工作面或墙体时，不能加压过大，否则将使钻头退火或电钻过载而损坏。电工用冲击钻可钻 6~16mm 圆孔，作普通钻时，用麻花钻头；作冲击钻时，应使用专用冲击钻头。

3. 小型台钻

小型台钻是一种固定式钻孔工具，比手电钻功率大，操作方便，可以钻孔、扩孔等，如图 5-18 所示。一般用来加工直径小于 12mm 的孔。它有多挡转速可调；台钻的主体和工作台之间可进行上下、左右调节，调定后必须锁紧锁住手柄，但变速时要先停车。钻孔时，立轴作顺时针方向转动。

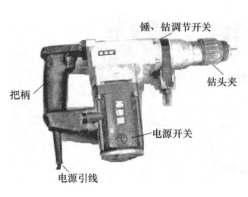

图 5-17　冲击电钻

图 5-18　小型台钻

第七节　活扳手与卷尺

1. 活扳手

活扳手又叫活络扳手，活扳手一般由扳体、活动扳口、蜗杆、销轴、弹簧等构成，是一种旋紧或拧松有角螺钉或螺母的工具。活扳手按形式可分为：美式、欧式、日式。

通常规格有：4″、6″、8″、10″、12″、15″、18″、24″等，电工常用的有 200mm、

250mm、300mm 三种，使用时应根据螺母的大小选配。

使用时，右手握手柄。手越靠后，扳动起来越省力。

扳动小螺母时，因需要不断地转动蜗轮，调节扳口的大小，所以手应握在靠近呆扳唇，并用大拇指调节蜗轮，以适应螺母的大小。

活扳手的扳口夹持螺母时，呆扳唇在上，活扳唇在下。活扳手切不可反过来使用。

在扳动生锈的螺母时，可在螺母上滴几滴煤油或机油，这样就容易拧动了。

在拧不动时，切不可采用钢管套在活络扳手的手柄上来增加扭力，因为这样极易损伤活扳唇。

不得把活扳手当锤子用。

活扳手的外形如图 5-19a 所示。活扳手正确使用方法如图 5-19b、c 所示。

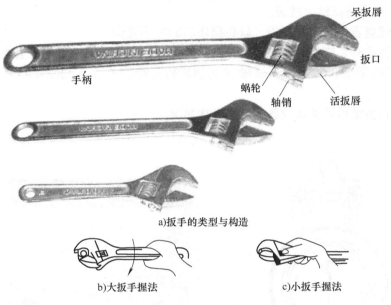

a)扳手的类型与构造

b)大扳手握法　　　　c)小扳手握法

图 5-19　活扳手的外形及使用方法

2. 卷尺

卷尺是电气安装用于测量定位的工具，分为 1m、2m、50m、100m 多种。如图 5-20 所示为不同样式的 2m 卷尺。

图 5-20　卷尺

第八节　转　速　表

转速表可用来测定电动机转轴旋转的速度，也可测定负载端机械轮的转速。

转速表常用的是离心式手持转速表，如图5-21所示，近几年也有新型转速表不断涌现，有离心式电子显示板显示转速的转速表、感应式转速表等。

离心式手持转速表在使用中应注意以下事项：

1）在测电动机轴的转速之前，要用眼观察电动机转速，大致判断其速度，然后把转速表的调速盘转到所要测的转速范围内。

2）在一般没有多大把握判断电动机转速时，要将速度盘调到高位观察，确定转速后，再向低挡调，以使测试结果准确。

3）要等转速表停转后再换挡，以免损坏表的内部机构。

4）测量转速时，应将转速表的测量轴与被测轴轻轻接触并逐渐增加接触力。测试时要手持转速表保持平衡，转速表测试轴与电动机轴保持同心，直到测试指针稳定时再记录数据。

5）转速表换轴后可测试设备的转速和线速度。

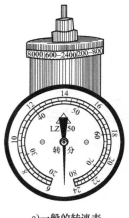

a)一般的转速表

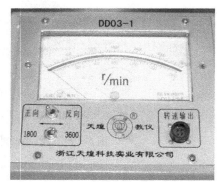

b)电子感应转速表

图5-21　转速表

第九节　水平测量仪和毛刷

1. 水平测量仪

图5-22所示的为布线水平测量仪，是电工安装布线的工具之一，主要用于电工安装布线。该仪器打开开关，则发出水平的红光，监测所安装的布线是否水平。

该仪器随身携带，体积小巧、灵活、方便。

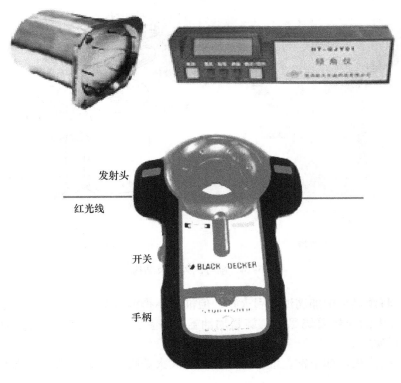

发射头

红光线

开关

手柄

图 5-22 布线水平测量仪

2. 毛刷

毛刷可以清扫电器设备上的灰尘、浮土等脏物，也可清理电路板上焊接余渣废物，如图 5-23 所示。

图 5-23 毛刷

第十节 喷 灯

喷灯是利用火焰对工件进行加热的一种工具，有分离式和液化气喷灯。火焰温度可达 900℃，不仅适用于工矿企业电工用它来焊接电缆、接地线，还适用于机械零件的加温、焊接、热处理静止烘烤等。喷灯的外形和结构图如图 5-24 所示。

1. 使用方法

1）装灯头：将灯头按顺时针方向旋紧至图 5-24a 的位置。

2）加油：旋开加油盖，按照规定用油种类，将洁净油通过装有过滤网的漏斗，灌入灯壶七成满。如果是连续使用，必须待灯头完全冷却后才能加油。

3）启用喷灯之前必须检查手动泵、泄压阀、密封、油路。

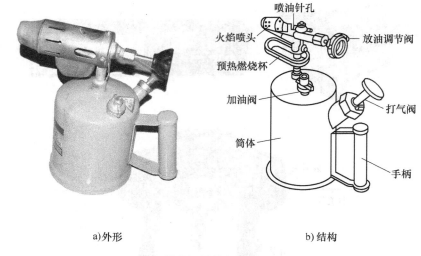

a)外形   b)结构

图 5-24　喷灯的外形及结构

4）生火：将预热杯中加满油及引火物，但油料不得溢到灯壶上，在避风地方点燃预热灯头，当预热杯中的油将要烧尽时，旋紧加油盖、泵盖，打气 3～5 下后把手轮缓缓旋开，初步火焰即自行喷出。

5）工作：初步火焰如正常，继续打气直至强大火焰喷出。火焰如有气喘状态，调节手轮即可正常工作。

6）熄火存放：将手轮按顺时针方向旋紧，关闭进油阀熄火，待灯头冷却后，旋松加油盖放气后存放。

2. 使用时的注意事项

1）使用喷灯的人员必须经过专门培训，其他人员不应随便使用喷灯。

2）严禁带火加油，要选择安全地点，给喷灯加油到灯体容量的 3/4 为宜。

3）喷灯不能长时间使用，以免气体膨胀，引起爆炸，发生火灾事故。

4）严禁在地下室或地沟内进行点火，应及时通风，排除地下室的可燃物。需要点火时，必须远离地下室 2m 以外。

第十一节　安全用品

根据《电业安全工作规程》规定，任何人进入电力生产、建筑工地时，必须戴安全帽，高空作业人员必须使用安全带。

1. 安全帽

安全帽是"生命帽"，用于保护头部，防撞击、防挤压伤害的保护用具，是保证"安全第一"的重要措施，特别是电工和建筑工人一定要强化安全意识，千万不要掉以轻心。

2. 安全带

安全带是用于防止坠落事故发生的"保险带"，它是高空作业时防止操作人员失误发生人身事故的"救命带"。因此，凡在离地面 2m 以上的高空进行作业，必须佩戴安全带。

安全帽与安全带如图 5-25 所示。

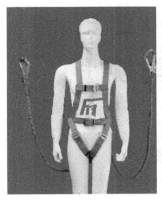

a)安全帽与安全带实物

保险绳扣

保险绳

腰带

b)安全带结构

图 5-25　安全帽与安全带

3. 梯子

梯子是电工登高安装、维修电气设备的必须工具之一。梯子有直梯和人字梯两种，如图 5-26 所示。直梯用于户外高空作业，人字梯一般用于户内登高作业。

电工在使用梯子时应注意以下几点：

1）在使用直梯时，梯子与地面成 60°～75°夹角，必须由专人防护，以免滑倒。

2）在使用人字梯时，安全绳要系牢，不得断开或不系。

3）梯子的位置与带电体应保持足够的安全距离，而且梯子应该用绝缘材料做成，以免发生触电。

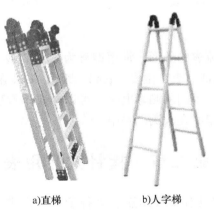

a)直梯　　　　b)人字梯

图 5-26　梯子

第六章 电工仪表与测量

第一节 电压表和电流表

1. 电压表

图 6-1 所示为直流电压表的外形，其背后有两个接线柱，常用型号为 85C17 型（交流电压表 85L17），安装在设备的控制台操作面板上，用于测量试验电路中的电压，配上不同的测量电路，可以构成单量程和多量程的磁电系电压表。在连接电路时，电压表必须并联在被测电路中。

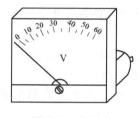

图 6-1 电压表

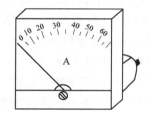

图 6-2 电流表

2. 电流表

图 6-2 所示为磁电系电流表的外形，常用型号为 85C17 型（交流电流表 85L17），量程分为安培（A）表、毫安（mA）表、微安（μA）表等，安装在试验台的操作面板上，用于测量试验电路中的电流，配上不同的测量电路，可以构成单量程和多量程的磁电系电流表。在连接电路时，电流表必须串联在被测电路中。

第二节 指针式万用表

万用表又叫多用表，它具有多种用途、多种量程、携带方便等优点，因此被广泛应用。万用表有两种：一种是模拟指针式万用表，具有直观、明了的特点，其指针的偏转与被测量保持一定的对应关系。另一种是数字万用表，它以数字形式（不连续、离散形式）显示被测量。两种万用表各有特点。数字万用表具有读数准确、精度高、电压灵敏度高，电流挡内阻小、测量种类和功能齐全、使用方便等优点。但不足之处是不能反映被测量的连续变化过程及变化趋势；测量动态量时数字跳跃，价格偏高，维修困难。

本节以 MF-64 型指针式万用表和 HT2008 型数字式万用表为例，介绍它们的结构、原理和使用方法。MF-64 型指针式万用表的外形如图 6-3 所示。

1. 指针式万用表的主要用途

MF-64 型指针式万用电表是高灵敏度磁电系整流式仪表。仪表具有质量稳定、灵敏度高、测量范围广、造型美观、结构合理等特点，能测量交直流电压、交直流电流、直流电阻、音频电平、晶体管直流电流放大系数、晶体管反向截止电流、负载电流、负载电压等，适用于工矿企业、大中等院校实验室、电工以及电子、电气生产线使用，也是家用电器维修人员和业余爱好者理想的测试仪表。

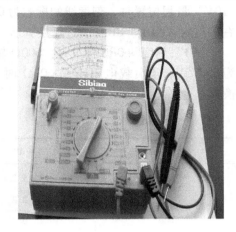

图 6-3　MF-64 型指针式万用表的外形

2. 指针式万用表的测量方法

测量时，除了直流电流 2.5A 量程外，均将测试杆插在 "＋" 和 "＊" 插孔内。

标度盘共设计有 7 条刻度，第一条为欧姆刻度，第二条、第三条为直流刻度，其中第二条为 125 分度刻度，第四条为交流刻度，第五条刻度由两部分组成，左面的弧度为硅管 h_{FE} 刻度，右侧是测量干电池在负载条件下的端电压刻度，标志 "GOOD" 表示干电池正常，"BAD" 则表示干电池已经失效，第六条刻度为锗管 h_{FE} 专用刻度，第七条为 "dB" 刻度。

（1）直流电压测量

将功能开关置于 "＋DC" 位置，量程开关选放在接近被测电压的适当量程上，红表笔接被测电压的正极，黑表笔接负极，指针向顺时针方向偏转，表示被测电压为正电压；反之，则表示被测电压为负电压，只要把功能开关置于 "－DC" 位置，指针即向逆时针方向偏转，不需要调换表笔的极性。测量直流电压时按标度盘的第三条刻度线读取读数。

当被测电压值不能估计时，应先将量程开关放在最大量限上，将万用表接在被测电路中，先读取电压的大约值，再将量程开关放在适当的位置上，使指针得到最大的偏转，读取被测电路的实际电压值。在带电测量时，要注意操作安全。

（2）干电池在负载条件下的端电压的测量

测试方法同直流电压，将量程选择开关放在 "BATT" 位置，第五条的右面刻度表示干电池的容量和干电池的负载能力，指示在 "GOOD" 弧度范围内表示电池容量充足，"BAD" 表示干电池容量不足需要立刻更换。

（3）直流电流的测量

将功能开关置于 "＋DC" 位置，量程开关放在与被测电流相应的适当位置上。当被测电流大于 0.5A 时，用 2.5A 量程进行测量。应将表笔插在 "2.5A" 和 "＊" 插孔内，量程开关放在电流量程位置，测量电流时，将万用表串接在电路中，不能将万用表直接跨接在高电位两端，否则，内附熔丝会被熔断。

（4）交流电压的测量

将功能开关置于 "AC" 位置，量程开关放在与被测电压相适应的位置上，将表笔并接在被测电路两端，从第四条交流刻度线读取数据。

（5）音频电平的测量

测量方法与交流电压的测量相同，从"dB"刻度线读取读数。当量程转换开关置于"10V"量程位置时，刻度线的标志为 0 ～ +22dB，在其他量程时，实际"dB"值按刻度盘右下角的"ADD. dB"表进行换算。

"dB"刻度的 0dB 标准是：600Ω 输送线上所消耗的功率为 1mW，或者 0dB 相应的电压为 0.775V，当负载电阻不是 600Ω 时，万用表所测出的 dB 值应按表 6-1 所示的值进行换算。

表 6-1　分贝表

负载/Ω	+ dB	负载/Ω	+ dB
2k	− 5.2	150	+6
1k	− 2.2	75	+9
600	0	50	+ 10.8
500	+ 0.8	16	+ 15.8
300	+ 3	8	+ 18.8
200	+ 4.8	4	+ 21.8

（6）交流电流的测量

将功能开关置于"AC"，量程开关置于与被测电流大小相适应的位置上，测量时将万用表与被测电路串联，按"AC"刻度线读数。

（7）电阻阻值的测量

将功能开关置于"Ω"，量程开关置于与被测电阻值相适应的量程上。测量之前，先将表笔短路，调节"0Ω"旋钮，使指针指示在欧姆刻度线的"0"位上。每当变换量程时，都应重新检查和调节"Ω"的零位置。

选择欧姆测量量程时，尽可能使指针指示在全刻度起始 20% ～80% 弧度范围内，这样所读取的欧姆读数比较准确。

测量二极管和晶体管正、反向电阻和电解电容时，应记住万用表内部的电池正负极和表外电路的正负极是相反的。

（8）晶体管性能的测量

测量晶体管的 I_{CEO} 和 h_{FE} 参数时，先将量程开关置于"$R \times 10$"挡位置，并短路表笔，将指针调节到"Ω"刻度线的"0"。这时万用表指示的电流值为 6mA。

将晶体管测试插座插在"＊"和"＋"插孔内，并注意插座的极性，插座带"＊"的一端应插在仪表"＊"插孔内，然后作以下测试：

1）根据被测晶体管的类型，将晶体管 E、B、C 引脚插在测试插座相应的插孔内，NPN 型晶体管应插入 N 型一侧的 E、B、C 三孔内，PNP 型晶体管则插入 P 型的 E、B、C 三孔内。

2）漏电流 I_{CEO} 的测量：将被测晶体管的 C、E 引脚插在相应的测试插座 C、E 孔内，指针偏转值即被测晶体管的 I_{CEO} 值。从"DC"刻度线读数（满度值为 6mA，即在 50 分格分度线上每一分度线为 120μA）。

3）直流放大系数 h_{FE} 的测量：将被测试晶体管的 E、B，C 引脚插在相应的测试插座 E、B、C 孔内。按 h_{FE} 刻度线读取 h_{FE} 值。

第三节 数字万用表

HT2008 型数字万用表可用来测量交直流电压、交直流电流、电阻、电容、电感、频率、温度、音频、二极管、晶体管参数及电池测试，并具有数据保持、符号显示及背光照明等功能。该仪表结构精巧，操作容易，携带方便，9V 电池驱动。图 6-4 所示是 HT2008 型数字万用表的整机外形。

数字万用表的测量方法

（1）直流电压的测量（DCV）

将黑色表笔插入"COM"孔，红色表笔插入"VO"孔。将功能开关置于"DCV"量程范围，并将表笔并接在被测负载或信号源上，在显示电压读数时，同时会指示出红表笔的极性。

（2）交流电压的测量（ACV）

将黑色表笔插入"COM"孔，红色表笔插入"VO"孔。将功能开关置于"ACV"量程范围，并将表笔并接在被测负载或信号源上。

（3）直流电流的测量（DCA）

直流电流测量的最大输入电流为 20AV，为避免触电或损坏仪表，被测直流电流不要超过数字万用表允许的最大输入电流值。将黑色表笔插入"COM"孔，当被测电流在 200mA 以下时，红表笔插入"mA"插孔；如果被测电流在 200mA ~ 20A 之间，则将红表笔移至"20A"插孔；如果被测电流在 200mA ~ 2A 之间，红表笔仍在"AΩ"插孔。

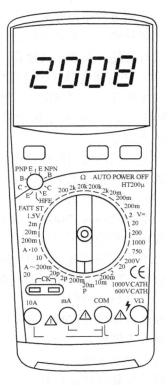

图 6-4 HT2008 型数字
万用表的整机外形

将功能开关置于直流电流（DCA）量程范围，测试表笔串入被测电路中。如果被测电流范围未知，应将功能开关置于高挡逐步调低。如果只显示"1"，说明已超过量程，必须调换高量程挡位。

（4）交流电流的测量（ACA）

测试方法和注意事项类似直流电流的测量。

（5）电阻的测量（Ω）

将黑表笔插入"COM"插孔，红表笔插入"VΩHz"插孔（注意，红表笔为正），将功能开关置于所需"Ω"量程上，将测试笔跨接在被测电阻上。在线测量时，要关断电源。当输入开路时，会显示超量程状态"1"或"OL"。如果被测电阻在 1MΩ 以上时，数字万用表需数秒后方能稳定读数。

（6）电容的测量（C）

将功能量程旋钮开关置于所需的电容量程范围（对于 $3\frac{3}{4}$ 位显示的自换量程仪表，则将功能量程旋钮开关置于电容测试挡位）；将被测电容连接到电容测试插座 CX（或 CX-LX）上。对于有极性的电容，请注意按所标识极性正确连接。

（7）电感的测量（Lx）

将功能量程旋钮开关置于所需的电感量程范围，将被测电感连接到测试插座 Lx 上。

如果被测电感值超过所选的量程值，仪表显示超量程状态"1"或"OL"，这时需要将功能量程旋钮开关置于高量程挡位进行测量。

（8）热电偶传感器的温度测量

测量温度时，将热电偶传感器的冷端（自由端）插入温度测试孔中，热电偶的工作端（测量端）置于待测物上面或内部，可直接从显示器上读取温度位，读数为摄氏度，需通过表笔插座测量。

注意：当热电偶传感器插入输入表笔插座后，数字万用表自动显示被测温度，当热电偶传感器闭路时，显示常温。

（9）逻辑电平的测试

将黑表笔插入"COM"插孔，红色表笔插入"VΩHz"插孔。

将功能开关置于"LOGIC"量程范围，并将黑表笔接入测量电路地端，红表笔接测试端。在本挡位测量时，高位始终显示"1"，无超量程含义，只说明内电路已接通。

（10）二极管和晶体管 h_{FE} 的测量

1）二极管的测量

在进行在线测试时，请先切断电路电源，并将电容放电。

将红表笔插入"VΩ"（或"VΩHz"）插孔，黑表笔插入"COM"插孔（注意，红表笔极性为内部电路极性）

将功能量程旋钮开关置于二极管符号位置，并将红表笔接触被测点，对于二极管测量，若显示有 0.3V、0.8V 电压读数，表示二极管正常，当二极管被反接时，仪表显示超量程状态；对于通断检测，当被测电阻小于约 70Ω 时，仪表内置蜂鸣器发声，同时还有发光二极管发光指示。

2）晶体管 h_{FE} 测量

将功能开关置于"h_{FE}"挡上。

先认定晶体管是 PNP 型还是 NPN 型，然后再将被测管 E、B、C 3 脚分别插入直板对应的晶体管插孔内。

数字万用表显示的是近似值，测试条件为基极电流 10μA，U_{CC} 约 3V。

第四节　钳形电流表

钳形电流表的主要部件是一个穿心式电流互感器。测量时，将钳形电流表的磁铁套在被测导线上，形成 1 匝的一次绕组，根据电磁感应原理，二次绕组中便会产生感应电流，与二次绕组相连的电流表指针便会发生偏转，指示出电路中电流的数值。图6-5所示是钳形电流表的外形和电流测量示意图。

1. 钳形电流表的使用方法

（1）调零

在测量电流前，表针应该指向零位，否则，应用螺钉旋具调整表头上的调零螺钉使表针指向零位，以提高读数的准确度。

（2）选择量程

使用钳形电流表时要正确选择量程。测量前应估计被测电流的大小，选择合适的量程。若无法估算电流的大小，应先选择大的量程范围，再选择合适的量程，但决不可用小量程挡去测量大电流。

（3）测量电流

测量时，每次测量只能钳入一根导线，将被测导线钳入钳口中央位置，以提高测量的准

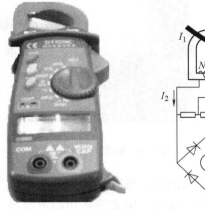

a)钳形电流表外形　　　b)电流测量示意图

图6-5　钳形电流表

确度；被测导线的电流就在铁心中产生交变磁力线，钳形电流表上指示感应电流的读数。测量结束后，应将量程开关扳到最大量程位置，以便下次安全使用。

2. 钳形电流表的使用注意事项

1）为了防止绝缘击穿和人身触电，被测电路的电压不得超过钳形电流表的额定电压，更不能用钳形电流表测高压电路的电流。

2）使用钳形电流表时要尽量远离强磁场，以减少磁场对钳形电流表的影响。测量较小的电流时，如果钳形电流表量程较大，可将被测导线在钳形电流表口内绕几圈，电路中实际的电流值应为仪表读数除以导线在钳形电流表上绕的匝数。

第五节　绝缘电阻表

绝缘电阻表又叫摇表，其阻值在兆欧级。主要用来测量电动机、电路的绝缘电阻，测量设备和线路绝缘是否损坏或短路现象。

绝缘电阻表的主要组成部分是一个磁电式流比计和一只作为测量电源的手摇高压直流发电机。绝缘电阻表的外形如图6-6所示。其原理如图6-7所示。

1. 绝缘电阻表的电路原理

绝缘电阻表电路如图6-8所示。与绝缘电阻表表针相连的有两个线圈，一个同表内的附加电阻，另一个和被测电阻R串联，然后一起接到手摇发电机上。当用手摇时，两个线圈中同时有电流通过，在两个线圈上产生方向相反的转矩，表针就随着合成转矩的大小而偏转某一角度，这个偏转角度取决于两个电流的比值。由于附加电阻是不变的，所以电流值仅取决于待测电阻的大小。

一般规定，在测量额定电压在500V以上的电气设备的绝缘电阻时，需用1000～2500V的绝缘电阻表。测量500V以下电压的电气设备，则以500V的绝缘电阻表为宜。

图 6-6　绝缘电阻表的外形

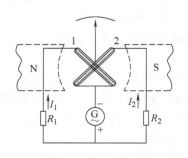

图 6-7　绝缘电阻表的原理图

值得说明的是，用万用表测得的绝缘阻值不准确，因为万用表所使用的电池电压低，绝缘物质在低电压下不易击穿。通常，被测量的电气设备均要接在较高的工作电压上，因此，必须用绝缘电阻表测额定电压下的绝缘电阻。

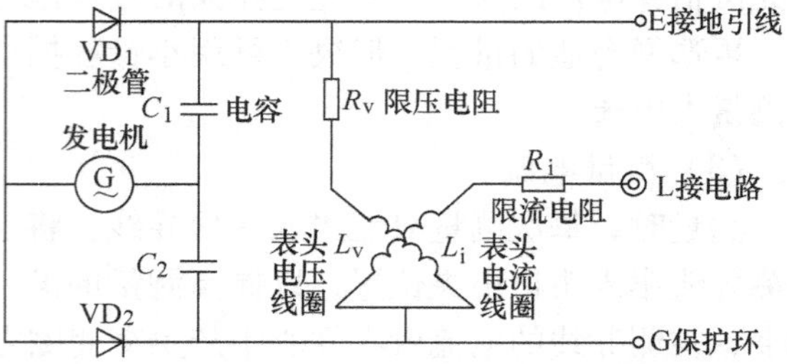

2. 绝缘电阻表测量的注意事项

（1）调零

在测量前，绝缘电阻表应分别做一次

图 6-8　绝缘电阻表电路

开路试验和短路试验。表针在开路试验中应指到"∞"（无穷大）处；而在短路试验中指针指到"0"位，这表明绝缘电阻表工作状态正常。

（2）选择电压等级

根据被测电气设备的额定电压选用绝缘电阻表的电压等级：一般测量 50V 以下的用电设备的绝缘电阻时，可选用 250V 绝缘电阻表；测量 50～380V 的用电设备的绝缘电阻时，可选用 500V 绝缘电阻表；测量 500V 以下的电气设备的绝缘电阻时，应选用读数从零开始的绝缘电阻表，否则不易测量。因为在一般情况下，电气设备无故障时，其绝缘电阻在 0.5MΩ 以上时，就能使电气设备通电使用。若选用读数从 1MΩ 开始的绝缘电阻表，则对小于 1MΩ 的绝缘电阻无法读数。选用绝缘电阻表外接导线时，应选用单根的多股铜导线，不能用双股绝缘线，绝缘强度要在 500V 以上，否则会影响测量的精确度。

（3）通过电阻放电

测量电气设备绝缘电阻时，一定要先断开设备的电源。如果是电容器或较长的电缆线路，应先放电后测量。

（4）平放、防磁、防振

使用绝缘电阻表时将表平放，并远离强磁场。摇动绝缘电阻表时，不要使表上下振动。

（5）正确接线

用绝缘电阻表进行测量时，还需注意绝缘电阻表上"L"端子应与电气设备的带电体一端相连接。

第六节　示　波　器

示波器由电子枪、偏转系统（X 偏转板和 Y 偏转板）和荧光屏三部分组成。电子枪的作用是发射电子束，并使它聚焦，形成很细的电子束以便轰击荧光屏产生亮点，显示电信号波形；偏转系统的作用是确定电子束在荧光屏上移动的方向，Y 偏转板上接入被测信号，X 偏转板上接入线性时基扫描电压（即锯齿电压波），使被测信号在 X 方向展开，形成"电压—时基"波形；荧光屏的作用是将电信号变为光信号进行显示。

电子示波器由 Y 通道、X 通道、Z 通道、示波管、幅度校正器、时间校正器和电源等部分组成。图 6-9 所示为示波器的外形。

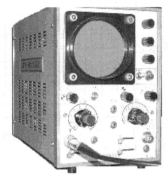

a)ST–16型单踪示波器　　　　　　　　　b)5020C型双踪示波器

图 6-9　示波器的外形

Y 通道由探头、衰减器、耦合电路、延迟线和放大器组成。为了保证电子示波器的高灵敏度，以便检测微弱的电信号，必须设置前置放大器和末级推挽放大器；为了保证大信号加到示波器输入端显示而不烧坏示波器，必须加衰减器，将经过衰减后的信号引入示波器内部。

1. 示波器的作用

示波器可以测量信号源的输出信号，也可以测量电路的输出信号和某点的波形，如图 6-10 所示的正弦波、矩形波、三角波等。

双踪示波器可以在同一个荧光屏上同时显示两个波形，以便于对波形进行观测和比较。双踪示波器的示波管与普通示波器的示波管一样，只有一对 XY 偏转板，双踪示波器是在两个 Y 通道信号间加电子开关，对两个波形显示进行分时控制。

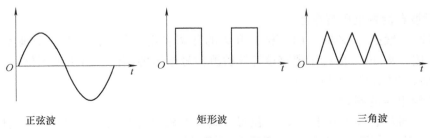

正弦波　　　　　　　　　　矩形波　　　　　　　　　　三角波

图 6-10　示波器测量波形

示波器的种类很多，但它们的功能、原理和使用方法基本相同，本节以 5020C 型双踪示波器为例作介绍。

2. 示波器的使用

各开关及控制旋钮设置好之后，把电源线连接到交流电源插座上，然后，按下列步骤操作：

1）打开电源开关，电源指示灯亮，约 20s 后，示波器屏幕上将出现扫描线，若 60s 后还没有扫线出现，则再检查开关及控制旋钮的位置。

2）调节"亮度"和"聚焦"旋钮，使扫描线亮度适当，且清晰可读。

3）调节 Y_1 "位移"旋钮和光迹旋转电位器（用起子调节），使扫描线与水平刻度平行。

4）连接探极（10:1，供给的附件）到 Y_1 输入端，将 $0.5V_{P-P}$ 校准信号加到探头上。

5）将"AC-⊥-DC"开关置"AC"，如图 6-11 所示波形将显示在示波器屏幕上。

6）为便于观察信号，调节"V/cm"和"t/cm"开关到适当的位置，使显示出来的波形幅度适中，周期适中。

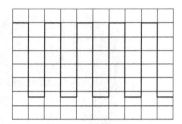

图 6-11　显示波形

7）调节"上下位移"和"水平位移"控制旋钮于适当的位置，使显示的波形对准刻度，以便读出电压值（V_{P-P}）和周期（T）。

上述为示波器的基本操作步骤，为 Y_1 单通道工作的操作程序。Y_2 单通道工作的程序与 Y_1 相同。

8）双通道工作。当需要观察两个波形时，采用双通道的"断续"与"交替"两种方式。

在"断续"方式时，两个通道信号以 4μs（250kHz）的速度依次被切换，双通道扫线是以时间分割的方式同时显示的，当信号频率较高时，应使用"交替"方式。

在"交替"方式中，一次完整的扫描只显示一个通道，接着是再一次完整的扫描显示下一个通道。这种方式主要用来在快速扫描时显示高频信号。在扫描速度很低时，应使用"断续"方式。

9）扫描扩展。当被显示波形的某一个位置需要沿时间轴方向扩展时，就需用一个较快的扫描速度，然而如果需要扩展的位置远离扫描起点，此时欲扩展部分将跑出屏幕之外。在这种情况下，可拉出扫描微调旋钮（置于×10 扩展状态）。此时波形将由屏幕中心向左、右扩展 10 倍。

3. 用示波器测量电压与电流

在测量时一般把"V/div"（伏/格）开关的微调装置以顺时针方向旋至满度的"校准"位置，然后按"V/div"的指示值直接计算被测信号电压的幅值。由于被测信号有直流和交流之分，测量方法分别介绍如下：

（1）交流电压的测量

首先将 Y 轴耦合开关置于"AC"位置，调节 Y 轴耦合开关"V/div"，使波形在屏幕中的位置显示适中，如图 6-12 所示。调节电平旋钮使波形稳定，分别调节 Y 轴和 X 轴的位移，使波形显示位置能被方便读取。根据"V/div"的指示值和波形在垂直方向上的坐标，读取计算数值如下：

将示波器的 Y 轴灵敏度开关"V/div"指示到 2V/div 挡，其"微调"位于"校准"位置，根据波形偏移原扫描基线的垂直距离，如果被测波形占 Y 轴的坐标幅度 H 为 5diV，则

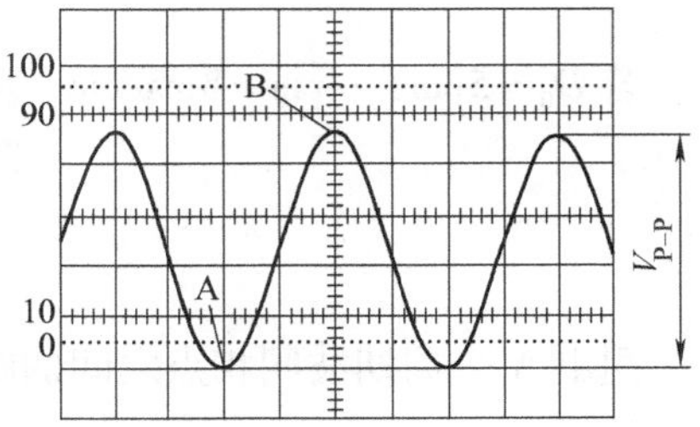

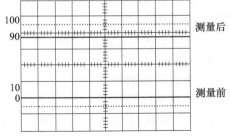

图 6-12　交流电压的测量

$$V_{P-P} = 2V/div \times 5div$$
$$= 10V$$

将峰峰值变为有效值

$$V_{有效值} = V_{P-P}/(2\sqrt{2})$$
$$= 10V/(2\sqrt{2})$$
$$= 3.53V$$

如果使用探头置 10∶1 衰减位置，则应将计算结果乘以 10。

（2）直流电压的测量

首先将 Y 轴耦合开关置于"GND"位置，调节 Y 轴移位使扫描基线在一个合适的位置上，再将耦合方式开关转换到"DC"位置，调节"电平"使波形同步。

将示波器的 Y 轴灵敏度开关"V/div"指示 0.5V/div 挡，其"微调"位于"校准"位置，根据波形偏移原扫描基线的垂直距离，此时如果被测波形占 Y 轴的坐标幅度 H 为 3.7div，则此时信号电压 U 如图 6-13 所示。

$$U = 0.5V/div \times 3.7div$$
$$= 1.85V$$

若被测信号经探头输入，则应将探头衰减 10 倍的因素考虑在内，被测信号 U 实际值为

$$U = 0.5V/div \times 3.7div \times 10$$
$$= 18.5V$$

图 6-13　直流电压的测量

4. 示波器测量频率

用示波器测量频率和时间的方法如下：

示波器是测量周期的常用仪器，由于周期和频率互为倒数，所以用它测量周期即可换算成频率，这样简便易行。当测量精确度要求不高时，经常采用这种方法。

利用定量扫描测量频率

示波器 X 轴水平扫描系统是一个线性度良好的锯齿波电压，使得光点的 X 轴位移与时间呈线性关系。采用对 X 轴扫描时间进行定量校正后，再把定量值直接刻度在控制旋钮的各挡上。例如任意一种型号的单、双踪示波器，当 X 轴扫描速度置于校正挡时，其扫描速度由选择波段开关位置上的对应值决定。例如 1ms/div、10ms/div 等，表示荧光屏上 1cm（相当一大格）的扫描时间分别为 1ms 和 10ms。

有了扫描时基标准，就能测量信号的频率，而示波器上显示的稳定波形，至少包含一个完整的周期。如果考虑到 X 轴扫描对被测信号的时间延迟，最好显示两个周期以上的电压波形。读出一个周期的时间测出两个相邻周期信号同相点之间的 X 轴上的间隔（cm 值）

D_0，然后乘以扫描速度 t/cm，则周期时间为

$$T = D_0 \times t/cm \qquad (6\text{-}1)$$

若 $D_0 = 5cm$，$t/cm = 3ms/cm$，则

$$T = 5cm \times 3s/cm \times 10^{-3}$$
$$= 15 \times 10^{-3}s$$
$$f = 1/T = 1/(15 \times 10^{-3})Hz = 66.6Hz$$

测出 N 个周期波同相点之间的距离 D（cm）。扫描速度 t/cm，则周期时间为

$$T = (1/N)Dt/cm$$

注意：有的示波器有扫描"扩展"，一般为 ×5 或 ×10 倍，它可以使波形在水平方向按倍率扩展，使扫描速度扩大相应的倍数。实际读数时，应把扫描时基选择位置上的刻度值除以相应的倍数。

第七节　功率表及其测量

1. 功率表

电路功率用功率表测量，功率表（又称为瓦特表）是一种电动式仪表，其中电流线圈与负载串联（具有两个电流线圈，可串联或并联，以便得到两个电流量程），而电压线圈与电源并联，电流线圈和电压线圈的同名端（标有 ∗ 号端）必须连在一起，如图 6-14 所示。

开关往上扳时，测量功率；往下扳时，测量功率因数。数字式显示。

2. 单相功率的测量

（1）功率表的接线

功率表的接线端至少应该有 4 个：2 个电流端，2 个电压端，分别在一个电流端和一个电压端上标有" ∗ "号或" ± "号，它们称为电流线圈和电压线圈的"同极性端"。按国标规定：功率表的符号是在一个圆内加一条水平粗实线（表示电流线圈）和一条垂直细线（表示电压线圈）。

图 6-14　功率表

接线规则：电流线圈端与被测负载串联，电压线圈端与被测负载并联；电流端的" ∗ "端和电压端的" ∗ "端必须接在电压的同一极性上；如果" ∗ "端同是电流和电压线圈电流的流入端（在交流情况下，其相位差小于或等于 90°）或流出端时，功率表的指针正向偏转，反之，则反向偏转。故" ∗ "端又称为发电机端。

接线方式的选择。在图 6-15 所示的 4 种接线方式中，图 6-15a 和图 c 为电压支路前接，而图 6-15b、d 为电压支路后接。它们的区别是产生方法误差不同。一般情况下，电流线圈的功耗都比电压线圈支路小，所以一般都采用电压支路前接的接法。

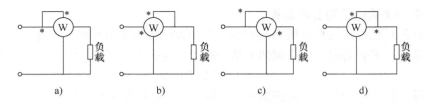

图 6-15　功率表的正确接线方法

（2）功率测量

图 6-16 所示是单相电路功率测量电路，功率表 W 由电压和电流线圈组成，电流线圈与电流表串联，而后与负载 Z 连接；电压线圈与负载并联，两线圈同名端相连后与电源正端连接。

接通电源后，功率表显示负载功率，开关置"$\cos\Phi$"处，则可测量负载的功率因数。电路中有电压表和电流表，可同时测量电压和电流。

3. 三相功率的测量

（1）三相四线制供电，负载星形联结（即 Y_0 联结）

图 6-16　单相电路功率测量电路

对于三相不对称负载，用 3 个单相功率表测量，测量电路如图 6-17 所示，3 个单相功率表的读数为 W_1、W_2、W_3，则三相功率 $P = W_1 + W_2 + W_3$。

这种测量方法称为三瓦特表法。对于三相对称负载，用一个单相功率表测量即可，若功率表的读数为 W，则三相功率 $P = 3W$，称为瓦特表法。

（2）三相三线制供电

三相三线制供电系统中，不论三相负载是否对称，也不论负载是星形联结还是三角形联结，都可用二瓦特表法测量三相负载的有功功率。测量电路如图 6-18 所示，若两个功率表的读数为 W_1、W_2，则三相功率 $P = W_1 + W_2 = U_l I_l \cos(30° - \varphi) + U_l I_l \cos(30° + \varphi)$，其中 φ 为负载的阻抗角（即功率因数角），两个功率表的读数与 φ 有下列关系：

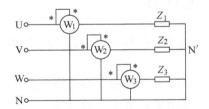

图 6-17　三相四线制负载星形联结

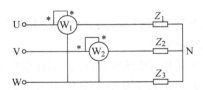

图 6-18　三相三线制负载星形联结

1）当负载为纯电阻时，$\varphi = 0$，$W_1 = W_2$，即两个功率表读数相等；

2）当负载功率因数 $\cos\varphi = 0.5$，$\varphi = \pm 60°$时，将有一个功率表的读数为零；

3）当负载功率因数 $\cos\varphi < 0.5$，$|\varphi| > 60°$时，则有一个功率表的读数为负值，该功率表指针将反方向偏转，这时应将功率表电流线圈的两个端子调换（不能调换电压线圈端子），而读数应记为负值。数字功率表将出现负读数。

4. 三相对称负载的无功功率测量

在三相对称系统中，三相电压完全对称，各相负载阻抗完全相同，则各相电流亦完全对称，此时仅需用功率表测出一相负载的有功功率 P，再乘以 3 倍，则得三相总功率，即

$$P = 3P_\varphi = 3U_\varphi I_\varphi \cos\varphi \qquad (6-2)$$

为了测得三相无功功率，可以按图 6-19 接线，将功率表的电流线圈串入任意一相电路中，而将电压线圈电路接到另外两相的电源端上，由于三相电路中任意两相间的线电压总是与星形联结时的第三相相电压相位差 90°，所以此时功率表的读数为

$$W = U_l I_l \sin\varphi$$

式中，φ 为负载的阻抗角，

则三相负载的无功功率 $Q = \sqrt{3}W = \sqrt{3}U_l I_l \sin\varphi \qquad (6-3)$

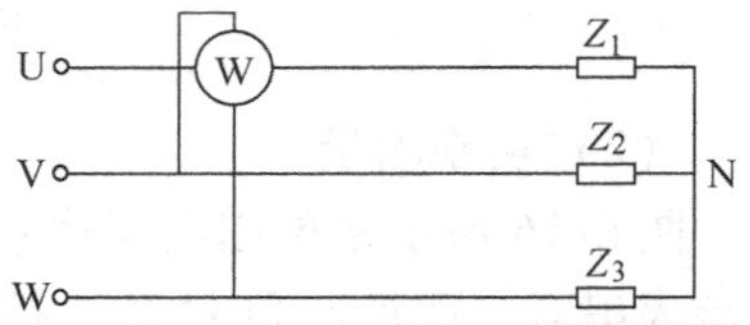

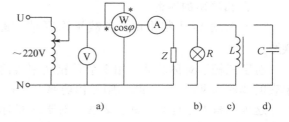

图 6-19　无功功率的测量

5. 测量负载的功率因数

在图 6-20a 电路中，负载的有功功率 $P = UI\cos\varphi$

式中，$\cos\varphi$ 为功率因数。

功率因数角为

$$\varphi = \arctan\frac{X_L - X_C}{R} \qquad (6-4)$$

且 $-90° \leqslant \varphi \leqslant 90°$。把图 6-20b、c、d 分别作为负载接入电路中，则

当 $Z = R$　$\varphi = 0$，$\cos\varphi = 1$，电阻性负载。

当 $Z = X_L$　　$\varphi > 0$，$\cos\varphi > 0$，感性负载。

当 $Z = X_C$　　$\varphi < 0$，$\cos\varphi > 0$，容性负载。

可见，功率因数的大小和性质由负载参数的大小和性质决定。

图 6-20　功率因数的测量

第八节　单相电能表

单相电能表可以分为感应式单相电能表和电子式单相电能表两种。目前，家庭大多数用的是感应式单相电能表。

电能表是用来计量用电设备消耗电能的仪表，分为单相电能表和三相电能表，准确度一般为 2.0 级，也有 1.0 级的高精度电能表。感应式单相电能表有十几种型号，但使用的方法及工作原理基本相同。其常用额定电流有 2.5A、5A、10A、15A 和 20A 等规格。常见单相电能表与所带负载对应参数如表 6-2 所示。

表 6-2　单相电能表与所带负载对应参数表

电能表安数/A	2.5	5	10	15	20
负载总瓦数/W	550	1 100	2 200	3 300	4 400

1. **电能表的测量接线方法**

电能表由电流线圈、电压线圈及铁心、铝盘、转轴、轴承和数字盘等组成。电流线圈串联于电路中，电压线圈并联于电路中。在用电设备开始消耗电能时，电压线圈和电流线圈产生主磁通穿过铝盘，在铝盘上感应出涡流并产生转矩，使铝盘转动，带动计数器计算耗电的多少。单相电能表接线如图6-21所示。

2. **电能表的选用**

电能表的选用是根据所选电能表的容量与电路中负载的大小来确定的，容量或电流选择大了，电能表不能正常转动，会因本身存在的误差影响计量结果的准确性；容量或电流选择小了，会有烧毁电能表的可能。一般应使所选用的电能表负载总瓦数

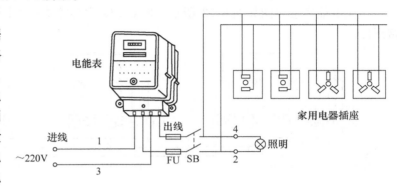

图6-21　单相电能表接线图

为实际用电总瓦数的1.25～4倍。例如，家庭照明和家用电器总用电量约为1100W，再乘以1.5，即为1100W×1.5＝1650W，查表6-2可知，选用电流容量为10A的电能表为宜。

选用电能表时，还要注意电能表壳上的铅封是否损坏。一般电能表在出厂前要进行准确性校验，检查合格后，要对电能表的可拆部位做铅封，用户不得私自打开铅封。若铅封损坏，必须经有关部门重新校验后方可使用。

第九节　三相电能表

三相有功电能表分为三相四线制和三相三线制两种。常用的三相四线制有功电能表有DT系列。

三相四线有功电能表的额定电压一般为220V，额定电流有1.5A，3A，5A，6A，10A，15A，20A，25A，30A，40A，60A等数种，其中额定电流为5A的可经电流互感器接入电路；三相三线有功电能表的额定电压（线电压）一般为380V，额定电流有1.5A，3A，5A，6A，10A，15A，20A，25A，30A，40A，60A等数种，其中额定电流为5A的可经电流互感器接入电路。

三相三线有功电能表由两个驱动元件组成，两个铝盘固定在同一个转轴上，故称为两元件电能表，其原理结构如图6-22所示。

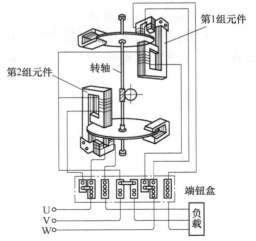

图6-22　三相三线有功电能表

1. 三相三线电能表的接线方法

三相三线有功电能表用于三相三线制电路中，第 1 组元件的电压线圈和电流线圈分别接 Uuv 和第 1 个电流表线圈第 2 组元件的电压线圈和电流线圈分别接 U_{wv} 和第 2 个电流表线圈。接线时，如果将任一端子接错，就会使铝盘反转，或虽然正转但读数不等于三相电路所消耗的电能，这一点要特别注意。

三相电能表接线图如图 6-23 所示。图 6-23a 为直接式接线图，图 6-23b 为带互感器式接线图。

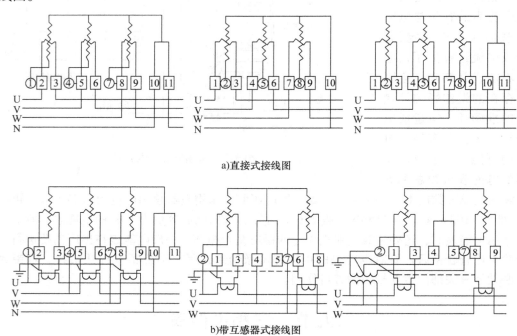

a)直接式接线图

b)带互感器式接线图

图 6-23　三相电能表接线图

2. 家庭用电选用电能表

根据家庭照明、家用电器的功率大小决定，还要考虑导线的载流量，综合考虑选择电能表的大小。一般家庭选在 15A 就够了。对于特别大的功率，可采用单表专线的方法。

第七章 变压器、互感器、调压器与电磁铁

第一节 变压器

变压器是在交流电路中，将电压升高或降低的设备。它可以把任一数值的电压转变成频率相同的高、低电压值，满足电能的输送、分配和使用的要求。例如，发电厂发出来的电压等级较低，必须经升压变压器，把电压升高到 110kV 或以上，才能输送到很远的配电所，配电所又必须经过降压变压器把电压变成适用的电压等级，如 380V/220V 等，供给动力用电及生活照明用电的需要。

1. 变压器的分类

常用的变压器有：单相变压器、三相变压器、电力变压器、电源变压器、调压变压器、自耦变压器、脉冲变压器等。按结构特点分为单绕组、双绕组和多绕组；按冷却方式又分为油浸式和空气冷却式。各种变压器如图 7-1 ~ 图 7-3 所示。

图 7-1 三相变压器

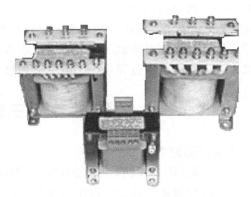

图 7-2 电源变压器

图 7-3 各种小型变压器

2. 变压器的工作原理

变压器是根据电磁感应原理制成的。它由硅钢片叠成的铁心和套在铁心上的两个绕组构成。铁心与绕组间彼此相互绝缘，没有任何电的联系。将变压器和电源连接的绕组叫做一次绕组，把变压器和负载连接的绕组叫做二次绕组，如图7-4所示。

当将变压器的一次绕组接到交流电源 U_1 上时，铁心中就会产生变化的磁力线。由于二次绕组绕在同一铁心上，磁力线切割二次绕组，二次绕组上必然产生感应电动势 E_2，使绕组两端出现电压 U_2。因磁力线是交变的，所以二次绕组的电压 U_2 也是交变的，而且频率与电源频率完全相同。理论证明，变压器一次绕组与二次绕组电压比和一次绕组与二次绕组的匝数比值有关，可用下式表示：

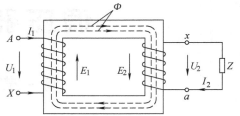

图7-4　变压器变换电压原理

$$\frac{U_1}{U_2} = \frac{N_1}{N_2} \tag{7-1}$$

式中　U_1——一次绕组电压；

　　　U_2——二次绕组电压；

　　　N_1——一次绕组匝数；

　　　N_2——二次绕组匝数。

从式（7-1）表明：绕组匝数越多，电压就越高。二次绕组匝数比一次绕组匝数少，则为降压变压器；二次绕组匝数比一次绕组匝数多，则为升压变压器。

总之，变压器的工作过程是一个电生磁和磁生电的过程。

第二节　三相变压器

1. 三相变压器的组成

1）铁心：多采用导磁性能很好的硅钢片叠成，片厚一般只有 0.35~0.5mm，并两面涂硅钢片漆，以减少损耗。铁心的作用主要是导磁。

2）绕组：一个变压器内有一次绕组和二次绕组，都是由绝缘铜线或铝线绕成的多层线圈套在铁心上。绕组的作用主要用于磁电能量转换。

3）油箱：是变压器外壳。内装铁心、绕组和变压器油。使铁心与绕组浸在变压器油内，起散热作用。

4）储油柜：当变压器运行时，温度升高使油膨胀，油箱的油流入储油柜；当温度下降使油收缩时，储油柜里的油又流入油箱中，这样来保证油箱中的油始终是满的。储油柜起着储油和补油的作用。

5）绝缘套管：为一次绕组和二次绕组引出到油箱外部的绝缘装置，同时起着对地绝缘的作用。

6）分接开关：是调整电压比的装置。为了使二次电压符合用户要求，在一次绕组末端相应留有 3~5 个抽头，并将这些抽头分别接到一个开关上，这个开关就叫分接开关。分接开关一般可以调整电压的范围是额定电压的 ±5%。注意，分接调节时必须切除电源。电力变压器的结构如图 7-5 所示。

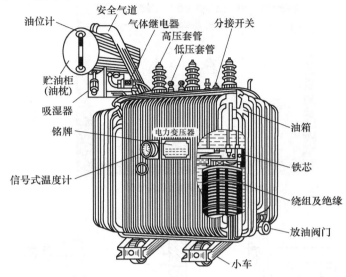

图 7-5　电力变压器的结构

2. 电力变压器油的用处

电力变压器油有 3 个作用：

1）增加绕组的绝缘。

2）散热冷却。

3）消灭电弧。

3. 电力变压器数量的确定

1）在有一、二级负载时可设置 2 台或 2 台以上主变压器；在低压电力网能取得足够的备用电源时，可设置 1 台主变压器；对于大型枢纽变电所，可设置 2~4 台主变压器。

2）当动力和照明采用共用变压器，严重影响照明质量及灯泡寿命时，或季节性负载容量较大时，可设专用变压器。

3）低压为 0.4kV 变电所中单台变压器的容量不宜大于 1000kV·A，当用电设备容量较大、负载集中且运行合理时，可选较大容量的变压器。设置在两层以上的三相变压器，其容量不宜大于 630kV·A。居住小区变电所内单台变压器容量不宜大于 630kV·A。

4）总降压变压所变压器数量及容量的确定。总降压变电所中设置两台变压器，即一台工作，一台备用。两台变压器均按 100% 计算负载选择。

5）车间变电所变压器容量的确定。车间变电所采用一台容量不大于 1000kV·A 的变压器。如果用电设备容量大、负载集中且运行合理时，方可选用两台变压器。

4. 变压器的安装方式

（1）户外地台安装

图 7-6a 所示为户外地台上安装变压器的实物图，图 7-6b 所示为户外地上变压器的安装图。

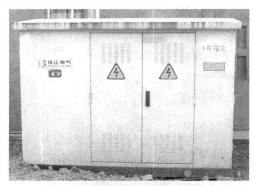

a)户外地台上安装变压器的实物图

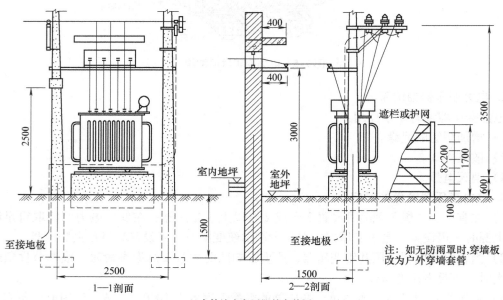

1—1剖面

2—2剖面

注：如无防雨罩时,穿墙板
改为户外穿墙套管

b)户外地上变压器的安装图

图7-6　户外地上变压器的安装

（2）户内变压器安装

图7-7所示为户内变压器的安装图。

（3）在双电线杆上安装变压器

双杆比单杆安装更为牢固、稳定，适用于40～200kV·A的变压器，如图7-8所示。

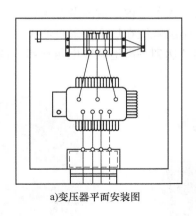

a)变压器平面安装图

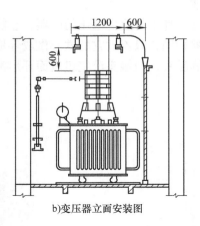

b)变压器立面安装图

图 7-7　户内变压器的安装图

a) 户外杆上变压器实物图

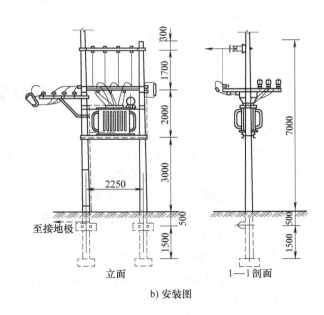

b) 安装图

图 7-8　户外杆上变压器的安装图

第三节　自耦变压器与调压器

1. 自耦变压器

自耦变压器仅有一组绕组，一次绕组和二次绕组共用一个绕组，而二次绕组是从一次绕组抽头出来的，利用它进行电能传递与调节改变电压，如图 7-9 所示。

自耦变压器与一般变压器相比，所用的硅钢片和铜线数量要少得多。

2. 调压器

调压器是一种平滑改变电压的电器，它能在很大范围内平滑地调节电压。其结构基本上与自耦变压器相同，只不过它的铁心做成环形，绕组就绕在这个环形铁心上，其上有一个可以滑动的电刷触头，使触头沿绕组表面环形滑动，达到平滑地调节电压作用。调压器外形如图7-10所示。

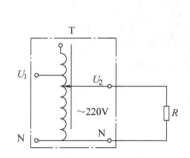

图7-9　自耦变压器原理电路　　　　　　　图7-10　调压器的外形

第四节　小型变压器

1. 小型变压器的分类

小型变压器一般指容量在1kV·A以下的单相变压器。多数用作电气控制和照明用的电源变压器，电子仪器仪表设备用的电源变压器及无线电装置用的变压器等。

1）控制用电源变压器。用在各种机电设备的控制电源以及信号灯、指示灯等。一次绕组电压有380V和220V两种。二次绕组电压有127V、110V、36V、24V、12V和6.3V等。

2）安全照明用电源变压器。其二次绕组电压的常用安全电压为：36V、24V、12V三种。为防止误操作触电，常用于理发店、煤矿井下及建筑用电等。

3）电子仪器设备用电源变压器，如将交流电变为直流电的稳压电源。用户可根据直流电源的需要，到电器市场上购买或自己专门设计制作。

2. 变压器的接线方式

单相变压器仅有高、低压绕组，只供给单相电源，用途非常广泛，如图7-11a所示。图7-11b所示为Yyn联结变压器，用于三相四线制，这种联结形式应用较多。图7-11c所示为Yd联结变压器，用于三相三线制。图7-11d所示为Dy联结变压器，也用于三相三线制。

3. 变压器的选择

1）根据电源电压等级、用电负载量，在正常运行时，应使变压器承受的用电负载为变压器额定容量的75%～90%。

2）根据变压器铭牌标示的技术数据逐一选择。一般应从变压器容量、电压、电流及环境条件等方面综合考虑。

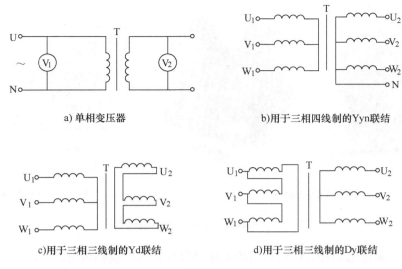

a) 单相变压器　　　　　　　b)用于三相四线制的Yyn联结

c)用于三相三线制的Yd联结　　　　d)用于三相三线制的Dy联结

图 7-11　变压器绕组的联结

3）不要"大马拉小车"，造成浪费。运行中如实测出变压器实际承受负载小于50%时，应更换为小容量变压器，如大于变压器额定容量应立即更换为更大容量的变压器。同时，在选择变压器时要根据电路电源决定变压器。

4）根据照明和动力用电，最好选择低压三相四线制供电。对于电流的选择要能满足电动机起动电流是额定电流的4～7倍。

4. 根据变压器发出的不同声音来判断运行中出现的故障

可以根据变压器在运行中的声响来判断运行是否正常，或者故障部位所在。方法是用木棒的一端放在变压器的油箱上，另一端则放在耳边仔细听声音，如果是连续的"嗡嗡"声，则说明有故障，需要检查电压和油温，若无异常，则多是铁心松动引起的声音；如听到"吱吱"声时，要检查套管表面是否有闪络的现象。当听到"噼啪"声时，则说明变压器内部绝缘有被击穿的可能。

第五节　电压互感器与电流互感器

1. 电压互感器

电压互感器又叫仪用变压器，简称PT。其结构、工作原理和接线方式都与变压器类似。电压互感器能把高电压按一定的比例缩小，使低压元件能够反映高压量值的变化，解决测量高压的困难。还可以保证测量人员、仪表及保护装置的安全，扩大仪表量程等。电压互感器的外形如图 7-12a 所示。其连接电路如图 7-12b 所示。

电压互感器的二次电压均为100V，这样可使仪表及继电器标准化。

（1）电压互感器的特性

电压互感器和普通变压器的不同之处除容量较小外，主要是：电压互感器一次侧作用着一个恒压源，它不受二次负载的影响。而普通变压器的电压受负载的影响很大。另外，由于接在电压互感器二次侧的电压绕组阻抗很大，使电压互感器总是处于空载状态，故二次电压

a) 电压互感器的外形　　　　　　　　　　b) 电压互感器的连接电路

图 7-12　电压互感器的外形及连接电路

基本上等于二次感应电动势。因此，电压互感器可以用来间接测量电压，而不会因为二次侧接上测量仪表引起电压降，产生测量误差。在准确度所能允许的负载范围内，如果电压互感器二次负载超过额定范围，则也会影响二次电压，使误差增大。

（2）电压互感器的误差

1）电压误差

电压误差是指测量二次电压所求得的值（U_2）与一次电压 U_1 的差，再与一次电压 U_1 的百分比，即

$$\Delta U\% = \frac{U_2 K_e - U_1}{U_1} \times 100\%$$

式中，K_e 为系数。

2）角度误差

角误差是指电压互感器二次电压相量 $\dot{U}_2$ 旋转 180° 后，与一次电压相量 $\dot{U}_1$ 之间的角度差。

3）造成电压互感器误差的因素

电源频率的变化、变压器空载电流的增大、互感器一次电压的显著波动致使磁化电流发生变化、互感器二次负载过重，即二次回路的阻抗（仪表、导线的阻抗）超过规定值，造成了角度误差。

（3）电压互感器的准确度等级划分

电压互感器分为 4 个准确度等级，即 0.2 级、0.5 级、1 级和 3 级。0.2 级用于试验室的精密测量；0.5 级和 1 级一般用于发配电设备的测量和保护；计量电能表应用 0.5 级；3 级用于精密测量。

（4）电压互感器二次回路必须接地

电压互感器在运行中，一次绕组处于高电压，而二次电压则为一固定的低电压。如电压互感器一次电压为 10000V，二次电压则是固定的 100V。二次电压为一次电压的 1/100。如果电压互感器的绝缘击穿，高电压将直接加到二次绕组上，由于二次绕组接有各种仪表和继电器，经常和人接触，这样不但会损坏二次设备，而且威胁到工作人员的人身安全。因此，为了保证安全，要求除了电压互感器的外壳接地外，同时在二次回路中也应接地。

2. 电流互感器

电流互感器又称变流器，简称为 CT。它的工作原理和变压器相似，一次绕组匝数很少，而二次绕组匝数很多。电流互感器也是把高电压大电流和低电压小电流的电路分开，使大电流按照一定的比例加以缩小，供给各种仪表和继电保护装置的电流电源。电流互感器的二次额定电流一律为 5A，这样便于系列化生产，保证了仪表在使用中安全，使仪表和继电器等制造标准化。电流互感器的外形及连接电路如图 7-13 所示。

a) 电流互感器的外形

（1）电流互感器的特点

1）电流互感器在正常运行时，因为二次侧接的测量仪表和继电器的电流绕组阻抗很小，相当于二次短路，而普通变压器的低压侧是不允许短路的。

2）电流互感器二次电流的大小随一次电流而变化，即一次电流起主导作用。而变压器则相反，一次电流的大小是随二次电流的变化而变化，即二次电流起主导作用。

3）变压器的一次电压决定了铁心中的主磁通，主磁通又决定了二次电动势。因此，一次电压不变，二次电动势也基本上不变。

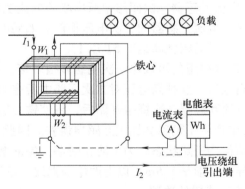

b) 电流互感器的连接电路

图 7-13 电流互感器的外形及连接电路

而电流互感器则不然，当二次回路中的阻抗变化时，也会影响二次电动势。这是因为电流互感器的二次回路是闭合的，在某一定值的一次电流作用下，感应二次电流的大小决定于二次回路中的阻抗，当二次阻抗大时二次电流小，用于平衡二次电流的一次电流就小，励磁就增多，二次电动势也就高。反之二次阻抗小时，感应的二次电流就大，一次电流中用于平衡二次电流的部分就大，励磁就减少，则二次电动势也就低。

4）因为电流互感器是一个恒流源，加之二次回路仪表和继电器的电流绕组阻抗很小，串接在二次回路时，对回路电流影响大。而变压器则不然，当二次负载增加时，对各个量的影响都很大。

（2）电流互感器的准确等级划分

电流互感器按其准确度可分为 5 级。即 0.2 级、0.5 级、1 级、3 级、10 级，各级电流互感器的最大误差可根据级别查表。

各种等级的电流互感器的适用范围如下：0.2 级的用于精密测量；0.5 级和 1 级的用于配电盘电流表和功率表，计量电能表用 0.5 级；3 级的一般用于继电保护；10 级的用于非精密测量。

（3）电流互感器产生误差的原因

1）一次电流的影响：当系统发生短路时，一次电流将急剧增加到额定值的 3～5 倍，此时电流互感器将工作在磁化曲线的非线性部分，使电流误差增加。

2）二次回路阻抗及功率因数的影响：二次回路阻抗增加，使误差增大。功率因数的降低会使电流误差增大，而角误差减小。

3）电源频率变化的影响：当频率增加时，开始时误差有点减小，而后误差不断增大。

（4）电流互感器的极性

当电流互感器一、二次绕组同时在同极性端子通入电流时，它们在铁心中产生磁通的方向应相同。标注电流互感器极性的方法，是用相同符号或相同注脚表示同极性端子。可任意定一个端子作为始端（另一个端子作末端）。当一次电流 I_1 瞬时由始端流入末端时，二次线电流 I_2 流出的那一端，就为二次线的始端（另一端为末端）。

（5）电流互感器在运行中二次回路不许开路

1）由于电流互感器二次回路中所串联的电流绕组阻抗都很小，基本上呈短路状态，故在正常运行时，电流互感器的二次电压很低。如果电流互感器二次回路断线，则电流互感器铁心严重饱和，磁通密度高达 1.5T 以上。

2）由于二次绕组的匝数比一次绕组多很多倍，于是将在二次绕组的两端感应出比原来大很多倍的高电压，这种高电压对二次回路中所有的电气设备以及工作人员的安全造成很大危险，如果电流互感器二次绕组开路后，将使铁心磁通骤然饱和，造成过热而有可能烧毁。

3）铁心中产生了剩磁会加大互感器误差。因此，在运行中，电流互感器的二次回路不许开路，必须保持通路状态。为了防止断路，保证电流互感器二次回路的正常工作，二次回路中使用的导线必须是 1.5mm² 以上的绝缘铜线，不许使用钢线或铝线，更不允许使用熔丝。

（6）电流互感器的选用

1）额定一次电流应在运行电流的 20%～120% 的范围内。

2）电流互感器的额定一次电压和运行电压相同。

3）注意，使二次负载（如仪表及继电器等）所消耗的功率不超过电流互感器的额定容量，否则电流互感器的准确度等级将下降。

4）根据系统的供电方式，选择使用电流互感器的台数和不同的接线方式。

5）根据测量的目的和保护方式的要求，选择电流互感器的准确度等级。

第六节　电　磁　铁

电磁铁是利用通电的铁心绕组吸引衔铁或保持某种机械零件、工件于固定位置的一种电器。衔铁的动作可使其他机械装置发生联动。当电源断开时，电磁铁的磁性随之消失，衔铁或其他零件即被释放。

1. 电磁铁的类型与结构

电磁铁分为交流电磁铁和直流电磁铁两种。电磁铁由绕组、铁心及衔铁三部分组成。它的结构形式如图7-14所示。

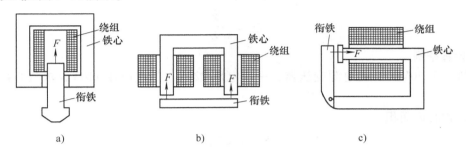

图7-14　电磁铁的结构形式

在交流电磁铁中，为了减小铁损，它的铁心是由钢片叠成的。而在直流电磁铁中，铁心是用整块软钢制成的。

交、直流电磁铁除有上述的不同外，在使用时还应该注意，它们在吸合过程中电流和吸力的变化情况也是不一样的。

在直流电磁铁中，励磁电流仅与绕组电阻有关，不因气隙的大小而变化。但在交流电磁铁的吸合过程中，绕组中电流（有效值）变化很大。

2. 电磁铁的用途

电磁铁在工农业生产中应用极为普遍，用它来制动机床和起重机的电动机。当接通电源时，电磁铁动作而拉开弹簧，把制动瓦块提起，于是放开了装在电动机轴上的制动轮，这时电动机便可自由转动。当电源断开时，电磁铁的衔铁落下，弹簧便把制动瓦块压在制动轮上，于是电动机就被制动。在起重机中采用了这种制动方法，还可避免由于工作过程中的断电而使重物滑下所造成的事故。

在机床中也常用电磁铁操纵气动或液压传动机构的阀门和控制变速机构。

电磁吸盘和电磁离合器也都是电磁铁的具体应用的例子。此外，还可应用电磁铁起重提放钢材。在各种电磁继电器和接触器中，电磁铁起开关电路的作用。

第七节　变压器的参数计算

1. 变压器基本计算公式

（1）电压比 K

$$K = \frac{U_1}{U_2} = \frac{N_1}{N_2} \tag{7-2}$$

式中，U_1 为一次电压；U_2 为二次电压；N_1 为一次绕组匝数；N_2 为二次绕组匝数。

从式中可看出。当 $K>1$ 时，即 $U_1>U_2$，为降压变压器，当 $K<1$ 时，即 $U_2>U_1$，为升压变压器。

（2）功率、电压、电流三者之间的关系

$$P_1 = P_2, \quad P_1 = U_1 I_1, \quad P_2 = U_2 I_2 \tag{7-3}$$

式中，P_1、P_2 为一、二次功率；I_1、I_2 为一、二次电流。

（3）阻抗变换关系（设一次阻抗为 Z_1，二次阻抗为 Z_2）

$$P = U^2/Z, \quad P_1 = U_1^2/Z_1, \quad P_2 = U_2^2/Z_2$$

$$\frac{U_1}{U_2} = \sqrt{\frac{Z_1}{Z_2}} \tag{7-4}$$

2. 计算举例

绕制一个 36V·A 的电源变压器，一次电压 220V，二次电压 110V，求铁心截面积及匝数。

（1）铁心截面积

$$S = 1.25 \sqrt{P}$$
$$= 1.25 \sqrt{36} \mathrm{cm}^2 = 7.5 \mathrm{cm}^2 \tag{7-5}$$

（2）每伏匝数

设 $B = 0.9\mathrm{T}$，则 $N = 45/(0.9 \times 7.5)$ 匝/V = 6.7 匝/V

一次匝数：$N_1 = 220 \times 6.7$ 匝 = 1474 匝

二次匝数：$N_2 = 110 \times 6.7$ 匝 = 737 匝

注：在计算二次匝数时，要考虑到变压器的损耗，故二次匝数须加 5%。

（3）由电流求线径

一次电流 $I_1 = 36/220\mathrm{A} = 0.164\mathrm{A}$，查线规，须用线径 $\phi 0.315\mathrm{mm}$。

二次电流 $I_2 = 360/110\mathrm{A} = 0.328\mathrm{A}$，查线规，用线径 $\phi 0.457\mathrm{mm}$。

对于长时间使用的，线径可增加 10% 左右；短时间使用的，线径可减少 10% 左右。

第八章　发电机与电动机

第一节　发　电　机

1. 发电机的发电原理

发电机就是用来产生电能的装置。它由定子和转子组成，当转子以匀速按顺时针方向转动时，则每相绕组依次切割磁力线，就产生了幅值相等、频率相同的正弦电动势 E_A、E_B 和 E_C，它们之间相差 120° 电角度，这样就产生了三相交流电源。图 8-1a 所示为三相交流发电机，图 8-1b 所示为直流发电机。

a) 三相交流发电机　　　　　　　　b) 直流发电机

图 8-1　交、直流发电机的外形

同步发电机应用得最为广泛，它是现代发电厂（站）的主体设备。目前，世界上绝大部分的交流电能都是同步发电机产生的。三相交流发电机运用于城镇、乡村、工地、山区及牧区，用作照明及动力来源，也可作为应急使用的动力能源。发电机为防水式旋转，采用谐波自励系统，易于操作及维护；发电机为三相四线制，适合中性点的星形联结，额定线电压为 400V，相电压为 230V，频率为 50Hz，功率因数为 0.8（滞后）。可根据客户需要，也可提供 60Hz 及其他电压值的发电机；发电机可与发动机直接耦合或通过 V 带连接，正反转额定连续运行，当发动机转速加载变化在 3% 范围内时，负载从 0 ～ 100%、$\cos\varphi = 0.8 \sim 1.0$ 范围内变化将保持其恒压；在加载时，当电压突然变化（增大或减小）时发电机会提供恒压，从而使其在正常状态下工作；同时，该发电机无需任何起动装置能直接起动笼型电动机。

直流发电机是把机械能转化为直流电能的设备。它主要用作直流电动机、电解、电镀、电冶炼、充电及交流发电机的励磁等所需的直流电源。虽然在需要直流电能的地方也用电力整流器件把交流电变成直流电，但从使用方便、运行的可靠性及某些工作性能方面来看，通过交流电整流还不如直接使用直流发电机发电。

2. 同步发电机

各种发电厂几乎都用三相同步发电机，其结构与三相异步电动机基本相同，分定子和转子，定子由机座、铁心和三相绕组等组成，常称为电枢；转子是磁极，分显极和隐极两种。水轮和柴油发电机均为显极式，而汽轮发电机多为隐极式。

常用三相同步发电机的电压等级有 400V/230V、3.15kV、6.3kV、10.5kV、13.8kV、15.75kV、18kV 多种。

3. 发电机和电动机的互逆性

发电机是将机械能变成电能，利用右手定则，即发出电来；电动机是将电能变成机械能，利用左手定则，使电动机转动。所以说，发电机和电动机可以互换。

第二节 电 动 机

1. 电动机的分类

电动机是将电能转换为机械能的动力设备。电动机可分为交流电动机和直流电动机两大类。交流电动机又分为异步电动机（或称感应电动机）和同步电动机。其中异步电动机又有单相电动机和三相电动机之分。直流电动机按照励磁方式的不同分为他励、并励、串励和复励 4 种。异步电动机还有伺服电动机、绕线转子异步电动机、换向器电动机等。

在工农业生产上主要用的是交流电动机和直流电动机，单相电动机普遍用于家用电器，三相电动机用 380V 供电，也被广泛使用。

2. 三相异步电动机的结构

三相异步电动机主要由定子、转子、机座、端盖及其他部件组成，其外形如图 8-2a 所示，结构如图 8-2b 所示。

定子主要由定子铁心、定子绕组和机座组成。定子铁心是电动机的磁路部分，主要用于导磁，要求用导磁性好而涡流损耗小的铁磁材料制成，一般用 0.5mm 厚的硅钢片叠压而成。它的内圆上冲有均匀分布的槽口，片间相互绝缘以减少电流损耗，槽内是嵌放三相定子绕组的。定子绕组会产生旋转磁场。定子绕组多用高强度漆包线或外层包有绝缘的铜或铝导线绕制而成。

转子是电动机的转动部分，它在定子绕组旋转磁场的作用下获得一定转矩而旋转，从而带动机械负载工作。它由转子铁心、转子绕组和转轴组成。

转子铁心也是电动机磁路的组成部分，它与定子铁心有一定的间隙（称空气隙）。转子铁心和定子铁心一样，也是由厚度为 0.5mm 的硅钢片在外圆上冲槽，并片间涂以绝缘漆经过叠压而成，槽内嵌置转子绕组。

转子按结构形式不同分为笼型转子和绕线转子两种。笼型转子绕组是用铜条嵌入转子槽内，并在两端用端环短接起来，像笼子形状，故称之为笼型异步电动机。中小功率的笼型异步电动机多采用铸铝转子，较大功率电动机用双笼型或深槽型转子。绕线转子绕组和定子绕组相似，是用高强度漆包线按一定规律接成三相绕组，一般连成星形。

转轴的作用是支撑转子铁心和承受较大的转矩，它一般用中碳钢制成。

端盖一般是铸铁件，用螺钉固定在机座上，起支撑转子和防护作用。轴承装在端盖中间的轴承室内，用轴承盖固定轴承，以防止润滑油外流和灰尘进入轴承内。

机座是电动机的外壳和支架，其作用是固定端盖和支承定子铁心。中、小型电动机的机座一般采用铸铁制成，小型电动机机座也有用铝合金制成的，大型电动机机座则用钢板焊接而成。

接线盒固定在机座上，接线盒内装有接线板，板上有接线柱，用于连接定子绕组引出线和电源引入线。三相异步电动机的三相绕组，可通过连接片改变绕组的连接关系，即可实现三角形（△）联结或星形（Y）联结。

3. 同步电动机

在交流电机中，转子的转速始终保持与同步转速相等的电机称为同步电机。同步电机可分为同步发电机、同步电动机和同步补偿机三类。

同步电动机的电枢磁场和磁极磁场是相对静止的，当电动机的转速接近同步转速时，将开关合在励磁机上，借助于励磁机使转子励磁。这时，旋转磁场紧紧牵引转子一起转动，两者转速保持相等（同步），这就是同步电动机的由来。

同步电动机具有改善电网功率因数的作用，且转速不随负载的变化而改变，因此在不需要调速而功率又较大的场合，如驱动大型的空气压缩机、鼓风机和水泵等，多采用同步电动机。

另外，同步补偿机实际上就是一台空载运行的同步电动机，主要用于变电站或大型工矿企业中，专门用来调节电网的无功功率，提高电网的功率因数。

a) 外形

b) 结构

图 8-2 三相异步电动机的外形与结构

4. 三相异步电动机的 "异步"

电动机转子转动的方向与磁场旋转的方向相同，但转子的转速 n 不可能达到与旋转磁场的转速 n_1 相等，即 $n < n_1$。因为，如果两者相等，则转子与旋转磁场之间就没有相对运动，因而磁通就不切割转子绕组，转子电动势、转子电流以及转矩也就都不存在。这样，转子就不可能继续以 n_1 的转速转动。因此，转子转速与磁场转速之间必须要有差别。这就是异步电动机名称的由来。而旋转磁场的转速 n_1 常称为同步转速。

5. 三相异步电动机的工作原理

图8-3所示为三相异步电动机的工作原理。当转动马蹄形磁铁时，它的磁通会切割笼型导体，在导体中产生感应电动势，其电动势的方向可根据右手定则来确定（笼型上半部导体的电动势的方向朝里，用符号⊙表示，下半部导体的电动势方向朝外，用符号⊗表示）。由于笼型导体是短路的，因此在电动势作用下导体中会有电流通过，其电流方向与电动势方向相同。由于带电导体中的电流在磁场中要受力的作用，可用左手定则来确定力 F 的方向。笼型异步电动机的上半部与下半部所受力的大小相等，而方向相反，因此形成转矩，就是这个转矩使笼型导体顺着磁场的转动方向转动起来，这就是异步电动机的工作原理。

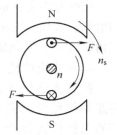

图8-3　三相异步电动机的工作原理

三相异步电动机的定子铁心线槽内嵌有位置相差120°（电角度）的三相绕组。当定子绕组接上三相交流电源时，在电动机空气隙中就会产生一个旋转磁场。这个磁场的转速称为同步转速，它由电源频率 f 及定子绕组的极对数 P 来决定，即 $n_0 = 60f/P$。

6. 交流 Y 系列电动机

传统用的交流电动机有 JO2 系列，新型电动机为 Y 系列，Y 系列电动机是节能电动机。Y系列电动机常见型号有 Y801-2、Y90S-2、Y90L-2、Y100L-2、Y112M-2 等几十种。常用的型号参数如表8-1所示。

表8-1　常用 Y 型电动机的参数

型　号	额定功率/kW	转速/(r/min)	电流/A	效率（%）	功率因数 $\cos\varphi$	转动惯量/kg·m²	重量/kg
Y801-2	0.75	2830	1.81	75	0.84	0.00675	16
Y90S-2	1.5	2840	3.44	78	0.85	0.0012	22
Y100L-2	3.0	2870	6.39	82	0.86	0.0014	25
Y112M-2	4.0	2890	8.17	85.5	0.87	0.0126	45
Y132S2-2	5.5	2900	15.0	86.2	0.88	0.0449	70
Y160M1-2	11	2930	21.8	87.2	0.88	0.0377	117
Y180M-2	22	2940	42.2	89	0.89	0.075	180
Y200L1-2	20	2950	96.9	90	0.89	0.124	240
Y225M-2	45	2970	83.9	91.5	0.89	0.233	309
Y250M-2	55	2970	103	91.5	0.89	0.312	403
Y280M-2	90	2970	167	92	0.89	0.675	620

7. 电动机的选择

（1）按电压等级选择

电动机电压等级的选择，要根据电动机类型、功率以及使用地点的电源电压来决定。Y系列笼型电动机的额定电压只有 380V 一个等级。只有大功率异步电动机的额定电压才采用 3 000V 和 6 000V。

（2）按环境条件选择

若电动机在结构上无特殊防护装置，则可用于干燥无灰尘的场所；若通风非常良好，则选用开启式电动机；若需要在机壳或端盖下面有通风罩，以防止铁屑等杂物掉入，则可选用防护式电动机；在灰尘多、潮湿或含有酸性气体的场所，可采用封闭式电动机；有爆炸性气体的场所，例如在矿井、化工厂中，采用防爆式电动机。

（3）按功率选择

电动机功率必须根据所拖动的生产机械需要的功率来决定。一般机械也都注明应配套的电动机功率，有的机械还注明本机的机械功率，电动机功率比机械功率大10%即可（指直接传动）。

电动机功率选得过小，往往难于起动，或者勉强起动。长期过载运行，工作电流会超过电动机额定电流，导致电动机过热，缩短电动机的使用寿命，甚至烧毁。反之，如果电动机功率选得过大，会出现"大马拉小车"而造成资金和电力的浪费，同时，低负载状态下运行，其功率因数和效率也会降低。负载与功率因数、效率关系如表8-2所示。

表8-2　负载与功率因数、效率关系

负载情况	空　载	1/4 负载	1/2 负载	3/4 负载	满　负　载
功率因数	0.2	0.5	0.77	0.85	0.87
效率	0	0.78	0.85	0.88	0.875

另外，在选择电动机功率时，还要考虑供电变压器容量的大小，一般情况下，直接起动的最大一台笼型异步电动机的功率不宜超过变压器容量的1/3。

（4）按电动机转速选择

电动机的额定转速是根据生产机械的要求而选定的。转速配套的原则是：电动机和生产机械必须都在各自的额定转速下运行。若选用联轴器直接传动，电动机额定转速应等于生产机械的额定转速；若选用传送带传动，其变速比不宜大于3。

但是，通常转速不低于500r/min。因为当功率一定时，电动机的转速愈低，则其尺寸愈大，价格愈贵，而且效率也愈低。因此就不如购买一台高速电动机，再另配减速器合算。

异步电动机通常采用4个极的，即同步转速为1500r/min。

第三节　电动机定子绕组的联结和判别

1. 定子绕组的联结

三相异步电动机的三相定子绕组有首（始）端和末（尾）端之分，三个首端标以U_1、V_1 和W_1，三个末端标以W_2、U_2、V_2。当为△联结时，它的接线端子W_2 与U_1 相连，U_2 与V_1 相连，V_2 与W_1 相连，然后接电源；当为丫型时，接线端子W_2、U_2、V_2 相连接，其余三个接线端子U_1、V_1、W_1接电源，如图8-4所示。如果没有按照首、末端的标记正确接线，则电动机可能不能起动或不能正常工作。

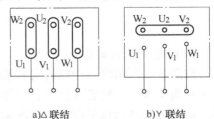

a)△联结　　　　b)丫联结

图8-4　三相绕组的丫-△联结方式

2. 定子绕组的始端和末端的判别

若由于某种原因使定子绕组 6 个出线端标记无法辨认，则可以通过实验来判别各绕组对应的首、末端，其方法如下：

1）用万用表欧姆挡从 6 个出线端中确定哪一对出线端是属于同一相绕组的，分别确定三相绕组。再设定某绕组为第一绕组，将其两端标以 U_1 和 U_2。

2）将设定的第一绕组的末端 U_2 和任意另一绕组（第二绕组）串联，并通过开关和一节干电池连接成回路，第三绕组两端接万用表直流毫安的最小量程挡（或接小量程毫安表），在开关接通瞬间，观察万用表指针的摆动情况（应为正向摆动，若反向摆动，则调换万用表两表笔的测量位置），若指针摆动幅度较大，则可判定第一、二两组绕组为末一首端相连，即与第一绕组末端 U_2 相连的是第二绕组的首端，于是标以 V_1，另一端标以 V_2。同时可以确定第三绕组与万用表负端表笔相连的一端与第一绕组首端 W_1 为同极性端，于是该端是第三绕组的首端，标以 W_1，另一端标以 W_2。若万用表指针摆动幅度较小或基本不动，则表示第一绕组与第二绕组为首一首（或末一末）端相连。

第四节　电动机的安装、拆卸与组装

安装电动机是电工常遇到的工作，电动机安装得正确与否，不仅关系到电动机能否正常工作，同时关系到安全运行问题。

1. 电动机的安装

（1）电动机的基础

电动机底座的基础一般用混凝土浇筑，在浇注电动机基础之前，应先挖好基坑，夯实坑底，再用石块或砖块铺平，用水淋透，放好四周模板和地脚螺栓，再进行混凝土浇筑。可用铸铁座作基础以及预埋电动机固定地脚螺栓作基础，如图 8-5a、b 所示。

为了保证地脚螺栓埋得牢固，埋入混凝土内的一端，要把螺栓切割成"T"字形或"人"字形，如图 8-5c 所示。埋入长度为螺栓直径的 10 倍以上。"人"字形开口长度约为 100mm。

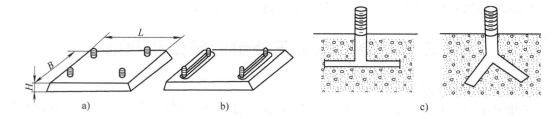

图 8-5　电动机的安装基础

（2）电动机的安装

按图 8-5 所示将电动机的安装基础浇注固化后，把电动机底座用螺栓固定在地平上，然后在地沟里埋设塑料管或钢管，将导线穿管分别与电动机接线盒、电源盒连接，用卡子固定好，用水泥把地沟抹平即可，如图 8-6 所示。

（3）电动机的校正与测量

　　电动机的水平校正。电动机的基础做好后，首先应检查它的水平情况。可用水平仪对电动机作纵向和横向校正。如果不平，可在机座下垫上合适厚度的铁片或钢片找平。校正完毕后应拧紧固定螺栓。

　　电动机的校正与测量如图 8-7 所示。

　　电动机安装时，要求水平或垂直校正在一条直线上。一般采用水平仪测量水平和垂直方向。用转速表测量转速，求出速比。对于减速器和传动带来说，它们都是可以调整的。

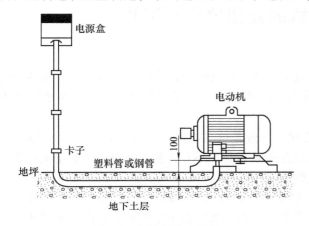 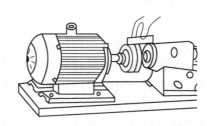

图 8-6　安装好的电动机　　　　　　　　　图 8-7　电动机的校正与测量

2. 电动机的拆卸

（1）电动机的拆卸步骤

1）拆卸电动机之前，首先切断电源，并拆除电动机与外部电气连接的导线。

2）拆卸顺序依次为：带轮或联轴器→前轴承外盖→前端盖→风罩→风扇→后轴承外盖→后端盖→抽出转子→前轴承→前轴承内盖→后轴承→后轴承内盖，如图 8-8 所示。

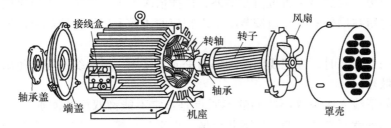

图 8-8　电动机的拆卸顺序

（2）拆卸时的注意事项

　　均匀用力，不要碰坏转子，防止手滑碰上定、转子绕组；拆卸轴承时，要用专用工具。轴承要清洗干净，发现损坏时应及时更换。

3. 电动机的组装

　　把拆卸的电动机，检修好之后，重新组装，步骤如下：

1）用压缩空气吹净电动机内部灰尘，检查各零部件的完整性，清洗油污等。

2）装配异步电动机的步骤与拆卸时相反。装配前要检查定子内污物、锈是否清除，有无损坏，装配时应将各部件按标记复位，并检查轴承盖配合是否合适。

3）拆移电动机后，电动机底座垫片要按原位摆放固定好，以免增加钳工拆、装转子的时间，一定要遵守要点的要求，不得损坏绕组，拆前、装后均应测试。

4）装端盖前应用粗铜丝，从轴承装配孔伸入，钩住内轴承盖，以便于装配外轴。

5）用热套法装轴承，温度超过100℃时，应停止加热，工作现场一定要放置灭火器，洗电动机及轴承的清洗剂（汽油、煤油）不准随意乱倒，必须倒入垃圾桶内。

第五节　电动机的线圈绕制与下线

1. 绕制线圈

绕制线圈可用绕线机进行绕制。将绕线模板固定在绕线机的主轴上，通过出线板将导线进行适当拉紧，以保证在绕线时有一定的紧度。这样可以使导线在线模上能够紧密平整地排列。

绕制时，线圈的始端要留有一定的长度，一般是由右向左绕，导线在线模上要排列整齐，不得重叠或交叉。对于连续线圈，最好是连续绕制，不要剪断连接线。按规定匝数绕制完后，要留有一定长度的接线头，并用扎线将线圈绑紧。

在绕制过程中，如果导线折断，可将导线断头拉到线圈的端部进行焊接，严禁在线圈的有效边进行焊接。因为线圈的有效边是槽内部分，在嵌线时由于承受机械力而容易损坏。

2. 电动机下线

电动机下线要遵照一定的工艺要求，下线时要严防损伤线圈绝缘和槽绝缘。为此要用引槽纸放在槽口两边，然后将线圈的一个边的导线松散开，并捏成一个扁片，对着引槽纸一根一根地下入槽中。待线圈的一个边的导线全部下入槽内以后，再顺着槽口的方向将线圈来回拉动，使槽内的线圈边平整，并使槽外的两个端部长度相等。

双层线圈下线步骤是：线圈的一个边下到槽内以后，另一边留在槽外，在相邻槽内再下另一线圈的一个边，它的另一边也留在槽外，这样依次类推，直至一个节距内槽的底层都下入线圈后，再将留在槽外的线圈边按节距下入相应的线槽上层，这样就可以依次把所有线圈全部下完。

在每下完一个线圈时，应把线圈的端部用手向下按压，以免线圈端部超出定子内圆，影响电动机通风散热。

单层线圈的下线方法与双层线圈的不同点是：它不能像双层线圈那样一槽挨一槽地下线，而是下几个槽就要空几个槽，再下几个槽，再空几个槽。等过了一个节距后就可以把线圈的另一边下入空槽内了。空的槽数由线圈的形式而定。

第六节　直流电动机

直流电机是直流发电机与直流电动机的总称。直流电机具有可逆性，既可作直流发电机使用，也可作直流电动机使用。作直流发电机使用时，将机械能转换成直流电能输出，作直流电动机使用时，则将直流电能转换成机械能输出。

直流电机虽然结构较复杂，使用、维护较麻烦，价格较贵，但由于其具有可以直接获得恒定的直流电源、调速性能好、起动转矩大等优点，因而在纺织、轧钢、造纸等行业中仍获得广泛的应用。

1. 直流电动机的组成

直流电动机主要由定子（固定不动的部分）和转子（转动的部分，又称电枢）两部分组成，图8-9所示为直流电动机的结构。对直流电动机结构上的要求是：能产生足够强的磁场，承受额定电压和通过额定电流时能保持良好的绝缘性能；电动机温升不允许超过规定值；运转灵活正常，有一定的机械强度；使用及维护较方便，寿命较长；所需材料力求节省，价格较低，制造工艺力求简单等。

2. 直流电动机的工作原理

直流电机作为电动机运行时，将直流电源接在两电刷之间而使电流通入电枢绕组。电流方向为：N极下的有效边中的电流总是一个方向，而S极下的有效边中的电流总是另一个方向。这样才能使两个边上受到的电磁力的方向一致，电枢因而转动。因此，当线圈的有效边从N（S）极下转到S（N）极下时，其中电流的方向必须同时改变，以使电磁力的方向不变。而这也必须通过换向器才得以实现。电动机电枢绕组通电后在磁场中受力而转动。另外，当电枢在磁场中转动时，绕组中也要产生感应电动势。这个电动势的方向由右手定则确定，如图8-10所示。

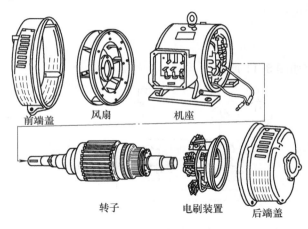

图8-9　直流电动机的结构

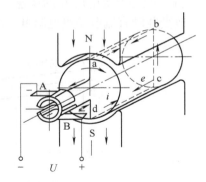

图8-10　直流电动机的工作原理

3. 改变直流电动机的转向

许多生产、运输机械都要求电动机能正反转。要改变直流电动机的旋转方向，只需改变电动机的电磁转矩方向，而转矩决定于磁通 Φ 与电枢电流 I_a 的相互作用，故改变电磁转矩的方向从而使直流电动机实现反转的方法有两种：一种是改变磁通（即励磁电流）的方向；另一种是改变电枢电流的方向。

如果同时改变磁通的方向及电枢电流的方向，则直流电动机的转向仍维持不变。

反转的具体实施方法是利用电器触头的闭合与断开将励磁绕组进行反接，或者将电枢绕组进行反接即可。对并励直流电动机而言，由于励磁绕组匝数多、电感大，在进行反接时因电流突变而将产生很大的自感电动势，对电动机及电器都不利，因此一般都采用电枢反接法来实现反转。在将电枢绕组反接的同时必续连同换向极绕组一起反接，以达到改善换向的目的。

第七节　直流电动机的调速控制

1. 直流电动机的调速公式

直流电动机调速公式如下式。

$$n = \frac{U - I_a R_a}{C_e \Phi} \tag{8-1}$$

式中，n 为电动机转速（r/min）；U 为电源电压（V）；I_a 为电枢电流（A）；R_a 为电枢电阻（Ω）；Φ 为磁通（Wb）；C_e 为电动势常数。

2. 直流电动机的调速方法

1）调磁调速，即通过改变磁通 Φ，也即通过改变励磁电流调节转速，一般是在直流电压和负载转矩不变时，使主磁通 Φ 减小而转速 n 增大，适用于在额定转速以上的范围内调速。

2）调压调速，即通过改变电枢电压 U 调节转速，一般使 U 增大而 n 增大，适用于在额定转速以下的范围内调速。此法应在他励或并励方式下进行。

3）电枢回路串电阻调速，即用增加电枢回路电阻的方法，改变转速降 Δn 的大小，使电动机的转速 n 改变，从而达到调速的目的。

3. 直流电动机调速控制电路

（1）改变电源电压 U 的调速

改变并励直流电动机电源电压的调速如图 8-11 所示。

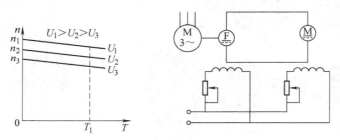

图 8-11　改变并励直流电动机电源电压的调速

（2）改变电枢回路电阻调速

改变电枢回路电阻调速是在电枢回路中串联调速电阻来调速，改变并励直流电动机电枢回路串联电阻调速电路如图 8-12 所示，改变串励直流电动机电枢回路电阻调速电路如图 8-13所示。但必须注意，调速变阻器可作为起动变阻器用，而起动变阻器不能用于调速，因为起动变阻器是按短时工作制设计的，如将它用于调速，则很容易损坏。

（3）改变磁通 Φ 调速

当直流电动机的电源电压及负载转矩不变时，如使主磁通 Φ 减小，则电动机的转速就相应地增高，故通常称为改变磁通调速。对并励直流电动机，可在励磁回路中串联可调电阻 RP_2，如图 8-14a 所示，而对串励直流电动机，则可在励磁回路中并联磁场分路电阻 RP，如图 8-14b 所示。

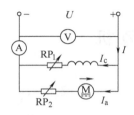

图 8-12 并励直流电动机电枢
回路串联电阻调速电路

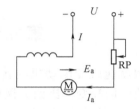

图 8-13 串励直流电动机电枢
回路电阻调速电路

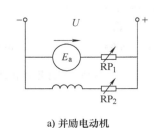

a) 并励电动机

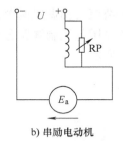

b) 串励电动机

图 8-14 改变磁通调速

第八节 直流电动机的火花等级鉴别

直流电动机在运转时，有时很难完全避免火花的发生，在一定程度内，火花对电动机的连续正常工作，实际上并无影响，在无法消除的情况下，可允许其存在，如果所发生的火花大于规定的限度，则将起破坏作用，必须及时加以检查纠正。

电动机的火花，可根据表 8-3 鉴别等级，以确定电动机是否能继续工作。1 级、$1\frac{1}{4}$ 级、$1\frac{1}{2}$ 级火花，对电刷及换向器的连续工作，实际上并无损害，在正常连续工作时，可允许其存在。

表 8-3 直流电动机火花等级鉴别

火花等级	电刷下的火花现象	换向器及电刷的状态
1	无火花	换向器上没有黑痕及电刷上没有灼痕
$1\frac{1}{4}$	电刷边缘仅小部分（约 1/5 至 1/4 刷边长）有断续的几点点状火花	
$1\frac{1}{2}$	电刷边缘大部分（大于 1/2 刷边长）有连续的、较稀的、颗粒状的火花	换向器上有黑痕，但不发展，用汽油擦其表面即能除去，同时在电刷上有轻微的灼痕
2	电刷边缘大部分或全部有连续的、较密的颗粒状火花，开始有断续的舌状火花	换向器上有黑痕，用汽油不能擦除，同时电刷上有灼痕；如短时出现这一级火花，换向器上不出现灼痕，电刷不烧焦或损坏

第九节　双速电动机

改变极对数就能改变电动机的转速，由于极对数必须成倍改变，比如 2 极变 4 极，4 极变 8 极等。故改变极对数一般为有级调速，常见的是 2 极变 4 极，或 4 极变 8 极，即双速电动机。改变极对数的方法是将电动机的定子绕组每相做成两个相同的部分。其绕组联结图与控制线路分别如图 8-15 与图 8-16 所示。

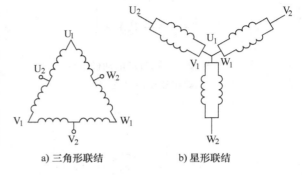

a) 三角形联结　　　　b) 星形联结

图 8-15　双速电动机绕组联结

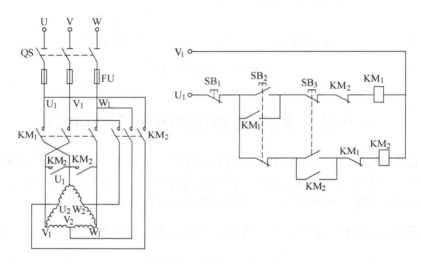

图 8-16　双速电动机控制电路

第十节　控制电机

前面介绍的各种电机，都是作为动力来使用的，其主要任务是能量的转换。而各种控制电机的主要任务是转换和传递控制信号，能量的转换居于次要地位。

为了使我国全面实现工业、农业、国防和科学技术的现代化，我们必须采用先进技术，其中包括各种类型的自动控制系统和计算装置。而控制电机在自动控制系统中是必不可少的，其应用不胜枚举。例如，火炮和雷达的自动定位、舰船方向舵的自动操纵、飞机的自动驾驶、机床加工过程的自动控制、炉温的自动调节，以及各种控制装置中的自动记录、检测和解算等，都要用到各种控制电机。

控制电机的类型很多，例如：伺服电动机、测速发电机、自整角机和步进电动机等。不同类型的控制电机有不同的控制任务，例如，伺服电动机将电压信号转换为转矩和转速以驱动控制对象；测速发电机将转速转换为电压，并传递到输入端作为反馈信号；自整角机将转角差转换为电压信号，并经电子放大器放大后去控制伺服电动机；步进电动机将脉冲信号转换为角位移或线位移。对控制电机还要求具有动作灵敏、准确度高、重量轻、体积小、耗电少及运行可靠等特点。例如，电子手表中用的步进电动机，直径只有6mm，长度约为4mm，耗电不到$1\mu W$，重量只有十多克。

第十一节　电动机的参数计算

1. 笼型异步电动机确定能否直接起动的经验公式

$$\frac{I_Q}{I_H} \leqslant \frac{3}{4} + \frac{\text{变电所容量（kV·A）}}{4 \times \text{电动机额定容量（kW）}} \tag{8-2}$$

式中，I_Q为电动机起动电流；I_H为电动机额定电流。

2. 连续运行电动机功率的计算

对于连续运行的电动机，先算出生产机械的功率，所选电动机的额定功率等于或略大于生产机械的功率即可。如车床的切削功率（kW）为

$$P_1 = \frac{Fv}{60 \times 10^3} \tag{8-3}$$

式中，F为切削力（N）；v为切削速度（m/min）。

电动机的功率为

$$P = \frac{P_1}{\eta_1} = \frac{Fv}{60\eta_1 \times 10^3} \tag{8-4}$$

式中，η_1为传动机构的效率。

根据上式计算出的功率P，在产品目录上选择一台合适的电动机，其额定功率为

$$P_N \geqslant P$$

如拖动水泵电动机的功率（kW）为

$$P = \frac{\rho QH}{102\eta_1\eta_2} \tag{8-5}$$

式中，Q为流量（m^3/s）；H为扬程，即液体被压送的高度（m）；ρ为液体密度（kg/m^3）；η_1为传动机构的效率；η_2为水泵的效率。

3. 短时运行电动机功率的计算

通常根据过载系数λ选择短时运行电动机的功率。电动机的额定功率是生产机械所要求的功率的$1/\lambda$。如刀架快速移动对电动机所要求的功率（kW）为

$$P_1 = \frac{G\mu v}{102 \times 60\eta_1} \tag{8-6}$$

式中，G为被移动工件的重量（kg）；v为移动速度（m/min）；μ为摩擦系数，通常为0.1～0.2；η_1为传动机构的效率，可以是$1/\lambda$。

故式（8-6）可转化为

$$P = \frac{G\mu v}{102 \times 60\eta_1\lambda} \tag{8-7}$$

4. 交流电动机的额定电流估算

根据实践经验证明，估算与理论计算是非常吻合的，即已知功率，则额定电流为

$$I_N = 2A \times 电动机的额定功率（kW）数$$

如 10kW 电动机，$\qquad\qquad I_N = 2A \times 10 = 20A$

5. 电压的选择

Y 系列电动机的额定电压为 380V，只有大功率异步电动机才采用 3000V 和 6000V。

6. 转速的选择

电动机的额定转速是根据生产机械的要求选择的，通常转速不低于 500r/min。异步电动机通常采用 4 极，即同步转速 $n_0 = 1500r/min$。

7. 异步电动机的额定电压与线电压的关系

1）电路电压不高于额定电压的 10%，电路电压不低于额定电压的 5%。在此运行范围内，电动机的额定出力不变。

2）如电路电压低于额定电压的 5%，为保持出力不变，定子电流允许比额定电流增大 5%。

3）三相电路的电源电压不平衡，也会引起电动机过热。

4）电动机在额定出力运行时，相间电压的不平衡不应超过 5%。

5）电流与温度的关系：①周围空气温度在 30℃时，电动机的额定电流允许增加 5%；②周围空气温度在 25℃时，电动机的额定电流允许增加 8%；③周围空气温度超过 35℃时，则要降低出力，大约每超过 1℃，降低电动机额定电流 1%。

8. 电动机转速、转矩的计算

（1）转速的计算

$$n = \frac{60f}{P} \tag{8-8}$$

式中，n 为转速；f 为频率；P 为磁极对数。

异步电动机转速与磁极的关系如表 8-4 所示。

表 8-4　异步电动机转速与磁极的关系

极　　数	2	4	6	8
极对数	1	2	3	4
磁场转速（同步转速）/(r/min)	3000	1500	1000	750
转子转速/(r/min)	2900 左右	1450 左右	960 左右	730 左右

注：在正常运行时，电动机的转速要比同步转速低 2%～5%。

（2）转矩的计算

$$T = \frac{PU_1^2}{4\pi f_1} \times \frac{Sr_2}{(r_1 S + r_2)^2 + S^2 \ (X_1 + X_2)^2} \tag{8-9}$$

式中，U_1 为外加电压；P 为磁极对数；r_1 为定子电阻；r_2 为转子电阻；X_1 为定子电抗；X_2 为转子电抗；S 为转差率；f_1 为电源频率。

电动机的过载能力，即最大转矩与额定转矩的比值，通常在 1.6～2.5 之间。

9. 确定电动机的功率

利用定子铁心内径和定子铁心长度来计算功率 P（kW），即

2 极电动机 $$P = \frac{0.28D^3L}{1000} \qquad (8\text{-}10)$$

4 极电动机 $$P = \frac{0.14D^3L}{1000} \qquad (8\text{-}11)$$

6 极电动机 $$P = \frac{0.08D^3L}{1000} \qquad (8\text{-}12)$$

8 极电动机 $$P = \frac{0.058D^3L}{1000} \qquad (8\text{-}13)$$

式中，D 为定子铁心内径（cm）；L 为定子铁心长度（cm）。

例如，有一台旧电动机的定子内径 $D = 15.5$ cm，铁心长度 $L = 9$ cm。此电动机若按 4 极使用，求其功率为多少。

$$P = \frac{0.14D^3L}{1000} = \frac{15.5^3 \times 9 \times 0.14}{1000}\text{kW} = 4.7\text{kW}$$

此电动机按 4 极使用，它的功率是 4.5kW。

10. 电动机功率的计算

电动机功率的大小决定于铁心的截面积，铁心的截面积愈大，功率愈大，反之则小。

有关电动机功率选择计算的方法较多，这里只介绍两种主要的方法。

（1）第一种方法

利用电动机的转子铁心的总长和外径来决定电动机的功率。其方法是先求出转子铁心外径 D 与转子铁心长度 L 的乘积数，再根据图 8-17 和图 8-18 中的曲线查对应值的纵坐标，即可找出电动机的功率值。

例如，有一台旧电动机，其转子外径 $D = 15$ cm，转子铁心长度 $L = 10$ cm。此电动机按 4 极使用时，其功率为多少。

先求出 $DL = 15 \times 10 \text{cm}^2 = 150 \text{cm}^2$，再根据这一数据找图 8-18 中 DL 一边的尺标，在数字 150 外沿线向上，到与第 2 根曲线（4 极）相交处，再使视线平行向左，在左标尺上找到数字 7，则说明此电动机在 4 极时的功率是 7kW。

在决定极数时，还必须先考虑一下定子的槽数是否适合于所决定的极数，就是说槽数的多少与极数是有很大关系的。电动机的槽数多者不宜应用于高速（极数少），槽数少者不宜用于低速（极数多）。例如，不能将一台 54 槽的旧电动机改作 2 极，也不能把一台 24 槽的旧电动机任意改作 8 极。

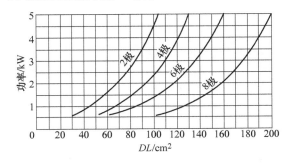

图 8-17 电动机功率查对图（1）

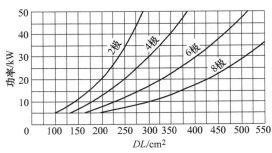

图 8-18 电动机功率查对图（2）

（2）第二种方法

恒定负载下的长期运行电动机

1）车床电动机的功率（kW）计算

$$P = \frac{P_1}{\eta_1} = \frac{Fv}{102 \times 60\eta_1} \tag{8-14}$$

式中，P_1 为车床的切削功率（kW）；η_1 为传动机构的效率。

$$P_1 = \frac{Fv}{102 \times 60}$$

式中，F 为切削力（kg）；v 为切削速度（m/min）。

根据计算出的功率 P，在产品目录上选择一台合适的电动机，其额定功率应该是 $P_H \geqslant P$。

$$P = 36.5D^{1.54}$$

式中，D 为工件的最大直径（m）。

2）摇臂钻床电动机功率（kW）的计算

$$P = 0.0646D^{1.19} \tag{8-15}$$

式中，D 为最大的钻孔直径（mm）。

3）拖动泵电动机的功率计算

$$P = \frac{\rho QH}{102\eta_1\eta_2} \tag{8-16}$$

式中，Q 为流量（m³/s）；H 为液体被压送的高度（m）；ρ 为液体的密度（kg/m³）；η_1 为传动机构的效率；η_2 为泵的效率。

第九章 高低压配电

第一节 接户线和入户线

从架空线路电杆到建筑物电源入口的一段架空线路称为接户线，如图9-1所示。若要求设计美观，可以用电缆架空引入线，也可以采用电缆沟进线方式。

接户线的长度一般不大于25m。必须采用绝缘导线。接户线横担距室外地平高度不低于2.7m。导线跨越通汽车街道时，距地面高度不低于6m，人行小巷不低于3m。如果建筑物太低矮，应把接户线的支持绝缘子用角钢支起。

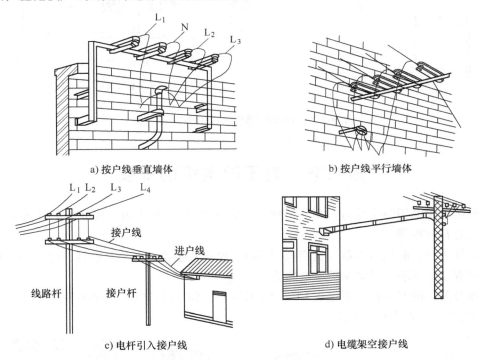

a) 按户线垂直墙体　　　　　　　　　　b) 按户线平行墙体

c) 电杆引入接户线　　　　　　　　　　d) 电缆架空接户线

图9-1　接户线引入方法

接户线应使用耐压500V以上的绝缘导线，一般不得有接头。接户线导线的截面积应根据用电设备负载的大小而定，在负载电流不超过导线安全载流量的情况下，其导线的最小截面积为：10m以内时，铜线2～5mm²，铝线4mm²；10～25m时，铜线4mm²，铝线6mm²，并应该满足用电设备的负载电流不超过导线额定安全载流。接户线与建筑物的有关部分距离，如：接户线与窗户的距离不得小于0.3m，与上方阳台的垂直距离不能小于0.8m，水平距离不得小于0.75m，与墙及构架的距离不得小于0.05m。

例如，高压 10kV 架空引入线穿墙安装如图 9-2 所示。高压线经穿墙套管引入，固定在绝缘子上，出线与电力变压器高压侧相连。

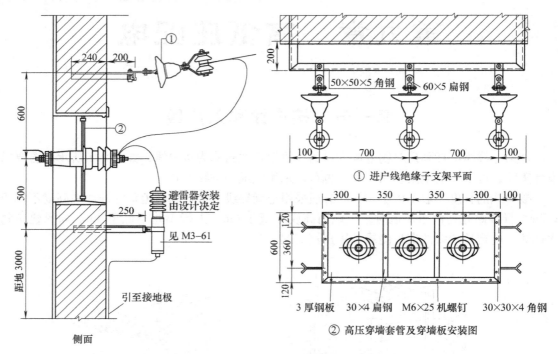

图 9-2　高压 10kV 架空引入线穿墙安装图

第二节　高压配电柜的安装

一般高压配电柜的组成有：高压进线柜、PT 计量柜、避雷柜、母联柜、变压器柜、出线柜、电容补偿柜等。

主要部件有：高压断路器（真空/SF6 等）、电压互感器、电流互感器、避雷器、隔离刀开关、电容、电能表、各类保护继电器等。

高压开关柜的型号有：固定式 GG-1A、GG-10、GG-11、GG-15 等系列；推拉手车式如 KYN1-10 型等，如图 9-3 所示。

XGN2-12 开关柜

KYN61-40.5 开关柜

GBC-35 开关柜

GG-1A 开关柜

图 9-3　高压开关柜

高压开关柜母线桥安装图如图9-4所示。

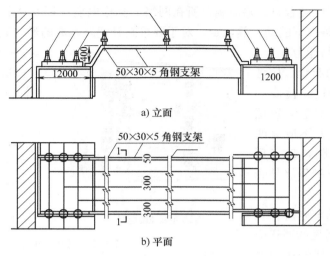

图9-4　高压开关柜母线桥安装图

第三节　低压配电柜的安装

1. 基本概念

电力的高低压是以其额定电压的大小来区分的，1kV及以上电压等级为中压和高压，1kV以下的电压等级为低压。

低压电力网是指配电变压器低压侧或从直配发电机母线，经监测、控制、保护、计量等电器至各用户受电设备组成的电力网络。它主要由配电线路、配电装置和用电设备组成。

配电装置是指由母线、开关电器、仪表、互感器等按照一定的技术要求装配起来，用来接收、分配和控制电能的设备。

配电装置制造是指在已经制造好的屏架上进行电器元件的安装、母线连接、二次配线、产品调试及产品包装的全过程。

2. 分类

一个低压配电系统通常包括受电柜（即进线柜）、馈电柜（控制各功能单元）、无功功率补偿柜等。当由两组变压器供电时，相应地增加一个受电柜和一个母联柜，控制的功能单元（馈电柜）也就相应增多。

低压配电装置按结构不同，分为两大类：一类为抽出式结构（即抽屉式配电柜），如GCK（GCL）、GCS、MNS等；另一类为固定式结构（即固定式配电柜），如GGD、PGL等。

受电柜为配电系统的总开关，从变压器低压侧进线，控制整个系统。

馈电柜为直接对用户的受电设备，控制各用电单元。

电容补偿柜为根据电网负载消耗的感性无功量的多少，自动地控制并联电容器组的投入，使电网的无功消耗保持到最低状态，从而提高电网电压质量，减少输电系统和变压器的损耗。

低压配电柜的型号有：BSL、BDL、PGL型，抽屉式BFC型等。用户可根据需要选用，如图9-5所示。应急维修电源柜内装备有充电电瓶，一旦出现停电或故障停电，可用于局部照明。

3. 低压配电柜的安装

1）选择低压配电装置时，除应满足所在网络的标称电压、频率及所在回路的计算电流外，尚应满足短路条件下的动、热稳定。对于要求断开短路电流的通、断保护电器，应能满足短路条件下的通断能力。

2）配电装置的布置，应考虑设备的操作、搬运、检修和试验的方便。屋内配电装置裸露且带电部分的上方不应有明敷的照明或动力线路跨越（顶部具有符合 IP4X 防护等级外壳的配电装置可例外）。

GCS 型低压配电柜　　　　　GCK(L) 低压配电柜

图 9-5　低压配电柜

3）成排布置的配电屏，长度超过 6m 时，屏后面的通道应有两个通向本室或其他房间的出口，分布在通道的两端。当两出口之间的距离超过 15m 时，其间还要增加出口。其屏前屏后的通道宽度，不能小于表 9-1 中给出的数值。

4）低压配电室通道上方裸露带电体不应低于下列数值：

① 屏前通道内者为 2.5m，加护网后其高度可降低，但护网最低高度为 2.2m。

② 屏后通道内者为 2.3m，否则应加遮护，遮护后的高度不应低于 1.9m。

表 9-1　低压配电屏前后的通道宽度

装置种类	单排布置		双排对面		双排背对背		多排同向布置	
	屏前	屏后	屏前	屏后	屏前	屏后	屏前	屏后
固定式	1.5	1.0	2.0	1.0	1.5	1.5	2.0	
	1.3	0.8		0.8	1.3			
抽屉式	1.8	0.9	2.3	0.9	1.8	1.5	2.3	
手车式	1.6	0.8	2.0	0.8			2.0	
控制屏（柜）	1.5	0.8	2.0	0.8			2.0	靠墙

4. 低压电路

低压电路是指从配电间或小型发电站将电能输送到用电设备上的电路。它包括架设在屋外的电路即低压架空电路，和敷设在屋内的低压电路。在布线时要因地制宜地推广四合一环形供电。四合一环形供电就是按区域实行工厂与工厂用电合一；工厂内部动力与照明用电合一；工业用电与民间用电合一；工厂电网与公用电网合一。实现集中统一供电的新体系，实行多源供电，消除了设备重叠，电路迂回，近电远送等现象，提高了供电质量，使供电更加适应战备和工农业发展的

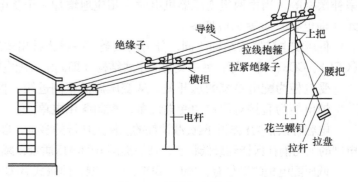

图 9-6　低压架空线路

需要。低压架空电路一般是指 500V 以下的相电压为 220V、线电压为 380V 的电路。电路主要由导线、电杆、横担、绝缘子、金属材料和拉线等组成，如图 9-6 所示。

传送电能的架空导线经常承受外力作用，它必须具有足够的机械强度和良好的导电性。由于导线具有一定的电阻，在电路中就有电压损失，因此电路上各点的电压并不相同。用电设备的额定电压并非是电路的起点电压，起点电压往往略高于终点电压。

第四节　导线安装连接的方法

根据铜心导线股数的不同，有以下几种连接方法：

（1）单股导线的连接方法（见图 9-7）。

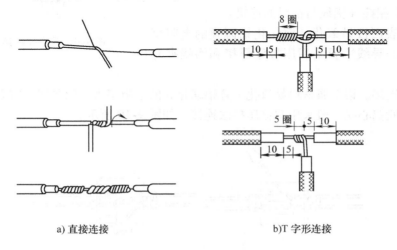

a) 直接连接　　　　　b)T 字形连接

图 9-7　单股导线的连接

（2）多股铜心导线的连接方法（见图 9-8）。

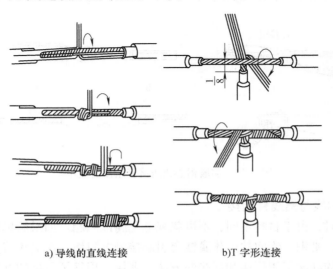

a) 导线的直线连接　　　　　b)T 字形连接

图 9-8　多股铜心导线的连接

（3）焊接连接法

1）截面积为 10mm² 及以下的铜心导线接头，可用 30～150W 电烙铁进行锡焊。锡焊前，在铜心导线表面涂一层无酸焊锡膏，待电烙铁烧热后即可锡焊。

2）截面积为 16mm² 及其以上的铜心导线采用浇焊法，首先在化锡锅内用喷灯加热锡，达到一定温度后，表面呈磷黄色，然后将导线接头放在化锡锅上方，用勺盛熔锡浇接头处，如图 9-9 所示。刚开始浇时，接头温度低，锡在接头上流动性差，继续浇下去，使接头温度升高。直至全部焊牢，擦除焊渣，使接头表面光滑。

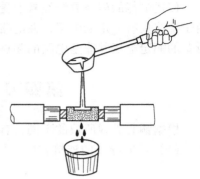

图 9-9　铜心导线接头浇焊法

（4）铝-铝相接（铝线与铝线的连接）

由于铝的表面极易氧化，而氧化铝薄膜的电阻率又很高，所以铝心导线主要采用压接管压接和沟线夹螺栓压接。

铝心线的连接。铝金属材料易氧化，且铝氧化膜的电阻率大，铝导线不宜采用铜导线的连接方法。单股铝心线一般采用螺钉压接法连接，如图 9-10 所示。

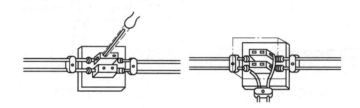

图 9-10　单股铝心线螺钉压接法连接

多股铝心线常采用压接管压接法连接，如图 9-11 所示。

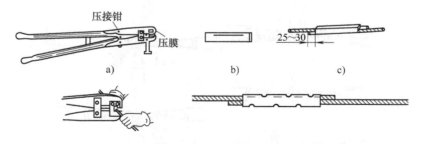

图 9-11　多股铝心线压接管压接法连接

（5）铜-铝（铜线与铝线）相接

铜铝导线连接时，由于材料不同，不可忽视电化腐蚀问题。如果简单地用铰接或绑接方法使两者直接连接，则铜、铝间的电化腐蚀会引起接触电阻增大而造成接头过热。实践表明铜铝相接时，最好的办法采用压接和焊接的方法，即用一根管子压接的办法，或者用焊接的方法进行，如图 9-12 所示。

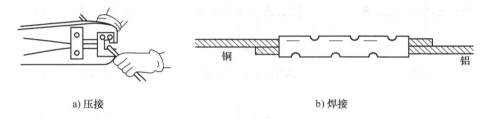

a) 压接　　　　　　　　　　　　　　　　　b) 焊接

图 9-12　铜铝压接与焊接

第五节　拉线的安装

拉线对电杆起到稳定作用，防止大风刮倒。拉线与地面成 45° 或 60° 夹角。拉线的安装方法有以下几种，如图 9-13 所示。

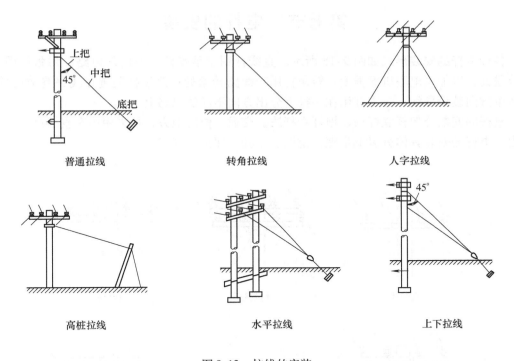

图 9-13　拉线的安装

第六节　横担的安装

横担的安装如图 9-14 所示。

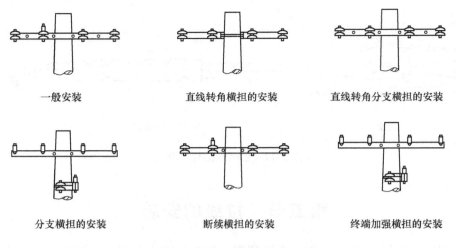

一般安装　　　　　直线转角横担的安装　　　　直线转角分支横担的安装

分支横担的安装　　　　断续横担的安装　　　　终端加强横担的安装

图 9-14　横担的安装

第七节　电杆的安装

各种电杆的安装形式如图 9-15 所示。直线杆用于承受两个方向的电路；耐张杆用于线路分段处，以加强电路机械强度；转角杆用于线路转角处；终端杆装置在线路终端或始端，只在单方向装设导线；分支杆用在一杆上分出方向不同的电路上。

电杆的安装分架杆立杆法、抱杆立杆法。交通方便的地方，可采用吊车直接吊立，省时省力。电杆的安装具体分以下步骤：挖坑、立杆、埋土、夯实。

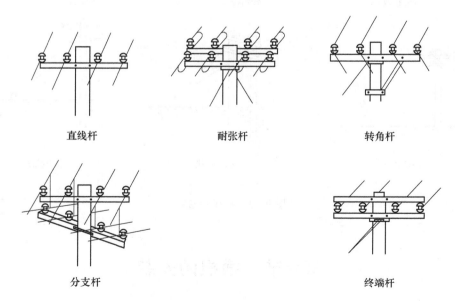

直线杆　　　　　　　耐张杆　　　　　　　转角杆

分支杆　　　　　　　　　　　终端杆

图 9-15　电杆的安装

第八节　电容补偿装置

1. 电容补偿原理

为了提高功率因数，一般在线路中并联电容器加以补偿。BJZ-3 型低压电容器自动补偿屏就是这样的装置。

大多数工矿企业的负载波动性很大，固定或人工调节电容器的补偿方法，会出现"欠补偿"或"过补偿"的不合理不经济的运行状态，不能有效地改善功率因数。低电容器自动补偿屏则克服了上述不足，它是利用功率因数补偿自动控制器和补偿电容器，敏锐地检测电网中功率因数的变化，自动将各组补偿电容器依次投入或切除，使网络功率因数始终稳定在 0.95 以上。全部自动控制工作由功率因数补偿自动控制器来完成，无人工操作。但同时也装有控制开关，也可人工操作。

2. 电容补偿柜的结构

电容补偿柜的结构为开启式，适用于户内离墙安装，基本结构用钢板及角钢焊接而成。屏面分仪表板和门，仪表板装仪表、自动控制器、控制开关及指示灯，打开门可进行安装和检修，屏内上部装刀开关、熔断器、接触器及放电电阻，中部和下部装电容器，屏前屏后均可修动。

电容补偿柜的外形尺寸与 BSL-1 型低压开关柜相同，根据需要可与 BSL-1 型低压开关柜并列用也可单独安置在靠近低压柜隔壁。电容补偿柜有 6 种方案，即 01、02、03、01A、02A、01B，其中 01、02、03 为三台或四台并列使用；01A、02A 为两台并列使用；01B 为单台使用。在单独使用时，左右侧均加装侧板。

电容补偿装置如图 9-16 所示。

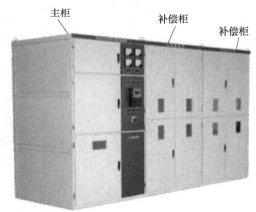

图 9-16　电容补偿装置

3. 安装使用及维护

1）产品经检验合格后装箱出厂，为了便于装箱运输，多台并列的一次母线及电容器分装，当产品运到目的地后，首先必须检查装箱是否完整。若不是立即安装使用，应产品存放在干燥清洁之处。

2）本产品拆箱后即可进行安装，根据制造厂供给的图样，将另行装箱的母线及电容器安放好，安装时应注意：

① 检查母线、熔断器，接触器、电容器以及其他螺钉是否上紧。

② 检查一次及二次线是否接好。

③ 电容器分组安装，相邻电容器之间的距离应不小于 50mm，以保持通风良好。

3）投入运行操作程序。

① 将功率因数补偿自动控制器的电源开关扳到关的位置，将左右两个旋钮开关扳到 0 位，再把 BJZ-3 的转换开关 1KK、2KK、3KK 的把手向左扳到 45°之后，才可以将 01 或 01A、01B 的刀开关合闸，接着将功率因数补偿自动控制器的电源开关扳到开的位置把右边

的旋钮开关扳到自动位置。

②退出运行时将功率因数补偿自动控制器的左右旋钮扳到手切位置，等屏内的电器全部切除完后方可把01（01A、01B）的刀开关拉开，详细说明参看补偿自动控制器说明书。

③如果补偿控制器拆出检查时，可将转换开关1KK、2KK、3KK的把手，根据功率因数需要扳向0位至45°，90°、135°等各位置。

④在手动操作时，电容器组自网路切出后1min内不得重新投入。

⑤面板上的指示灯作为电容器组投入指示用，并与放电电阻组成放电回路，作为电容器组撤出放电之用。

⑥电压表经HK切换开关测量母线电压（BJZ-3-01B的电压表直接接入母线），电流表作为电容器三相电流指示用，功率因数表作为网路功率因数监视用。

第九节　变配电所的电气主接线

1. 放射式主接线

从总配电所放射式向本部门的分配电所供电，如图9-17所示。该分配电所的电源进线开关宜采用隔离开关QS或手车式隔离触头组。变配电所6～10kV非专用电源线的进线侧，应装带负载操作的开关设备。变配电所的高压和低压母线，宜采用单母线或分段单母线接线。

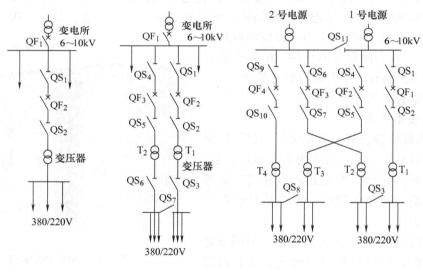

a) 单回路树干式　　b) 单电源双回路放射式　　c) 双电源双回路放射式

图9-17　放射式接线系统图

6～10kV母线分段处，宜装设断路器，但属于下列情况之一时，可装设隔离开关或负载开关或隔离触头组。

1）事故时手动切换电源能满足要求。

2）不需要带负载操作。

3）对继电保护或自动装置无要求。

4）出线回路较少。

2. 树干式主接线

变电所变压器电源侧开关的装设，如果以树干方式供电时，如图 9-18 所示，应装设带保护的开关设备。以放射式供电，宜装设隔离开关或负载开关。当变压器与高压配电室相邻时可不装设开关。

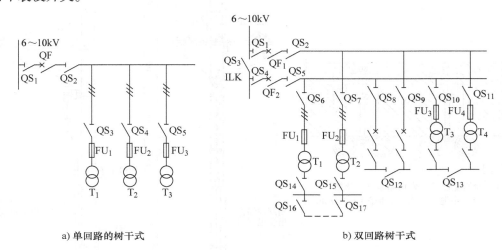

a) 单回路的树干式　　　　　　b) 双回路树干式

图 9-18　树干式接线系统图

第十节　电 缆 施 工

1. 电缆明敷

电缆明敷如图 9-19 所示。

2. 直埋电缆

电缆应埋在冻土层以下，电缆埋深要求不小于 0.7m，电缆沟深不小于 0.8m，电缆的上下各有 100mm 厚的砂子（或过筛土），上面还要盖砖或混凝土盖板。地面上在电缆拐弯处或进建筑物处要埋设方向桩，以备日后施工时参考。直埋电缆一般限于 6 根以内，超过 6 根就要采用电缆沟敷设方式，如图 9-20a 所示。

多根电缆并排敷设时，应有一定间距。1m 及以下的电力电缆和不同回路的多条电缆，其间距应符合图中的标准值。

直埋电缆在拐弯、接头、终端和进出等地段，应装设明显的方位标志，注明线号、电压等级、电缆型号、截面、起止地点、长度等内容，以便维修。

电缆直线段每隔 50 ~ 100m 处应适当增加标桩。标桩露出地面一般为 0.15m，如图9-20b所示。

3. 电缆沟敷设

电缆较多时，可以在电缆沟内预埋金属支架，支架可设在两侧，最多可设 12 层电缆。电缆沟底应平整，沟内应保持清洁、干燥，应设置适当数量的积水坑和排水设施，电缆沟尺寸根据设计确定，沟壁、沟底均应采用防水砂浆抹面。电缆沟实物与布线图如图9-21所示。

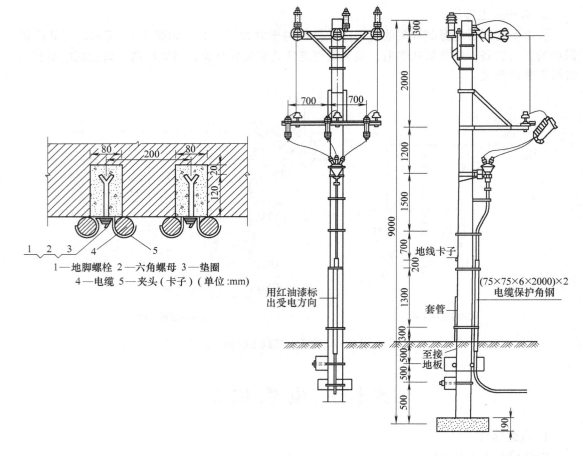

1—地脚螺栓 2—六角螺母 3—垫圈
4—电缆 5—夹头（卡子）（单位：mm）

图 9-19 电缆明敷示意图

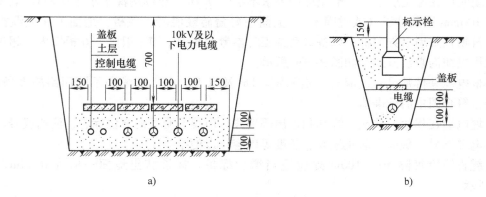

图 9-20 直埋电缆示意图

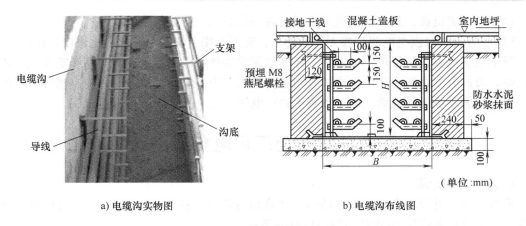

a) 电缆沟实物图　　　　　　　b) 电缆沟布线图

图 9-21　电缆沟实物与布线图

4. 电缆隧道敷设

如果电缆数量非常多，则可用电缆隧道敷设，如图 9-22 所示。

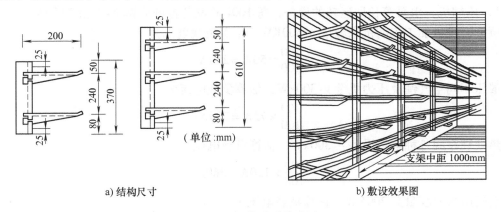

a) 结构尺寸　　　　　　　　　b) 敷设效果图

图 9-22　电缆隧道敷设图

第十一节　负载等级划分

根据事故停电在经济上造成损失的大小或影响程度，用电负载可分为以下三级：

1）一级负载指突然停电有造成人身伤亡的危险，或重要设备损坏且难以修复，或者在经济上造成重大损失的负载。

2）二级负载指突然停电将产生大量废品，大量减产，损坏生产设备，在经济上造成较大损失的负载。

3）三级负载指突然停电损失不大的负载，包括不属于一级和二级负载范围的用电负载。各级用电负载的供电方式，一般根据当地供电条件，按下述原则确定：

1）一级负载应由两个独立电源供电。有特殊要求的一级负载，两个独立电源应来自不同的地点。

2）二级负载一般由双回线路供电。当建立双回线路有困难时，允许由单回专用线路供电。重要的二级负载，其双回电源线路应引自不同的变压器或母线段。

3）三级负载对供电电源一般无严格要求，有无备用电源都可，随当地供电情况而定。

所谓独立电源，是指若干电源中，任一电源发生故障或停止供电，都不影响其他电源连续供电。母线分段之间无联系，或虽有联系，但当其中一段发生故障时，能自动将其联系断开，不影响另一段母线继续供电，也属于独立电源。

第十二节　车间和全厂用电负载的计算方法

1. 车间负载计算

根据车间用电设备容量大小（kW），计算出负载电流的大小（A），作为选择供电线路依据。以用电设备容量100kW为例，计算如下：

1）一般车床、刨床等冷加工的机床，每100kW设备容量估算负载电流50A。

2）锻、冲、压等热加工的机床，每100kW设备负载电流为75A。

3）电热设备，如中频加热炉等，每100kW设备容量估算负载电流120A。

4）压缩机、水泵等长期运转的设备，每100kW设备容量估算负载电流150A。

例如，机械加工车间机床容量为500KW，估算负载电流为

$$\frac{500}{100} \times 50A = 250A$$

锻压车间空气锤及压力机等共300kW，估算负载电流为

$$\frac{300}{100} \times 75A = 225A$$

热处理车间各种电热设备共300kW，估算负载电流为

$$\frac{300}{100} \times 120A = 360A$$

空气压缩机容量共200KW，估算负载电流为

$$\frac{200}{100} \times 150A = 300A$$

2. 全厂用电负载的计算方法

根据不同性质的工厂、设备容量，估计全厂的负载（kV·A），用来确定配电变压器容量。

工厂性质分为三类：

1）设备连续运行，负载稳定，如冶金、纺织行业。

2）设备时开时停，可单独使用，负载率较低，波动大，如各种机械制造、修理的工厂。

3）介于上述两种之间，如轻工、化工厂。

统计一个工厂的设备容量，可以不计算辅助设备，如供水、照明、卫生、通风等。

如冶金、纺织行业设备容量，选择变压器容量，应为设备容量与变压器容量按1:1关系选取。对于机械加工厂，变压器容量取设备总容量的一半。其余行业的工厂，变压器容量取设备总容量的0.75倍。

例如，某机械修理厂，设备总容量为3000kW，选择变压器容量为

$$3000 \times 0.5kV \cdot A = 1500kV \cdot A$$

第十章　照明安装

第一节　白　炽　灯

1. 白炽灯的组成

白炽灯泡可分成普通插口式和螺口式。普通的白炽灯的基本结构由灯丝、支架、引线、泡壳和灯头等几部分组成。白炽灯泡的结构如图 10-1 所示。

1）泡壳：由密封的玻璃壳制成，分透明、白色半透明、彩色三种。

2）灯丝：灯丝是灯泡的发光体，由耐高热的钨丝制成。钨丝的熔点可高达 3410℃，而且在高温时有较高的机械强度，也比较容易加工制成细丝。但钨和其他许多金属一样，在高温时会很快发生强烈的氧化作用而烧断，所以灯丝必须工作在高度真空中并充有与钨不起氧化作用的惰性气体（氩、氮或氩氮混合气体）。为了提高钨丝坚韧性，防止高温工作时变形，通常还在钨中加入微量氧化物，如氧化硅、氧化铝等。

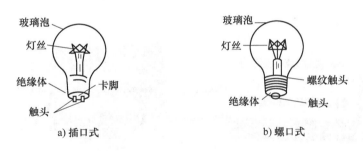

a) 插口式　　　　　　　　　　b) 螺口式

图 10-1　白炽灯泡

2. 白炽灯的参数

1）电压特性：白炽灯在电源电压发生变化时，灯丝温度、电阻、电流、电功率、光通量、效率以及寿命等也相应地发生变化。

2）白炽灯的发光效率：白炽灯的大部分功率都变成红外线，转化为热量散发出去，以及其他热量损耗，发光效率很低，最多只有 10% 左右。

3）灯泡寿命：灯丝用至断裂为止所点燃的时间，或者是光通量下降到规定的光效时总共点燃的时间，称为有效寿命。目前我国规定白炽灯泡的寿命为 1000h。

白炽灯的功率分为：15W、25W、40W、60W、100W、150W、200W、300W、500W、1000W。

第二节　荧　光　灯

荧光灯是利用气体放电原理制成的，气体放电可以产生光。荧光灯是由灯管、镇流器、辉光启动器以及为了提高功率因数而配套使用的电容器组成的，如图10-2所示。

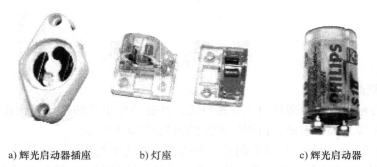

a) 辉光启动器插座　　　　b) 灯座　　　　　　c) 辉光启动器

d) 荧光灯管

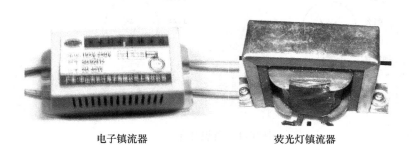

电子镇流器　　　　　　　　荧光灯镇流器

e) 镇流器

图 10-2　荧光灯的结构

荧光灯管是一支细长的圆形玻璃管，内壁涂白色荧光粉，不同配方的荧光粉，能发不同颜色的光线。灯管两端分别装有灯丝和钨丝，灯丝两端分别与两根金属插脚连接，便于与220V 电源相接。

荧光灯管的规格以额定功率表示，分为4W、6W、8W、15W、20W、40W、100W。荧光灯发光必须满足两个条件：其一，灯丝必须预热达到辐射电子的状态；其二，灯丝两端必须加上一定的高压。镇流器结构由线圈套在铁心上构成。它与灯串联，在电路中起稳流作用，产生 800～1500V 的反电动势。

辉光启动器由辉光放电管（氖泡）、电容器和一个起保护作用的罩壳（铝或塑料）构成。

充入氖气的小玻璃泡里装有一对电极（触片），其中一个是固定的静触片，另一个是双金属片制成的 U 型触片。辉光启动器的作用相当于一个自动开关。

电容器的作用是减弱触头断开时产生的电火花。它与镇流器组成振荡器，可以延迟预热时间，有利于荧光灯的启动。

第三节 高 压 汞 灯

高压汞灯分为外镇流式和自镇流式，如图 10-3 所示。高压汞灯具有省电、耐振、寿命长、发光强等优点，因而常用于道路、广场和施工现场中。安装高度距地面 4 ~5m。

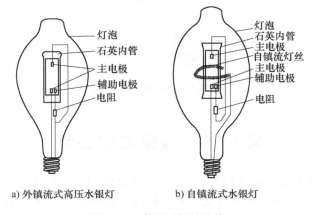

a) 外镇流式高压水银灯   b) 自镇流式水银灯

图 10-3   高压汞灯的结构

第四节 碘 钨 灯

碘钨灯是卤素（氟、氯、溴、碘）循环白炽灯的一种。它具有发光效率高，寿命比普通白炽灯高一倍以上。其结构如图 10-4 所示。安装高度距地面 6 ~7m。

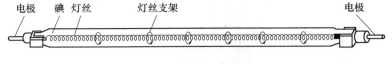

图 10-4   碘钨灯的结构

第五节 高 压 钠 灯

高压钠灯的结构如图 10-5 所示。高压钠灯是采用高压钠蒸气放电而发光的，发光效率比高压汞灯高，其平均寿命长达 2500 ~5000h，但显色性差，适用于广场、车站、码头、道路等处照明。安装高度距地面 6 ~7m。

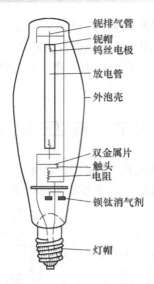

图10-5　高压钠灯的结构

第六节　金属卤化物灯

钠、铊-铟灯泡属于金属卤化物灯，钠、铊-铟灯泡的结构如图 10-6 所示。它是气体放电灯的一种。如果选择几种不同的金属元素，按照一定的配比，可以获得不同颜色的光源。安装高度距地面 6～7m 或 12～14m。

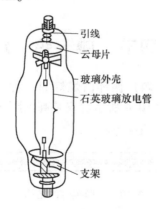

图 10-6　金属卤化物灯的结构

第七节　照明平面图

照明平面图表达的内容主要有：电源进线位置，导线根数、敷设方式，灯具位置，型号及安装方式，各种用电设备的位置等。

照明器具在平面图上表示的方法往往用图形符号加文字标注。灯具的一般符号是一个圆，单管荧光灯的符号是"工"字形，插座符号内涂黑表示嵌入墙内安装。

为了在照明平面图上表示出不同的灯，经常是将一般符号加以变化来表示，比如将圆圈下部涂黑表示壁灯，圆圈中画"×"表示信号灯，照明开关将一般符号上加以短线表示扳把开关，两条短线表示双联，n 条短线表示 n 联开关，t 表示延时开关，小圆圈两边出线表示双控，加一个箭头表示拉线开关等。在照明平面图中，文字标注主要是照明器具的种类、安装数量、灯泡的功率、安装方式、安装高度等。具体表达式为（此表达式不是数学计算公式）

$$a - b \frac{c \times d}{e} f$$

式中，a 为某场所同类型照明器具的套数，通常在一张平面图中分别标注各类型灯；b 为灯具类型代号，可以查阅施工图册或产品样本；c 为照明器内安装灯泡或灯管数量，通常一个或一根可以不表示；d 为每个灯泡或灯管的功率瓦数（W）；e 为照明器底部距本层楼地面的安装高度（m）；f 为安装方式代号。

灯具安装方式主要有下面几种形式，如表 10-1 所示。

表 10-1　灯具安装方式的标注文字符号表

名　　称	代　　号
线吊式	CP
自在器线吊式	CP
固定线吊式	CP1
防水线吊式	CP2
吊线器式	CP3
链吊式	Ch
管吊式	P
壁装式	W
吸顶式或直附式	S
嵌入式（嵌入不可进人的顶棚）	R
顶棚内安装（嵌入可进人的顶棚）	CR
墙壁内安装	WR
台上安装	T
支架上安装	SP
柱上安装	CL
座装	HM

1. 办公照明平面图举例

某办公照明平面图中标注 $6 \frac{100}{} S$，表示 6 套灯泡 100W 吸顶式暗装；$12 \frac{2 \times 40}{2.7} Ch$，表示为 12 套灯具均为 40W，安装高度 2.7m，Ch 表示链吊式。其办公照明平面图如图 10-7 所示。

图中各段导线根数用一横线上画上 3 条斜短线，2 根省略。

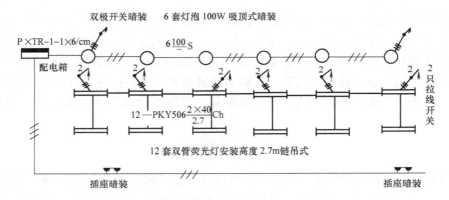

图 10-7 办公照明平面图

1）开关进相线，从开关出来的电线为控制线，n 联开关有（$n+1$）根导线。

2）照明支路和插座用电支路分开，要求在插座支路上安装漏电保护器。如家用电器接 220V 电源，需用 3 根线（相线、零线、接地线）。

3）供电采用三根相线 L_1、L_2、L_3，一根工作零线 N，一根保护线 PE。单相两孔插座左零右相没有保护线。单相三孔插座中间孔接保护线 PE，下面两孔左接零线 N，右接相线 L。

2. 家庭照明平面图举例

为了居室的美观整齐，一般电源线都采用暗线方式布线。这在建筑设计和施工中要求预埋塑料空心管，并在管内穿好细铁丝，以备引穿电源线。图 10-8 所示是二室二厅居室电源布线配线参考方案之一，各自的爱好和要求不同，本方案仅作参考。不管哪种方案，室内布线要尽量做到新颖、时尚、经济、合理、实用和安全，争取一步到位，与房间装修同步进行。在选电源线时，应以满足负载的要求并留有余量为原则，熔丝、开关及插座要尽可能与用电器容量和接线方式配套设置。总之，在施工中，根据具体情况，灵活运用。

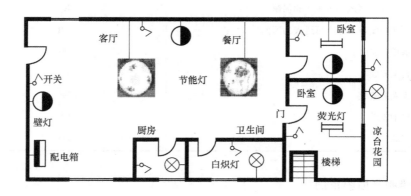

图 10-8 二室二厅照明平面图

第八节　白炽灯的安装

1. 白炽灯的安装方法

（1）导线明敷

导线明敷的优点是便于检查维修，缺点是不太美观。目前在广大农村导线明敷布线的方法仍被普遍采用。目前明敷布线的方法有：其一，导线先夹入瓷夹板内固定，然后逐一装上钢精扎头，如图 10-9 所示。其二，瓷夹板与钢钉固定包扎，如图 10-10 所示。

（2）导线暗敷

在墙里打槽穿管，把导线穿在管内，暗装美观，但成本高，不便于维修。

2. 白炽灯电路

图 10-11a 所示为白炽灯常用照明电路，采用一灯一开关的连线方式。两个灯泡串联起来，根据串联分压原理，每个灯泡 110V 电压，每个灯泡虽然暗一些，但使用寿命较长，常用于走廊灯，如图 10-11b 所示。图 10-11c 为两个灯泡并联，一个开关控制连接。图 10-11d 在电路中加入一个二极管或电容，利用二极管的单向导电性，交流电只有半个周期通过，节省了电能。电容不是耗能元件，但有降压作用，可是几十瓦的灯泡降至几瓦。

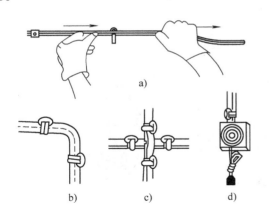

图 10-9　钢精扎头包扎

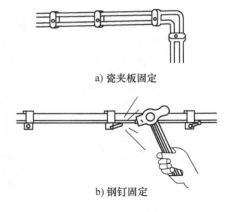

a) 瓷夹板固定

b) 钢钉固定

图 10-10　瓷夹板与钢钉固定包扎

3. 白炽灯的照明安装步骤

1）相线（即火线）必须经过开关再接到灯座上。

2）对于螺口灯座来说，槽线经开关后，应接在灯座中心的弹片触头上，零线接在螺纹触头上。

3）软导线兼承载灯具重力时，软线一端套入吊线盒内，另一端套入灯座罩盖，两端均应在线端打结扣，以使结扣承载拉力，而导线接线处不受力，如图 10-12 所示。

4）暗开关和暗插座的安装。暗埋的开关盒、插座盒与暗埋的电线管连通，且开关盒、插座盒的面口应与粉刷层平齐。安装插座与开关前要先进行线管穿线。

5）明开关和明插座的安装。土建时在墙上预埋木楔，或在墙上凿孔埋置木楔或尼龙塞，然后将穿引出导线的木台固定在墙上，最后将开关和插座固定在木台上。

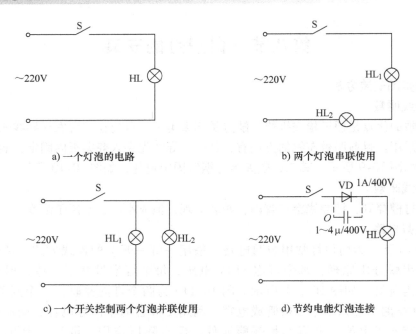

a) 一个灯泡的电路   b) 两个灯泡串联使用

c) 一个开关控制两个灯泡并联使用   d) 节约电能灯泡连接

图 10-11   白炽灯的安装电路

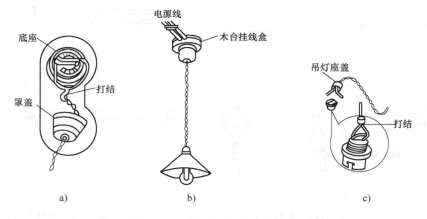

a)   b)   c)

图 10-12   白炽灯的照明安装图

6）开关的安装。跷板式或扳把式开关，其安装高度应便于操作。

7）插座的安装。一般明插座离地面高度为 1.8m，暗插座离地面高度为 0.3m，插座接线应统一要求。

第九节   荧光灯的安装

1. 荧光灯的安装电路

单管荧光灯安装原理图如图 10-13a 所示，双管荧光灯安装原理图如图 10-13b 所示。荧光灯低压启动电路如图 10-13c 所示。

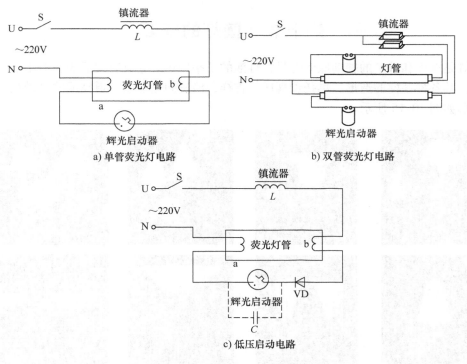

a) 单管荧光灯电路

b) 双管荧光灯电路

c) 低压启动电路

图 10-13 单管荧光灯的安装原理

2. 荧光灯的安装步骤

1）荧光灯管是圆柱形长细管，光通量在中间部分最高。安装时，应将灯管中部置于被照面的正上方，并使灯管与被照面横向保持平行，力求得到较高的照度。

2）吊式灯架的挂链吊钩应拧在平顶的木结构或木楔上或预制的吊环上，才能可靠。

3）接线时，把相线接入控制开关，开关出线必须与镇流器相连，再按镇流器接线图连接。

4）当 4 个线头镇流器的线头标记模糊不清楚时，可用万用表欧姆挡测量，电阻小的两个线头是副线圈，标记为 3、4，与辉光启动器构成回路；电阻大的两个线头是主线圈，标记为 1、2。

荧光灯安装接线图如图 10-14 所示。

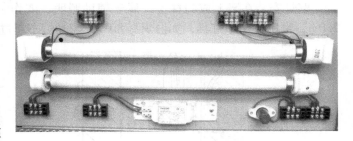

a) 荧光灯安装接线图

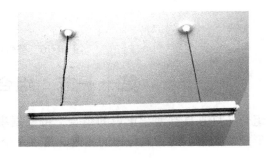

b) 安装好的荧光灯

图 10-14 荧光灯的安装

第十节　壁灯的安装

壁灯是客厅和卧室的辅助照明灯具，灯泡的功率较小。它具有集照明和美化居室一体化的功能。其各种各样的造形，烘托着喜庆、吉祥，给房间增加了一道亮丽的风景线。常见的壁灯外形如图 10-15 所示。

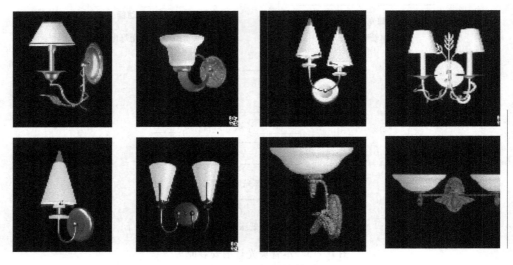

图 10-15　壁灯的外形

壁灯安装在墙上或门柱上，属于辅助照明，或作装饰用。一般安装高度距地面 1.8 ~ 2.0m，常用小功率灯具，如白炽灯 80W，荧光灯不超过 40W。其安装方法如图 10-16 所示。

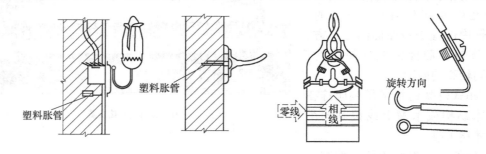

图 10-16　壁灯的安装方法

第十一节　组合花灯的安装

组合花灯是具有创新意识的组合，可根据事件的需要，组成不同意义的花形。烘托气氛，形成以人为本的，人与物的和谐，留下一个个特写镜头。图 10-17 所示的组合花灯可用于客厅中。

组合花灯由人工控制，可全亮或部分亮，五颜六色、灯火辉煌。组合花灯和吸顶灯的安装方法一样。

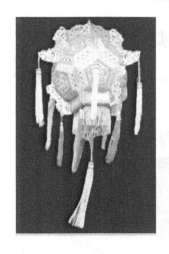

图 10-17　组合花灯

第十二节　吸顶灯的安装

吸顶灯往往装在屋顶天花板上，常采用直接用底盘安装和间接安装两种方式。

1. 直接安装法

先把底盘放在顶棚上，划出安装孔位置，然后用冲击钻打孔并放入塑料胀管。在其中一个胀管中插入一根铁丝作为导杆，待安装好一颗螺钉后，再拆下导杆安装另一颗螺钉，如图 10-18a 所示。

2. 间接安装法

首先用膨胀螺栓或塑料胀管将过渡板固定在顶棚预定位置。在底盘元件安装完毕后，再将电源线由引线孔穿出，然后托着底盘找对过渡板上的安装螺栓，上好螺母。因不便观察而不易对准位置时，可用一根铁丝穿过底盘安装孔，顶在螺栓端部，使底盘慢慢靠近，沿铁丝顺利对准螺栓并安装到位，如图 10-18b 所示。

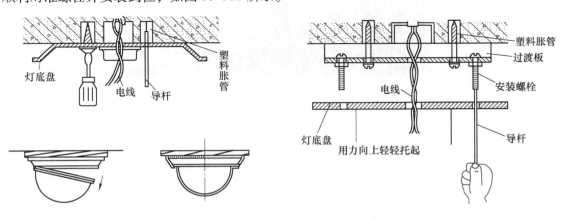

a) 直接安装法　　　　　　　　　b) 间接安装法

图 10-18　吸顶灯的安装

第十三节　台　　灯

台灯是一种局部照明的灯具，是书房学习照明的首选。台灯分为普通台灯、调光台灯、触摸台灯和工艺台灯。

1. 普通台灯

普通台灯如图 10-19 所示。它结构简单，造价便宜，但不能调光。

图 10-19　普通台灯

2. 调光台灯

调光台灯可以根据需要，改变灯泡的亮度，用于保护视力及节约电能。调光台灯外形及电路如图 10-20 所示。220V 交流电压经电容 C_1 降压，整流桥堆 UR 进行全波整流，电容 C_2 滤波，稳压二极管稳压后变成直流电压。

a) 外形

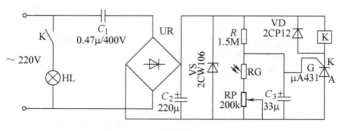

b) 电路

图 10-20　调光台灯的外形及电路

光敏电阻 RG 白天电阻很小，向电容 C_3 充电的脉冲信号很小，无法触发晶闸管导通，灯泡 HL 回路不通，灯泡 HL 不亮；夜幕降临时，光敏电阻的暗阻很大，向电容 C_3 充电脉冲信号很大，可以触发晶闸管的门极，使晶闸管导通，这时继电器线圈得电，串在灯泡 HL 回路的继电器常开触头接通，则灯泡 HL 点亮。

调节电位器 RP 可以调节给门极的触发信号的大小，就调节了晶闸管的导通角，从而控制了灯泡的亮度。

3. 触摸台灯

这是一种人体感应灯，人手触摸金属部分，灯亮，一直亮下去，当想关掉灯时，再一次触摸，即可关掉，非常方便，如图 10-21 所示。

图 10-21　触摸台灯的外形

触摸控制原理：人体所发出的电信号频率范围从 0～5kHz，输出电压为 μV 至 mV 级，是一个很弱的电压。经示波器观察，还有多种谐波成分。人用手触摸金属片 M 时，相当于给 VT 基极提供一个信号，经电流放大后，送到大功率驱动开关集成电路 TWH8778，使 NE555 的 6 脚为低电平，则 3 脚为高电平，以后工作状态同前。所以日常使用时，用手一摸即亮，也可以作报警用。电路如图 10-22 所示。

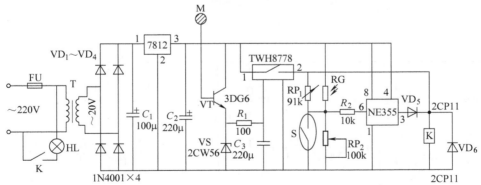

图 10-22　触摸台灯电路

4. 旋转式台灯

旋转式台灯如图 10-23 所示，接通电源开关，两个圆形灯开始旋转，同时播放音乐，一对小人翩翩起舞。

图 10-23　旋转式台灯

第十四节　声　控　灯

　　声控灯是在白天或光线较亮时，开关是关闭状态，灯不亮；夜间或光线较暗时，开关是预备工作状态；当有人经过该开关附近时，脚步声、说话声、拍手声等均可把节电开关启动，灯亮，延时 40～50s 后，开关自动关闭、灯灭。声控灯外形如图 10-24a 所示。

　　声控节电开关电路由传声器 MIC、声音信号放大、半波整流、光控、电子开关、延时和交流开关等七部分电路组成。其电路原理如图 10-24b 所示。传声器和 VT_1、R_1～R_3、C_1 组

a) 外形

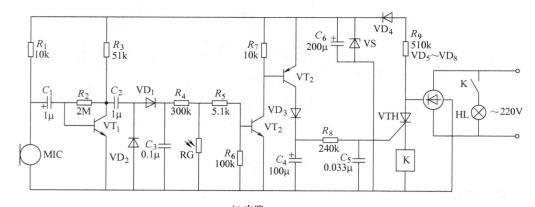

b) 电路

图 10-24　声控灯的外形及电路

成声音放大电路。为了获得较高的灵敏度，VT_1 的 β 值应选用大于 100 的。传声器也选用灵敏度高的。R_3 不宜过小，否则电路容易产生间歇振荡。C_2、VD_1、VD_2、C_3 构成整流电路，把声音信号变成直流控制电压。R_4、R_5 和光敏电阻 RG 组成光控电路。当光照射在 RG 上时，其阻值变小，直流控制电压衰减很大，VT_2 截止。VT_2、VT_3 和 R_7、VD_3 组成电子开关。平时，即有光照时，VT_2、VT_3 截止，C_4 上无电压，单向晶闸管 VTH 截止，灯泡 HL 不亮。在 VTH 截止时，直流高压经 R_9、VD_4 降压后加到 C_6 上端，对 C_6 充电，当充到 12V 后 VS 击穿，确保 C_6 上的电压不超过 15V。

当没有光照射到 RG 上时，RG 阻值很大，对直流控制电压衰减很小，VT_2、VT_3 导通，VD_3 也导通，C_4、C_5 开始充电，电压慢慢上升。R_8、C_4 和单向晶闸管 VTH 组成延时与交流开关。C_4 通过 R_8 将直流触发电压加到 VTH 门极，VTH 导通，继电器线圈 K 得电，串在 HL 支路的继电器常开触头 K 接通，灯泡 HL 点亮。灯泡点亮的时间长短由 C_4、R_8 的参数决定，按图 10-24b 所给出的元器件数值，在灯泡点亮约 40s 后，VTH 截止，灯熄灭。C_5 为抗干扰电容，用于消除灯泡发光抖动现象。

第十五节 节 能 灯

节能灯从结构上分为紧凑型自镇流式和紧凑型单端式（灯管内仅含启动器而无镇流器），从外形上分有双管型（单 U 形）、四管型（双 U 形）、六管型（三 U 形）及圆环管等多种类型。节能灯的寿命是普通白炽灯的 10 倍，功率是普通灯泡的 5~8 倍（一只 10W 的三基色节能灯亮度相当于一只 60W 的白炽灯），节能灯比普通白炽灯节电 80%，发热量也只有普通灯泡的 1/5。节能灯可以代替白炽灯，节约能源并有利于环境保护。节能灯的外形及电路如图 10-25 所示。

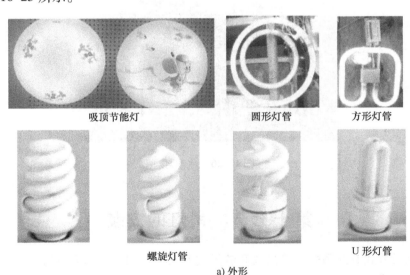

吸顶节能灯　　　　　　　　圆形灯管　　　　　方形灯管

螺旋灯管　　　　　　　　　　　　　　　U 形灯管

a) 外形

图 10-25　节能灯的外形及电路

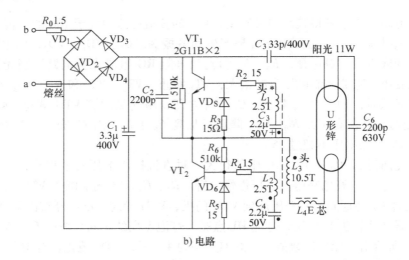

b) 电路

图 10-25　节能灯的外形及电路（续）

第十六节　落　地　灯

图 10-26 所示的是落地灯，主要用于客厅或卧室内，供读书看报用，同时也是一种装饰品。落地灯无需用户安装，组装起来之后，将自带插头插入三孔插座内即可。

图 10-26　落地灯

第十七节　吊灯的安装

灯具的悬吊方式有线吊式、管吊式和链吊式等三种。如果灯具重量为 1kg 及以内，则室内白炽灯多为软线吊灯；对于 1kg 以上的灯具，如荧光灯、各式花灯，则多为管吊式或链吊式。

1. 小型悬吊灯具的安装

小型悬吊灯具包括一般软线吊灯、链吊荧光灯，以及 3kg 以内的链吊式、管吊式灯具。

在安装小型悬吊灯具时，一般需要先安装木台和吊线盒，且在土建内装修或室内吊顶基本完成后，在暗（明）配线施工的同时进行安装。安装时，先在木台上钻好出线孔，对于明配线，还要在木台上锯好进、出线槽，然后将导线穿入塑料保护管从木台出线孔中穿出，再将木台固定在安装面上（直径不大于75mm的木台用1个木螺钉固定，75mm以上的木台需用2个木螺钉固定）。木台的固定应视安装面的结构而定，对于木梁、土式结构楼板，可用木螺钉直接固定。对于混凝土楼板，如为现场浇注混凝土楼板，可在预埋线管的同时埋设接线盒，明配线则埋设木砖；如为预制多孔楼板，则可用冲击钻钻孔，选用合适的聚丙烯膨胀螺栓固定木台。注意在砖石结构中用轻钢龙骨吊顶，则应与室内装修施工配合，用螺钉或螺栓将木台固定在龙骨架上，使木台与吊顶面板贴紧。在木台、吊线盒座等安装固定好后，即可安装小型悬吊灯具了。

小型悬吊灯具种类繁多，本节主要介绍常见的一般软线吊灯、瓜子链吊荧光灯和管吊组合式荧光灯的吊装方法。

（1）软线吊灯

软线吊灯的安装最为简便，安装时先将吊线盒座装在木台中心，并与明（暗）配线连接，再根据灯具设计悬吊高度剪割适当长度的双股棉织绝缘软线或塑料软线（潮湿的场所宜选用塑料绝缘软导线），用剥线钳将导线端的绝缘层剥除20～30mm，并将芯线按原绞捻方向绞紧，搪锡后再与吊线盒座、灯头盒内的接线端子连接，连接之前需在盒内打好结扣。在进行接线时，应注意将相线与零线严格分开，一般规定红色或有花色的导线与相线连接，淡蓝色或无花色的导线与零线连接。相线应经过开关再与灯具吊线盒连接，而零线可直接与吊线盒连接。对于螺口灯泡，应使经过开关的相线（一般称为控制线）连接于灯头盒内的中心舌垂弹片上，零线接在螺口上，以避免在装卸灯泡时发生触电事故。

（2）链吊荧光灯

这种灯具光效高，因此在图书馆阅览室、办公楼、教学楼、居民楼等场所中应用十分普遍。在安装时应先在地面进行组装试亮合格后再进行吊装。组装时应特别注意镇流器、辉光启动器与灯管相匹配，在接线时应按荧光灯电路图和镇流器接线图接线，尤其是带有二次绕组的镇流器更不能接错，否则会损坏灯管。另外，由于镇流器是感性器件，功率因数较低，为了提高功率因数，应在荧光灯电路两端并联适当规格的电容器，以进行分散式无功补偿。

（3）管吊组合式荧光灯

新型高效节能荧光灯具配置电子镇流器，具有功率因数高（可达0.95以上）、高频快速启动（工作频率：(18 ± 2)kHz，启动时间：1～12s），工作稳定，适用电压变化范围大（180～240V，50Hz均可正常工作）和节电、寿命长等特点。它以铝型材为灯体、美观大方、照度高，配以不同的连接件（有二能、三通、四通、六通等灯管插接头），巧妙而方便地组合成多种几何形状，特别适合于现代办公楼、写字间、教学楼、阅览厅、计算机房和商场等场所的大面积工作照明，能使室内显得宽敞明亮，增加了舒适感。安装时应当与室内装修工程紧密配合，结合天棚结构、形式，以及不同型号灯具的装配图进行安装。以轻钢龙骨吊顶为例，其安装方法为：

1）根据灯具型号、吊管间距和组合的几何形状，在顶棚上确定吊管盒装设位置，与吊顶装修施工配合，设置安装盒座的龙骨架，并预留吊管盒座安装。

2）电钻在龙骨架上打孔，直接用木螺线或螺栓把吊管盒固定在龙骨架上。

3）按照明平面布置图和吊管盒座的安装位置，在顶棚内将 PVC 塑料阻燃刚性线管或金属线管敷设至相应灯具的上方，并设一接线盒，然后通过塑料波纹管或金属软管与灯头盒相互连接，再按要求将导线从灯头盒进线孔穿入，接在灯头盒座的接线端子上。

4）根据吊管所在灯具的部位，选用相应的灯管连接头与吊管组装，并将与灯管插接头相连接的导线从吊管引出（吊管内不允许有导线接头）。

5）安装吊管组件，先将从吊管引出的导线接在吊管盒座的接线端子上，再把吊管盒装饰护罩（金属法兰）扣装在吊管盒座上，找正装配孔，用装配螺钉连接固定。与此同时，调整好灯管插接头方向，将铝型材灯体装于灯管插接头上，这样吊管组合式荧光灯就安装好了。

2. 大、中型吊灯的安装

在室内电气照明灯具安装中，经常会遇到如水晶花灯、艺术花灯等一些大型或中型悬吊灯具的安装，其安装有链吊和管吊两种吊装方式。当灯具重量超过 3kg 时，需要在顶棚上装设吊钩，吊钩可选用 $\phi 8 \sim 12mm$ 的圆钢制作，即将圆钢煨制成"T"字形。在现浇制混凝土楼板或梁的埋设点处，应将"T"字形吊杆的横边绑扎在钢筋上，竖直吊杆则与暗敷线管的出线管贴紧并齐，待浇注混凝土、拆除模板后，再用气焊加热将吊杆煨制成吊钩。在预制楼板的埋设点处，可用冲击钻打孔（如为楼板拼接缝隙，则不用打孔），将"T"字形吊杆从孔洞中穿下，待铺抹水泥砂浆地坪时埋住，最后仍采用气焊加热将吊杆煨制成灯具吊钩。对于轻钢龙骨吊顶，则应与室内吊顶装修施工紧密配合，可在龙骨架上装设吊钩，但应对龙骨架采取加固措施，或者采用上述方法在楼板上埋设吊钩。在吊钩装设后，即可吊装花灯及接线。但在吊装花灯之前，应先进行组装，即将花灯的各组灯泡按控制要求试亮，吊装并经测试合格后，再安装各式装饰灯罩、灯具的水晶吊链等灯饰配件。

吊灯分多头吊灯和单头吊灯，前者用于客厅照明；后者用于卧室或餐厅照明，如图 10-27a 所示。

（1）线吊式

降低了灯具高度，提高了照度。灯具重量不超过 1kg 时常被采用。线吊式中又分自在线吊式、固定线吊式、防水线吊式、吊线器式等，广泛用于居室照明。

（2）链吊式

当灯具重量超过 1kg，但又不足 3kg 时，常用链吊式。这种方式照度高，使用方便。如荧光灯等，广泛用于商店、办公室、教室等。当重量超过 3kg 时，应预埋螺栓或铁件再安装。

（3）仿古式

仿古灯具应安装牢固可靠，在进行灯具安装时，应首先保证安全。固定灯具用的螺钉、螺栓一般不得少于两个，木台直径在 75mm 及以下时，也可用一个螺钉螺母固定。灯具重量超过 3kg 时，应预埋吊钩或螺栓。固定花灯的吊钩，其圆钢直径应不小于吊挂销轴的直径，即不小于 6mm，对于大型吸顶花灯、吊装花灯的固定及悬吊装置，按灯具重量的 1.25 倍做过载试验。采用钢管制作灯具吊杆时，钢管壁厚应不小于 1.5mm，直径应不小于 10mm。对于软线吊灯，其灯线两端在灯头盒内均需打"结扣"，以不使盒内接点承受灯具重量，防止灯具坠落。此外，还应限制软线吊灯重量在 1kg 以内，若超过，则应将软灯线与吊链编叉在一起，且吊链安装的灯具的灯线不应承受拉力。

a) 外形

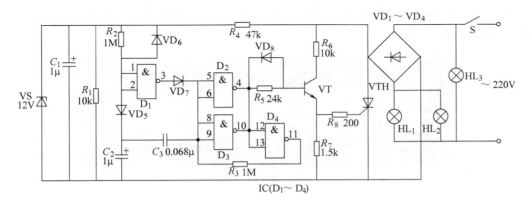

b) 电路

图 10-27 吊灯的外形及电路

3. 应用举例

本例介绍的吊灯控制电路为二线制控制方式，控制电路安装在吊灯的装饰物内，使用时通过吊灯的电源开关即可控制吊灯内灯泡的点亮数量，从而改变吊灯的亮度。

（1）电路组成

该吊灯控制电路由电源电路和触发控制电路组成，如图 10-27b 所示。

电路中，电源电路由电源开关 S、整流二极管 $VD_1 \sim VD_4$、限流电阻器 R_4、放电电阻器 R_1、滤波电容器 C_1 和稳压二极管 VS 组成；触发控制电路由四与非门集成电路 IC（$D_1 \sim D_4$）、二极管 $VD_5 \sim VD_8$、电阻器 $R_2 \sim R_8$、电容器 C_2、C_3、晶体管 VT 和晶闸管 VTH 等组成。

（2）开关接通状态

接通开关 S 后，交流 220V 电压一路经 S 加在第 3 组照明灯 HL_3 上，将 HL_3 点亮；另一路经 $VD_1 \sim VD_4$ 整流、R_4 限流降压、C_1 滤波及 VS 稳压后，产生 +12V 电压。+12V 电压除作为 IC 的工作电源外，还经 R_2 和 VD_5 对 C_2 充电。在 +12V 电压刚产生时，由于 C_2 两端电压不能突变，与非门 D_1 的输入端（IC 的 1、2 脚）为低电平，其输出端（IC 的 3 脚）的高电平经 VD_7 对 C_3 充电，使与非门 D_2 和 D_3 的输出端（IC 的 4 脚和 10 脚）为低电平，VT 和 VTH 不导通，第 1 组照明灯 HL_1 和第 2 组照明灯 HL_2 不亮。

（3）开关断开又接通状态

将 S 关闭后再立即接通时，在断电的短暂时间内，C_1 上储存的电荷经 R_1 快速泄放掉，但 C_2 上所储存的电荷仍保持不变，再次通电后，+12V 电压经 R_2 和 VD_5 对 C_3 充电，使 C_3 的充电极性改变（由左负右正改变为左正右负），与非门 D_2 和 D_3 的输入端（IC 的 5、6 脚和 8、9 脚）由高电平变为低电平，输出端变为高电平，使 VT1 导通，VT1 发射极输出的高电平又使 VTH 受触发而导通，$HL_1 \sim HL_3$ 全部点亮。

第十八节　嵌入式荧光灯

嵌入式荧光灯安装于墙内或顶棚内，适用于高级宾馆、医院、电影院等处。为避免眩光，嵌入墙内时，宜用漫射光灯具或用毛玻璃封挡。嵌入屋顶内时，如影剧院，常用光栅防止眩光，如图 10-28 所示。

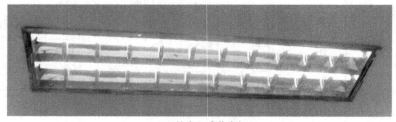

a) 双管嵌入式荧光灯

图 10-28　嵌入式荧光灯

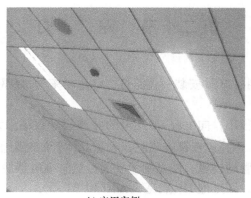

b) 应用实例

图 10-28　嵌入式荧光灯（续）

第十九节　节日流水彩灯

节日里，在家庭、单位大门上装上一组流水彩灯会增添节日气氛。

图 10-29 所示是由三组彩灯组成的流水彩灯的电路原理图。

该电路由三组晶闸管触发电路组成。市电电网交流 220V 电压加到电路上，经 VD_1 形成半波整流，并给 $C_1 \sim C_3$ 充电，当其上电压达到一定数值时，会使晶闸管 $VTH_1 \sim VTH_3$ 导通，灯泡 $HL_1 \sim HL_3$ 点亮。但 $C_1 \sim C_3$ 上的充电不会完全同步，假设 VTH_2 先导通，HL_2 先亮。此时 C_3 继续充电，而 C_1 的电压经 VD_7 和 VTH_2 放电，VTH_1 不能导通。随着 C_3 充电，其上电压继续增高，会使 VTH_3 导通，HL_3 亮。VTH_3 导通构成了 C_2 的放电回路，C_2 上电压下降，使 VTH_2 截止，HL_2 熄灭。与此同时，C_1 开始充电，经过一段时间，VTH_1 导通，HL_1 点亮。C_3 放电，VTH_3 截止，HL_3 熄灭，C_2 充电……如此循环下去。从视觉上可以看到 HL_1、HL_2、HL_3 三只彩灯顺序发亮，似流水一样非常好看。

图中的二极管 $VD_1 \sim VD_4$、VD_5、VD_7 和 VD_9 选用 1N4001，而 VD_6、VD_8、VD_{10} 选 2CP 型整流管。晶闸管 $VTH_1 \sim VTH_3$ 选用 3CT 型晶闸管，其反向耐压应高于 400V，电流 1A。

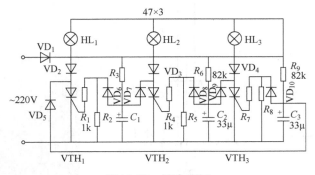

图 10-29　流水彩灯

第二十节　路　灯

1. 集中控制电路

设一段路长500m，则每50m安装一盏路灯，灯泡功率为500W，电路如图10-30所示。

2. 光控路灯

光敏晶体管白天电阻很小，向电容C_1充电的脉冲信号很小，无法触发晶闸管导通，灯泡HL回路不通，灯泡HL不亮；夜幕降临时，光敏晶体管的暗阻很大，向电容C_1充电脉冲信号很大，可以触发晶闸管的门极，使晶闸管导通，这时继电器线圈得电，串在灯泡HL回路的继电器常开触头接通，则灯泡HL点亮，如图10-31所示。

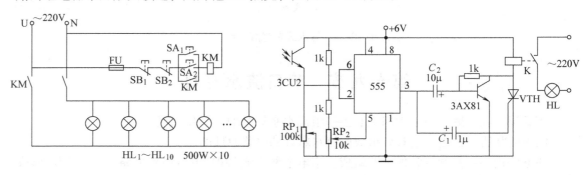

图10-30　路灯照明集中控制　　　　图10-31　光控路灯电路

3. 路灯安装

路灯安装一般采用地沟穿管布线的方法，如图10-32所示。控制部分安装在大门口或在电工房值班室内统一控制。

路灯一般由埋在地下的电力电缆线路供电，通常设置接线箱，在箱内接线和安装路灯的电气保护装置。一般情况下，多利用灯杆内部圆柱空间作为接线箱。

某厂区内的路灯如图10-33所示。

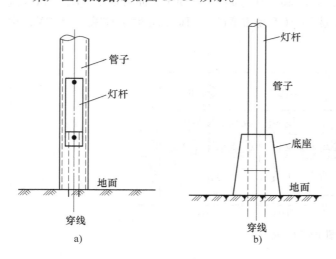

图10-32　路灯的安装图　　　　　　图10-33　某厂区内的路灯

第二十一节 高杆照明灯

高杆照明灯具常用低压钠灯，钠灯是国内金属卤化物灯的新产品，是节能光源，具有光效高、光色好的特点，且启动快、启动电流小、控制方便、节电效果好，显色性比高压钠灯有很大的提高。

高杆照明灯广泛用于广场、码头、道路等比较宽敞的大面积照明，灯具约在500W以上，便于人们照明、娱乐、活动，如图10-34所示。

图 10-34　高杆照明灯

第二十二节 旋转聚光射灯

旋转聚光射灯是一种强光灯具，可旋转方向照明和固定方向照明，该灯具光线集中，可对准目标照射，也称为防盗灯，广泛用于家庭小区、仓库等地方。

旋转聚光射灯的安装方法同于路灯，如图10-35所示。

图 10-35　旋转聚光射灯

第二十三节　草坪照明灯

草坪照明灯是一种低处照明灯，又叫地灯，晚间提醒人们爱护花草，不要践踏，增强环保意识，使人与花草和谐，如图10-36所示。

图 10-36　草坪照明灯

第二十四节　射　灯

射灯用于单独照明的部位，如工艺品、绘画展厨、雕塑品等部位，可以起到画龙点睛、突出重点、达到渲染广告作用，主要用于机场、码头、海关、大型宾馆的出入口。常用射灯如图10-37所示。

图 10-37　射灯

第二十五节　霓　虹　灯

霓虹灯是一种辉光放电灯，用直径 6～20mm 的玻璃管两端装上电极，充上少量氩、氖、氦或氙等惰性气体和汞，有时管壁上还涂上能显示不同颜色的荧光粉，如图10-38a所示。

霓虹灯具有很好的装饰效果，使用时可根据需要弯成各种形式的图案文字，并通过各种控制装置得到循环变化的彩色图案和自动的灯光效果。它在广告宣传、店铺装饰等场合得到越来越广泛的应用。

霓虹灯是一种高电压气体放电灯，其发光机理是：在灯管的两端施以高压，高压使管内的气体电离，进而发出彩色的辉光。它的工作电压为 6000～15000V，由特殊的专用变压器供给，这种变压器是一种漏磁变压器，其特点是短路电流很小，不会因二次短路而烧毁变压器。常用的霓虹灯变压器容量为 450V·A，一次输入电压 220V、电流 2A，二次电压为 15000V、电流 24mA，二次短路电流为 30mA，它能点亮长 12m、管径为 12mm 的灯管。常用的霓虹灯灯管外径为 11～15mm，灯管用玻璃制造，管内抽成真空后再充入少量的惰性气体和少量的汞。充入的惰性气体不同，发出的光也不同。为了得到更多更绚丽的色彩光，往往将灯管内壁涂以各种颜色的荧光粉或各种透明色。霓虹灯的基本供电电路如图 10-38b 所示。为了节能，也可以采用交流电整流高频逆变高压供电。

a) 外形

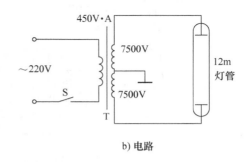

b) 电路

图 10-38　霓虹灯的外形及电路

第二十六节　手　提　灯

手提式家用紧急备用灯是由手提式电筒和充电电源盒两部分组成。只要电网发生 1s 以上的断电，紧急备用灯就会自动点亮。一般来说，充电一次可以使用几个小时，充电是依靠其充电电源来向两节普通镍镉电池充电。

1. 电路原理

手提灯的外形及电路如图 10-39 所示。由变压器 T 变压、全波桥式整流及滤波电容 C 组成一个低压直流电源，为电池 GB 提供充电电流。当接通电网电压时，发光二极管 VL 就会发光，电阻 R_1 是发光二极管的限流电阻。二极管 VD_5 阻止电池通过发光二极管 VL 形成放电回路，电池充电电流受到电阻 R_3 或 R_4 的限制。开关 S_1 置于"慢"的位置时，经电阻 R_3 允许 33mA 电流流入电池，当开关 S_1 置于"快"的位置时，经电阻提供 100mA 电流，使电池充电速度加快。

2. 电源正常供电

直流电压也给继电器 K 线圈供电，串联一个电阻 R_2，用以降低线圈电流，使线圈保持较低的温升。电池 GB 和灯泡 HL 之间的通路由继电器触头开关控制，即当电源供电正常时，为电池充电状态（开关 S_2 断开），没有电流流过灯泡 HL。

a) 外形

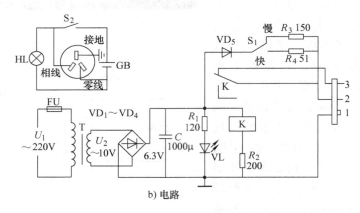

b) 电路

图 10-39   手提灯的外形及电路

3. 交流电源断电

当电源断电时，停止电池充电。继电器 K 的线圈电流被切断，其常闭触头复位。形成电池 GB 与灯泡 HL 之间的通路，由电池向灯泡提供电流，灯泡自动点亮，作为紧急备用照明。

第二十七节   停电应急灯电路

经常停电，会给人们的工作和学习带来很多不便，尤其是学生们晚上做功课困难会更多，本节介绍的停电应急灯电路，平时可用市电照明，停电后通过晶体管超音频振荡器，用电池点亮 8W 荧光灯管，使用方便、省电，同时也消除了普通荧光灯的闪烁现象，减轻了眼睛的疲劳，有利于保护眼睛。其外形如图 10-40a 所示。

1. 电路工作原理

电路如图 10-40b 所示。从图上可以看出，逆变电路是变压器反馈的间歇振荡器。R 提供 VT 的偏流，C_2 决定了电路的振荡频率，C_3 为防止灯管过早发黑而设置的隔直流电容。

2. 元器件选择

整个电路需用元器件很少，晶体管 VT 可选用大功率晶体管 3DD15 类的晶体管，$\beta \geqslant 80$，R 选用 1/4W 的电阻，C_1、C_2 选用涤纶电容，阻容元件数值，图上已标出。电源变压器选用 10W 220V/6V 的即可。脉冲变压器选用市售成品，电池可选用 6V 4A·h 蓄电池，整流二极管用 1N4001 型或其他 ZCZ 型，但电流不小于 1A 的整流二极管。

a) 外形

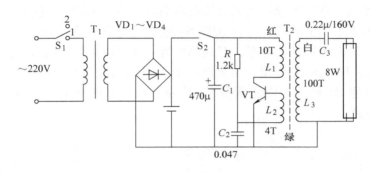

b) 电路

图 10-40 停电应急灯的外形及电路

3. 安装与调试

逆变部分元器件全部焊在印制电路板上。安装时注意脉冲变压器的线头不要焊错，否则电路将不起振，而无法点燃荧光灯管。晶体管要加装散热片，可用 2mm 厚的铝板制成，面积不小于 30mm×40mm，并按位置打孔，焊接一定要可靠，以便为调试工作减少不必要的麻烦。电源和整流部分可另装到其他木制的或塑料盒子里，再用导线接到逆变电路板上。

电路只要焊接无误，元器件合格，一般二次通电便可成功。通电前，在电源与印制板间串联一只直流电流表，也可用万用表直流电流挡。接通电源后，电流表指示不超过 0.6A，可以通过增减 R 的数值达到上述要求。如果不起振，应检查晶体管是否损坏，β 值是否达到要求，或者脉冲变压器线头是否焊错（可把脉冲变压器一次侧任一组线圈调换一下线头即可）。

把原来台灯座里的镇流器卸掉不用，装上调试好的电路板，输出的两条引线接到灯管两端的管脚上，开关 S_2 仍用原台灯的开关。电源部分可放在写字台下边安全的地方，安装工作便全部结束。

经试验，该电路还可点亮 12W 荧光灯，成功率 100%。本电路装的荧光灯，也可用于流动工作的场所。如野外作业，地质勘探，夏令营活动等，只要携带蓄电池和灯具就可以了。

使用蓄电池要注意不要过度放电，以免损坏蓄电池。当电池电压下降到 5.4V 时，应停用，立即充电。也可白天小电流充电，晚上使用。一般电池充满，可连续使用 6h 左右，充电和放电可用开关 S_1 控制，S_1 拨到 1 位为充电状态，拨到 2 位为放电状态。

第二十八节　定时灯电路

定时调光照明节电电路是集照明定时调整、调光控制照明多功能为一体的节电装置，可安装在公共楼道、家属院内、卫生间等处照明使用。仅定时功能来说，可用于家用电器如电热毯、电风扇等的定时。安装在卧室后，其微光照明功能也会使房间的色调和气氛别具一格，同时还可收到明显的节电效果。

1. 电路原理分析

电路原理图如图 10-41 所示。其电源由市电 220V 经变压器 T 变压和整流桥（$VD_1 \sim VD_4$）整流，电容 C_1 滤波，W7805 稳压变成直流电向集成电路（NE555）供电。电路中的延时电路由集成电路 NE555、电容 C_4、C_5 和按钮 SA 组成。接通电源开关 S，按一下按钮 SA，NE555 即被置位，输出 3 脚呈高电平，双向晶闸管 VTH 被触发导通，灯泡 HL 就亮。当放开 SA 后，电源通过 RP_1 向 C_4 充电，当充至高于 $2/3U_{DD}$ 阈值电平时，NE555 复位，8 脚输出呈低电平，使灯泡 HL 熄灭。微光照明 VL 接通 S 后一直保持工作状态。调整 RP_2（470Ω）可进行调光控制。

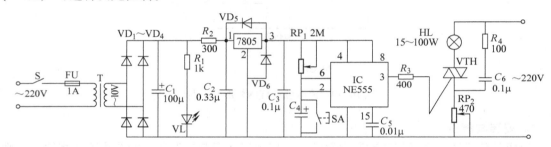

图 10-41　定时调光照明节电电路

2. 元器件选择

IC 可采用 NE555、5G1555 时基电路。$VD_1 \sim VD_4$ 采用 1N4001 二极管；VTH 根据负载功率大小来选择。变压器 T 选用 220V/10V 的。VL 选用红色 $\phi6$ 发光二极管。除 R_3 外，电阻均采用 1/8W 碳膜电阻。电容器 C_1、C_4 采用电解电容，C_2、C_3、C_5 采用瓷片电容。其他元件如图 10-41 所示，无特殊要求。

3. 安装

根据原理图设计制作印制电路板，印制电路板参考图 10-42 所示。电路板尺寸为 60mm×105mm。将所有元件焊接在印制板上，元件焊装完毕，按电源变压器和印制板的大小自制或外购一个绝缘盒子，然后将它装入盒内。把电源开关、发光二极管、调光电位器、定时调整电位器安装在装置的前面板上，便于操作使用；电源进线、照明灯泡引线、熔断器等从后面引入。SA 按钮根据用户使用要求，可固定在面板上、床头或墙上。

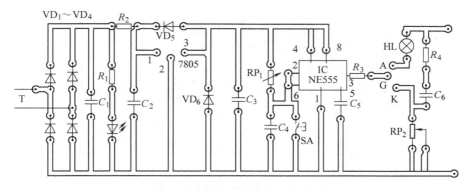

图 10-42 印制电路板

第二十九节　电子音乐闪烁灯电路

电子音乐闪烁灯电路，可以用声响，也可以用闪烁显示节奏，节拍频率可以从每分钟十几次到每分钟一百几十次连续调节。可以用来练习唱歌和演奏，也可以用于暗室中报时。

电路说明如下：在这个电路中，双刀双掷开关 S_2 在扬声器的位置上。电容 C_1 通过扬声器并接在 VT_1 的基极和发射极上。电容 C_2 通过 R_2 并接在 VT_2 的基极和发射极上。接通电源开关 S_1，电源通过 RP、R_1、C_1 充电。由于 RP 和 R_1 串联的阻值很大，充电很慢。当 C_1 上的电压达到大约 0.7V 时，VT_1 导通，电源经 VT_1 给 C_2 快速充电，使 VT_2 迅速导通，扬声器发声，灯泡同时闪烁。

这时电容 C_1 经过 VT_1 的基极、发射极、电源负端、正端，再经过 VT_2 的发射极、集电极放电。当 C_1 两端的电压下降到很小时，VT_1 截止。但是，VT_2 还不能马上截止，要等电容 C_2 经过 VT_2 发射极、基极、电阻 R_2 放电，两端电压下降到接近于零时，VT_2 才能截止。

改变 RP 的阻值，就改变了电源对 C_1 的充电时间，也就改变了音乐闪烁频率，如图 10-43 所示。

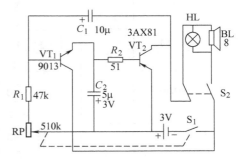

图 10-43　电子音乐闪烁灯电路

第三十节　汽车转弯指示灯电路

当汽车转弯时，方向指示灯一闪一闪地发光，指示转弯的方向，以引起来往车辆及行人注意安全。汽车转弯闪光指示灯电路的工作原理如图 10-44 所示，VT_1、VT_2 组成无稳态电路，当 S_1 合上后，无稳态电路开始工作，由于 VT_1 不断导通与截止，从而使继电器 K 不断吸合与释放，使指示灯电路接通和断开，灯发出一闪一闪的亮光。S_2 合在"1"上时，汽车左行指示灯发光，S_2 合到"2"上时，汽车右行指示灯发光。

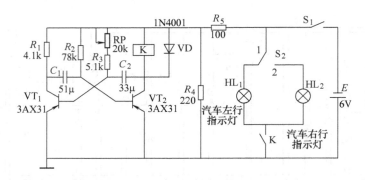

图 10-44　汽车转弯闪光指示灯电路

第三十一节　多路流水彩灯电路

多路彩灯控制电路的核心器件是大规模集成电路 SE9201，该集成电路具有花样新颖、功能多、电压低、功耗小等优点，通过晶闸管控制可用于节日彩灯、广告招牌、门面灯光装饰控制等。多路彩灯控制电路如图 10-45 所示。

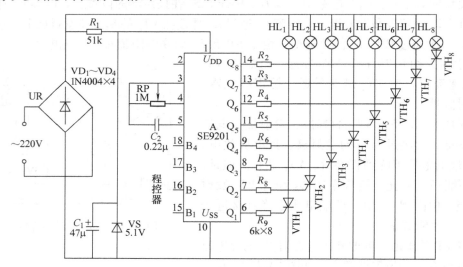

图 10-45　多路彩灯控制电路

集成电路 SE9201 有 4 个花样选择端 $B_1 \sim B_4$，通过程控器进行不同的电平连接，可组成众多变化的闪光花样。有 8 个输出端 $Q_1 \sim Q_8$，可驱动 8 路彩灯，由于 $Q_1 \sim Q_4$ 与 $Q_5 \sim Q_8$ 具有对称性，故也可简化成 4 路控制彩灯。集成电路 SE9201 使用的电源电压为 3~8V，典型值为 5V。该电路外围元器件少，只需外接一只电阻器和一只电容器，它们的值决定振荡器的时钟频率。通常电容器的容量取 0.1~0.22μF，电阻采用 1MΩ 可变电阻器，通过改变其阻值就可以改变闪光的快慢。

集成电路 SE9201 具有 8 种基本花样：①四点追逐；②弹性张缩；③跳马右旋；④跳马左旋；⑤依次亮、同时灭；⑥同时亮、依次灭；⑦左右扩张；⑧全亮间隔闪光。通过花样选

择端 $B_1 \sim B_4$ 不同电平的编程组合，可实现 8 种基本花样单循环、双循环以及自动变换的全循环和双全循环等 4 种循环功能的选择和控制。自动转换全循环时，每种花样闪光的次数：除全亮间隔闪光 4 次外，其他花样都是 8 次。而双循环和双全循环的每种花样的闪光次数都为自动转换次数的一半。

第三十二节　照明灯开关自动电路

时基电路 NE555 与交流固态继电器 SSR 可以组成照明灯自动开关电路。电路如图 10-46 所示。从图中可看出，白炽灯 HL 白天因电路中的光敏电阻阻值下降而自动熄灭，黑夜时 HL 自动点亮。

图中，RG 为光敏电阻 2CU2B。RG 受光照时，阻值变小，加在时基电路 NE555 的 2、6 脚上的电压较高，所以 NE555 输出脚 3 为低电平，交流固态继电器 SSR 截止，照明灯不亮。

当夜幕降临时，RG 电阻增大，NE555 的 2、6 电压低于 5V，使输出脚 3 变为高电平，交流固态继电器 SSR 的 1 脚获得正电源而导通，使其交流输出脚 3、4 导通。白炽灯 HL 点亮。调节电位器 RP，可以改变照明灯的开关时间。

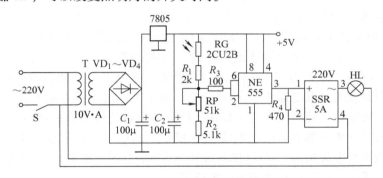

图 10-46　照明灯开关自动电路

第三十三节　太阳能绿色照明灯电路

太阳能绿色照明灯电路如图 10-47 所示。

分时、分压控制太阳能灯的技术核心，就是根据夜晚不同时间段人们对照度的不同要求，以及太阳能电池白天吸收能量的大小，控制太阳能灯的输入功率，达到用最小成本设计出能够满足最恶劣气象条件下人们对太阳能灯的最基本要求的目的。

该控制电路适合以 12 只 LED 为光源的草坪灯。U 中包含驱动、光控检测、脉宽调制、电池电压检测等电路。其 1 脚为使能端，2 脚为电源电压端，4 脚为负载电流调整口，5 脚为开关口，8 脚为接地端，3、6、7 均悬空。改变 R_4 的阻值可以改变 LED 的工作电流，其最大允许电流为 500mA，R_4 接地时电流最小。

J_1 为太阳能电池，J_2 为电源开关，J_3 为 2 节镍氢电池。为了降低管压降，VD_1、VD_2 可采用肖特基二极管。改变 R_5、R_6 可调节蓄电池的分压保护值，改变 R_1、R_2 可调节分时值。该电路能在尽可能降低太阳能电池成本的基础上，保证照明时间，具有很高的性价比。

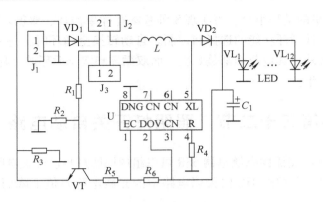

图 10-47　太阳能绿色照明灯电路

第三十四节　高层住宅走廊照明电路

按一下按钮 $S_1 \sim S_n$，电灯即亮，同时变压器 T 电源即通。经二次绕组降压的低压交流电通过桥式整流器和电容 C_1 滤波后，在 C_1 两端输出一个直流电压，该电压经继电器绕组 K、继电器常开触头接通、电阻 R_1 以及电容 C_2 这两条支路加到晶体管 VT_1 的基极，且使 VT_1 加上正偏压。于是，复合管迅速饱和导通，继电器绕组里有电流流过，其常开触头闭合，形成自锁。这样，即 S_1 松开按钮，电灯仍亮着。在常开触头闭合的同时，另一常闭触头则断开，电源继续通过继电器绕组向 C_2 充电。由于 VT_1 的基极电流小，且 C_2 两端的电压不能突变，其正极电位只能缓慢升高，故在此期间继电器将继续保持吸合。当 C_2 充电至绕组的释放电压值时，由于继电器绕组两端压差很小，不足以维持吸合，于是 K 断开，电灯熄灭，变压器绕组与电源脱离。C_2 上的残余电压则通过 VT_1 和 R_2 组成的放电回路迅速放完，以备下一次延时之用。电路如图 10-48 所示。

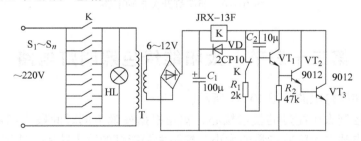

图 10-48　高层住宅走廊照明电路

第三十五节　照明用电负载参数计算

1. 白炽灯、碘钨灯的计算
白炽灯、碘钨灯的设备容量等于灯泡的额定功率。

$$P_e = P_N \tag{10-1}$$

2. 荧光灯的设备容量的计算

荧光灯的设备容量等于灯管额定功率的 1.2 倍（考虑镇流器中功率损失约为灯管额定功率的 20%）。

$$P_e = 1.2P_N \cos\phi \tag{10-2}$$

3. 高压汞灯、 金属卤化物灯的计算

高压汞灯、金属卤化物灯的设备容量等于灯泡额定功率的 1.1 倍（考虑镇流器功率损失约为灯管额定功率的 10%）。

$$P_e = 1.1P_N \cos\phi \tag{10-3}$$

4. 不对称负载的计算

多台单相照明设备应尽可能平均地接在三相上，若单相设备不平衡度（即偏离三相平均值的大小）与三相平均值之比小于 15%，按三相平衡分配计算：

$$P_e = P_U + P_V + P_W \tag{10-4}$$

当单相负载不平衡度与三相平均值之比大于 15% 时，按单相最大功率的 3 倍计算，偶尔短时工作制小容量负载容量一般按零考虑。

$$P_e = 3P_{max} \tag{10-5}$$

5. 计算举例

新建办公楼照明设计用白炽灯 U 相 3.6kW，V 相 4kW，W 相 5kW，求设备容量是多少？如果改为 U 相 3.8kW，V 相 4kW，W 相 4.8kW，求设备容量。

解：三相平均容量为 $(3.6 + 4 + 5)$ kW/3 = 12.6kW/3 = 4.2kW

三相负载不平衡容量占三相平均容量的百分率（即不平衡度）为

$(5 - 4.2)/4.2 = 0.8/4.2 = 0.19 = 19\%$，大于 15%

所以 $P_e = 3P_{max} = 3 \times 5kW = 15kW$

改变后：$(4.8 - 4.2)$ kW/4.2kW = 0.6kW/4.2kW = 0.1429 = 14.29%，小于 15%

所以

$P_e = P_U + P_U + P_U = (3.8 + 4 + 4.8)$ kW = 12.6kW，小于 15kW，计算容量减少了，可见设计三相负载时越接近平衡越好。

第十一章　电动机控制电路

第一节　电动机点动与连续运行控制电路

在工业生产机床控制中，广泛采用继电器接触器控制系统对中、小功率异步电动机进行各种控制。这种控制系统主要由交流接触器、按钮、热继电器、熔断器等电器组成。

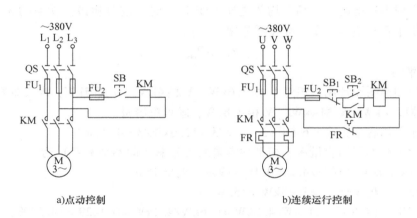

a)点动控制　　　　　　　　　　b)连续运行控制

图 11-1　三相异步电动机点动与连续运行控制电路

1. 点动控制电路

点动控制电路如图 11-1a 所示，工作时，首先合上刀开关 QS，接通三相电源。按下起动按钮 SB，接触器线圈 KM 得电，串在主电路中的 3 个主触头 KM 闭合，接通电源，电动机转动；松开起动按钮 SB，接触器线圈 KM 断电，其 3 个主触头 KM 断开，电动机停转。熔断器 FU_1、FU_2 分别用作主电路和控制电路的短路保护。

2. 连续运行控制电路

连续运行控制电路如图 11-1b 所示。接通电源总开关 QS，按下起动按钮 SB_2，接触器线圈 KM 得电，经热继电器 FR，构成控制电路，接在主电路中的 KM 主触头接通，电动机 M 起动运转，同时与 SB_2 并联的 KM 辅助常开触头也闭合，当松开起动按钮 SB_2 时，接触器 KM 线圈继续带电，电动机 M 继续连续运行，这种作用称为"自锁"，KM 辅助常开触头称为"自锁"触头。按下停止按钮 SB_1，切断控制电路，接触器 KM 的主触头断开，电动机停止。当电动机过载发热，热继电器 FR 起过载保护作用。

第二节　电动机顺序控制电路

在生产中，往往需要多台电动机配合工作，根据工艺流程要求，它们的起动和停止必须按照事先规定的顺序进行。例如，某些大型机床，要求主轴一定要在有冷却液的情况下才能工作，因而必须先起动油泵电动机为主轴提供冷却液，然后才能起动主轴电动机；同样道理，停车时必须先停主轴电动机，然后才能停油泵电动机。线圈带电时，常开触头闭合，常闭触头断开。

顺序起动控制电路如图 11-2 所示，接触器 KM_1 控制油泵电动机 M_1，接触器 KM_2 控制主轴电动机 M_2，油泵电动机的控制电路部分是一个典型的起动、停止控制电路，而主轴电动机控制电路中串了接触器 KM_1 的辅助常开触头 KM_1，所以只有接触器 KM_1 动作，油泵电动机起动，常开辅助触头 KM_1 闭合，控制主轴电动机 M_2 的接触器 KM_2 才可能接通。

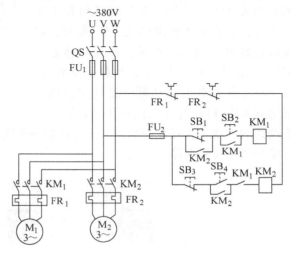

图 11-2　三相交流异步电动机的顺序控制电路

1. 顺序起动控制

按图 11-2 接线，其中三相交流电源 380V，电动机均采用丫联结。合上刀开关 QS，操作起动按钮 SB_2，KM_1 线圈得电，接在主电路中的 KM_1 主触头接通三相电源，电动机 M_1 运转；串接在 KM_2 控制电路中的 KM_1 常开辅助触头接通，按下 SB_4，KM_2 线圈得电，接在主电路中的 KM_2 主触头接通三相电源，主轴电动机 M_2 运转。

2. 顺序停止控制

顺序停止控制是在上述控制电路中再增加一个联锁环节，用接触器 KM_2 的辅助常开触头 KM_2 与油泵电动机的停止按钮 SB_1 并联，这样，按停止按钮 SB_3，主轴电动机 M_2 断电停止。只有主轴电动机 M_2 停止后，与 SB_1 并联的常开辅助触头 KM_2 断开，然后才能用停止按钮 SB_1 使油泵电动机停止，从而实现必须先停主轴电动机 M_2，然后才能停油泵电动机 M_1 的顺序停止控制。

第三节　交流电动机的正反转控制电路

生产中经常需要改变电动机的旋转方向，根据三相异步电动机的原理，要改变电动机的转向，只需将电动机接到三相电源的 3 根电源线中的任意 2 根对调，改变通入电动机的三相电流相序即可。常用的控制电路可采用倒顺开关以及按钮、接触器等电器元件来实现。

图 11-3 所示为两个起动按钮分别控制两个接触器来改变通入电动机的三相电流相序，实现电动机正、反转的控制电路，其中，接触器 KM_1 用于电动机正转控制，接触器 KM_2 用

于电动机反转控制，从主电路可以看出，如果两个接触器 KM_1、KM_2 由于误操作而同时工作，6 个主触头同时闭合，将造成三相电源短路，这是决不能允许的。因而，控制电路的设计，必须保证两个接触器 KM_1 和 KM_2 在任何情况下只能有一个工作。为此，在正转控制电路中串入一个反转接触器 KM_2 的常闭辅助触头 KM_2，在反转控制电路中串入一个正转接触器的常闭辅助触头 KM_1。这样，在正转接触器 KM_1 工作时，它的常闭辅助触头 KM_1 断开，将反转控制电路切断；相反，在反转接触器 KM_2 工作时，它的常闭辅助触头 KM_2 断开，将正转控制电路切断。这就保证两个接触器 KM_1 和 KM_2 不会同时工作，这种相

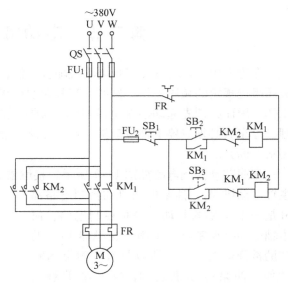

图 11-3　交流电动机的正反转控制电路

互制约的控制称为互锁控制，常闭辅助触头 KM_1 和 KM_2 称为互锁触头。图 11-4 所示为实验时电动机正反转电路接线。

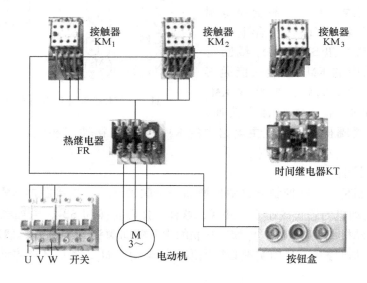

图 11-4　电动机正反转电路接线

第四节　交流电动机行程控制电路

行程控制是按运动部件移动的距离发出指令的一种控制方式，在生产中得到广泛的应用，如运动部件（如机床工作台）的左、右，上、下运动，包括行程控制、自动换向、往复循环、终端限位保护等。行程控制用行程开关实现。

行程控制电路如图 11-5a 所示，基本上是一个电动机正、反转控制电路，电动机正、反转带动运动部件前进、后退，运动部件上的"撞块"1、2 和行程开关 $ST_1 \sim ST_4$ 的安装位置如图 11-5b 所示，ST_1 和 ST_2 是复合式行程开关，具有一个常闭触头和一个常开触头，ST_1 用来切断正转控制电路和闭合反转控制电路；相应地，ST_2 用来切断反转控制电路和闭合正转控制电路，这样，行程开关在"撞块"1、2 的撞击下，便可控制电动机正、反转，带动运动部件前进、后退。行程开关 ST_3 和 ST_4 具有一个常闭触头，当"撞块"撞击行程开关 ST_1 或 ST_2，而 ST_1 或 ST_2 由于故障没有动作时，运动部件按原来的方向继续运动，使"撞块"撞击 ST_3 或 ST_4，切断控制电路，并使电动机停止，从而起到终端限位保护的作用。

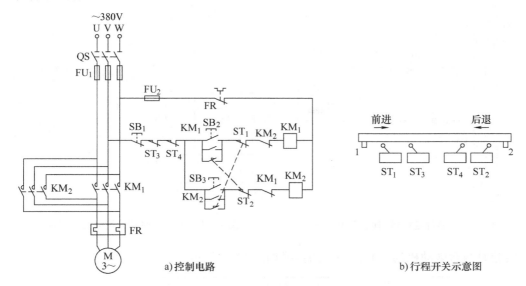

a)控制电路　　　　　　　　　　　　　b)行程开关示意图

图 11-5　三相异步电动机的行程控制电路

第五节　交流电动机时间控制电路

在生产中，很多加工和控制过程是以时间为依据进行控制的，如工件加热时间控制，电动机按时间先后顺序起动、停止控制，电动机丫—△起动控制等，这类控制都是利用时间继电器来实现的。

1. 单台电动机时间控制电路

单台电动机时间控制电路如图 11-6 所示，按起动按钮 SB_2，接触器 KM 得电，并自锁，电动机起动运行。与此同时，时间继电器 KT 带电，并开始计时，当达到预先整定的时间，它的延时断开触头 KT 断开，切断接触器控制电路，电动机停止。同样，用时间继电器的延时闭合触头，可以接通接触器控制电路，实现时间控制。

时间继电器延时时间根据需要进行整定。如整定为 5s，检查接线正确后合上主电源，起动电动机，观察交流接触器、时间继电器和电动机的动作情况；改变时间继电器的延时时间为 10s，重复上述操作。

2. 两台电动机延时控制电路

如图 11-7 所示，时间继电器延时时间整定为 5s，检查接线正确后，合上主电源开关 QS，按起动按钮 SB₂，电动机 M₁ 起动运转；延时继电器 KT 延时 5s 后，其常开触头闭合，KM₂ 线圈得电，接通 KM₂ 主电路，电动机 M₂ 运转。观察交流接触器、时间继电器和电动机的动作情况；改变时间继电器的延时时间为 10s，重复上述操作。在实验时电动机 M₂ 可用白炽灯代替。

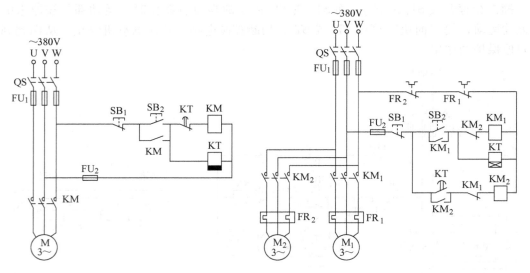

图 11-6　单台电动机时间控制电路　　　　图 11-7　两台电动机的延时控制电路

实验时两台电动机的延时控制电路接线如图 11-8 所示。

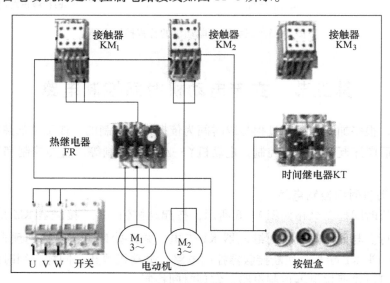

图 11-8　两台电动机的延时控制电路接线

第六节　电动机减压起动控制电路

三相异步电动机直接起动的起动电流为额定电流的 5 ~ 7 倍，因为起动电流大，所以直接起动只适用于小功率的电动机。当电动机功率在 10kW 以上时，应采用减压起动，以减小起动电流，但同时也减小了起动转矩，故减压起动适用于起动转矩要求不高的场合。这些起动方法都是在电源电压不变的情况下，起动时减小加在电动机定子绕组上的电压，以限制起动电流，而在起动以后再将电压恢复至额定值，电动机进入正常运行。

1. 定子串电阻减压起动控制

图 11-9 所示为电动机定子串电阻减压起动控制电路，图中 KM_1 为接通电源接触器，KM_2 为短接电阻接触器，KT 为起动时间继电器，R 为减压起动电阻。

电路工作情况：合上电源刀开关 QS，按下起动按钮 SB_2，KM_1 通电并自锁，同时 KT 通电并开始计时，电动机定子串入电阻 R 进行减压起动，经时间继电器 KT 延时，其延时闭合触头闭合，KM_2 通电动作，将起动电阻 R 短接，电动机在额定电压下正常运行。KT 的延时长短根据电动机起动过程时间长短来整定。

电阻 R 的选取计算根据经验公式：

$$R = 190 \frac{I_q - I_q'}{I_q I_q'}$$

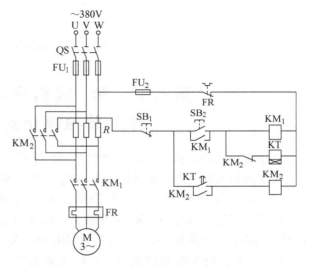

图 11-9　定子串电阻减压起动控制电路

式中，I_q 为电动机的起动电流，$I_q = (4 ~ 8) I_N$；I_q' 为串联电阻后的起动电流，$I_q' = (2 ~ 3) I_N$；I_N 为电动机的额定电流。

电阻 R 的功率应按电动机的额定电流 I_N 的二次方和电阻 R 的乘积来选择。

2. Ｙ—△减压起动控制电路

图 11-10 所示为Ｙ—△减压起动控制电路，图中 KM_1 为接通电源接触器，KM_3 为Ｙ联结接触器，KM_2 为△联结接触器，KT 为时间继电器。

电路工作原理：合上电源刀开关 QS，按下起动按钮 SB_2，KM_1 通电并自锁，KM_3 通电，KM_3 主触头闭合，电动机接成Ｙ联结，接入三相电源进行减压起动，同时时间继电器 KT 通电并开始计时，经一段时间延时后，KT 的延时断开触头断开，KM_3 断电释放，电动机Ｙ中性点断开，同时，KT 的延时闭合触头闭合，KM_2 通电并自锁，电动机接成△联结运行，同时用 KM_2 断开 KT 的线圈，另外，辅助常闭触头 KM_2 和 KM_3 为互锁触头，防止 KM_3 和 KM_2 同时通电。至此，电动机Ｙ—△减压起动过程结束，电动机投入正常（在额定电压下）运行。要电动机停止时，按下 SB_1 即可。

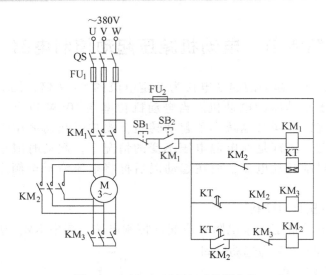

图 11-10　Y—△减压起动控制电路

第七节　M₁ 起动后，M₂ 才能起动
并能单独停止的控制电路

这也是一种顺序控制电路，如图 11-11 所示。

按下按钮 SB_2，交流接触器线圈 KM_1 得电，SB_2 两端的常开触头 KM_1 自锁，KM_1 主触头接通，电动机 M_1 起动运转。按下 SB_1，KM_1 主触头断开，M_1 停止。

同理，KM_2 支路串有 KM_1 常开触头，只有 M_1 运转，KM_1 的常开辅助触头才能接通，按下 SB_4，KM_2 线圈得电自锁，KM_2 主触头接通，M_2 才能起动运行。

按下 SB_3，使 KM_2 线圈失电，KM_2 主触头断开，M_2 单独停止。热继电器触头 FR 在电路中起过载保护作用。

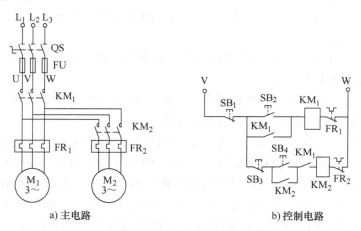

a) 主电路　　　　　　　　　　b) 控制电路

图 11-11　另一种顺序控制电路

第八节　两台电动机先后延时起动控制电路

这是一种延时控制电路，如图 11-12 所示。按下 SB_2，交流接触器 KM_1 线圈得电，并自锁，KM_1 主触头接通，M_1 运转。这时 M_2 不能立即起动，只有延时继电器 KT 延时一定时间，串在 KM_2 支路延时闭合触头接通，KM_2 线圈得电，KM_2 主触头接通，M_2 运转。

按下 SB_1，M_1、M_2 同时停止运转。热继电器触头 FR 在电路中起过载保护作用。

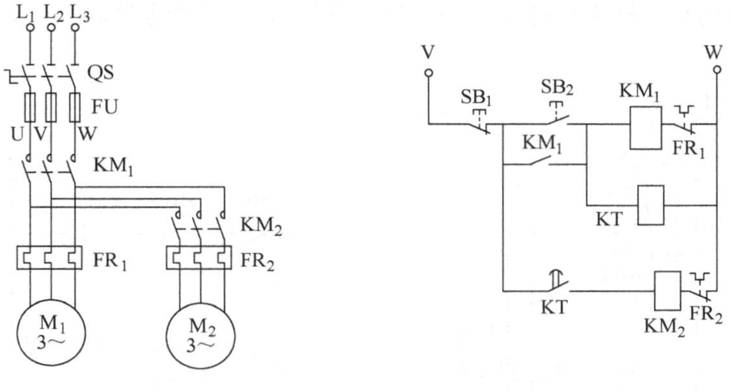

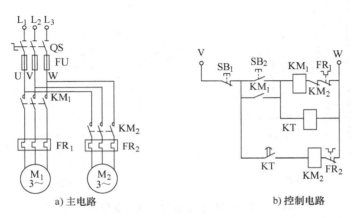

a) 主电路　　　　　b) 控制电路

图 11-12　两台电动机先后延时起动控制电路

第九节　M_1 先起动，延时后 M_2 才能自行起动、M_1 立即停止的控制电路

其电路如图 11-13 所示。合上电源总开关 QS，按下 SB_2，KM_1 线圈得电并自锁，KM_1 主触头接通，M_1 起动运转。延时继电器 KT 延时一定时间，KM_2 线圈和主触头接通，M_2 起动运转。

一旦 KM_2 得电，串在 KM_1 支路的常闭触头 KM_2 断开，M_1 立即停车。热继电器触头 FR 在电路中起过载保护作用。

a) 主电路　　　　　b) 控制电路

图 11-13　M_1 先起动，延时后 M_2 才能自行起动、M_1 立即停止的控制电路

第十节 M_1 起动后 M_2 才能起动，M_2 停止后 M_1 才能停止的控制电路

其电路主电路与控制电路如图 11-14 所示。因在 KM_2 支路串有 KM_1 常开触头，只有 M_1 起动后，KM_1 常开触头接通，才能起动 M_2。

只有 M_2 停止后，M_1 才能停止。因为并联在 SB_1 上的 KM_2 触头在 M_2 运转过程中一直是接通的，KM_1 辅助常开触头是自锁的，使 M_1 不能停止。热继电器触头 FR 在电路中起过载保护作用。

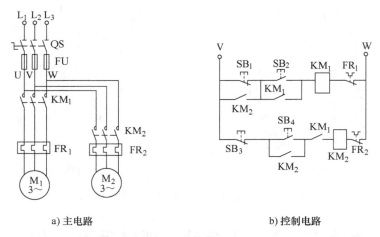

a) 主电路   b) 控制电路

图 11-14 M_1 起动后 M_2 才能起动，M_2 停止后 M_1 才能停止的控制电路

第十一节 M_1 和 M_2 分别起停或同时起停的控制电路

其电路如图 11-15 所示。

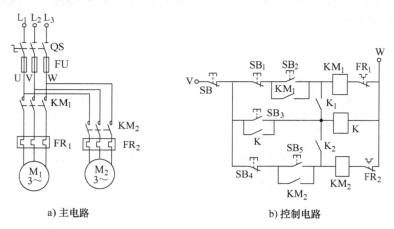

a) 主电路   b) 控制电路

图 11-15 M_1 和 M_2 分别起停或同时起停的控制电路

1. 分别起动和停止

可在 KM_1、KM_2 两条支路分别装有起动与停止按钮。利用上述方法操作。

2. 同时起动停止

利用中间继电器 K 支路，按下 SB_3，K 线圈得电自锁，K_1、K_2 触头接通，KM_1、KM_2 线圈接通，两条支路同时起动运转 M_1、M_2。

当按下 SB 时，同时断电停止。

第十二节　交流电动机制动控制电路

电动机及其拖动的生产机械具有惯性，电动机切断电源后并不能立即停转。因此，在要求电动机迅速停止或准确停在某个位置或缩短辅助工时及保障安全时，都需要采取制动措施。

1. 电磁制动器制动电路

机械制动是利用机械装置使电动机在切断电源后迅速停止。采用比较普遍的机械制动设备是电磁制动器。电磁制动器主要由两部分组成，即制动电磁铁和闸瓦式制动器。

电磁制动器制动的控制电路如图 11-16 所示。按下按钮 SB_2，接触器 KM 线圈得电动作，电动机通电。电磁制动器的线圈 YB 也通电，铁心吸引衔铁而闭合，同时衔铁克服弹簧拉力，迫使制动杠杆向上移动，从而使制动器的闸瓦与闸轮松开，电动机正常运转。

按下停止按钮 SB_1 之后，接触器 KM 线圈断电释放，电动机的电源被切断，电磁制动器的线圈也同时断电，衔铁释放，在弹簧拉力的作用下使闸瓦紧紧抱住闸轮，电动机就迅速被制动停转。

这种制动在起重机械以及要求制动较严格的设备上被广泛采用。当重物吊到一定高度，电路突然发生故障断电时，电动机断电，电磁制动器线圈也断电，闸瓦立即抱住闸轮，使电动机迅速制动停转，从而可防止重物掉下。另外，也可利用这一点将重物停留在空中某个位置上。

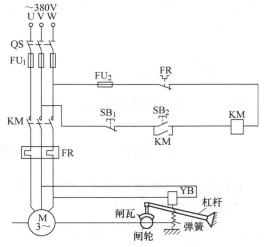

图 11-16　电磁制动器制动控制电路

2. 反接制动控制电路

异步电动机在改变它的电源相序后，就可以进行反接制动。相序改变，电动机定子的旋转磁场反向，产生与电动机原转矩转向相反的反转矩，因而起到制动作用。

异步电动机反接制动控制电路如图 11-17 所示。当按下按钮 SB_1，接触器 KM_1 吸合，使电动机带动速度继电器 KS 一起旋转。速度转动到额定转速后，KS 常开触头闭合，做好制动准备。按下 SB_2 停止按钮后，KM_1 断电，其辅助常闭触头闭合，KS 在电动机惯性作用下触头仍然闭合，这时，KM_2 吸合，电动机反接制动。当电动机转速下降直至停止时，KS 断开，KM_2 释放，制动完毕。

3. 能耗制动控制电路

图 11-18 所示是单管整流能耗制动控制电路。当需要电动机停止时，按下停止按钮 SB_2，KM_1、KT 失电释放，这时 KT 延时断开触头仍然闭合，使制动接触器 KM_2 获电动作，电源经制动接触器接到电动机的两相绕组上，另一相经整流管回到零线。达到整定时间后，KT 常闭触头断开，KM_2 失电释放，制动过程结束。在此过程中，产生与转子转动相反的转矩，从而使转子尽快停止，转子的动能消耗在转子回路中，因此称为能耗制动。

这种制动电路简单，体积小，成本低，常用于 10kW 以下电动机且对制动要求不高的场合。

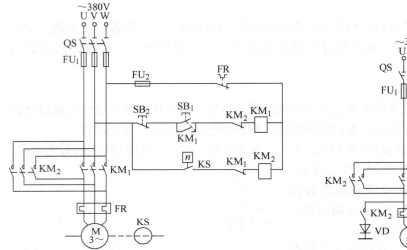

图 11-17　异步电动机反接制动控制电路

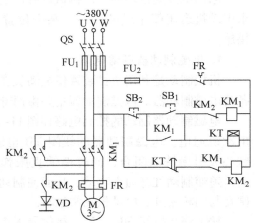

图 11-18　单管整流能耗制动控制电路

第十三节　交流电动机多处起停控制电路

利用按钮并联或串联实现远距离遥控，如 100m 以上的自动生产线、农村野外水泵控制，其电路如图 11-19 所示。

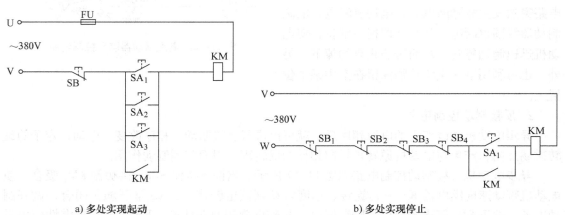

a) 多处实现起动　　　　　　　　　　　b) 多处实现停止

图 11-19　多处起停控制电路

第十四节　延边三角形减压起动控制电路

延边三角形减压起动，就是在电动机起动时，将其三相定子绕组的一部分接成Y联结，另一部分接成△联结，整个绕组接成延边三角形，待电动机起动完毕，三相定子绕组接成△联结运行。延边三角形减压起动的控制电路如图11-20所示。

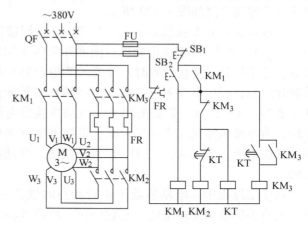

起动时，按下起动按钮 SB_2，接触器 KM_1 得电吸合且自锁，三相电源经 KM_1 主触头接至电动机的 3 个出线端 U_1、V_1、W_1，同时接触器 KM_2 得电吸合，KM_2 主触头闭合，分别将 U_2、V_3，V_2、W_3，W_2、U_3 连接成延边三角形，电动机减压起动。与此同时，KT 线圈得电，经过延时一段时间后，KT 延时断开触头断开，接触器 KM_2 断电释放，

图11-20　延边三角形减压起动控制电路

U_2、V_3、V_2、W_3、W_2、U_3 接头断开；KT 延时闭合触头闭合，KM_3 得电吸合，分别将 U_1、W_2、V_1、U_2、W_1、V_2 重新连接，定子绕组转为△形联结，电动机进入全压运行。

第十五节　电动机自动往返控制电路

按下 SB_2，接触器 KM_1 线圈得电动作，电动机起动正转，通过机械传动装置拖动工作台向左运动；当工作台上的挡铁碰撞限位开关 SQ_1（固定在床身上）时，其常闭触头断开，接触器 KM_1 线圈断电释放，电动机断电停转；与此同时 SQ_1 的常开触头闭合，接触器 KM_2 线圈得电动作并自锁，电动机反转，拖动工作台向右运动；这时限位开关 SQ_1 复原。当工作台向右运行至一定位置时，挡铁碰撞限位开关 SQ_2，使常闭触头断开，接触器 KM_2 线圈断电释放，电动机断电停转，同时 SQ_2 常开触头闭合，接通 KM_1 线圈电路，电动机又开始正转。这样往复循环直到工作完毕。按下停止按钮 SB_1，电动机停转，工作台停止运动。另外，还有两个行程开关 SQ_3、SQ_4 安装在工作台往返运动的方向上，它们处于工作台正常的往返行程之外，起终端保护作用，以防 SQ_1、SQ_2 失效，造成事故，电路如图11-21所示。

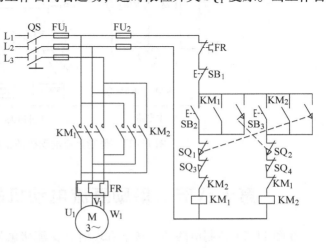

图11-21　自动往返控制电路

第十六节　电动机的倒顺开关控制电路

常用的倒顺开关有 HZ3—132 型和 QX1—13M/4.5 型。倒顺开关控制电路如图 11-22 所示。

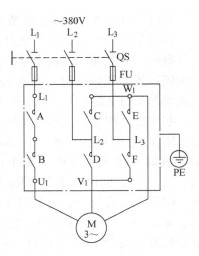

倒顺开关有 6 个接线柱：L_1、L_2 和 L_3 分别接三相电源，U_1、V_1 和 W_1 分别接电动机。倒顺开关的手柄有 3 个位置：当手柄处于停止位置时，开关的两组动触片都不与静触片接触，所以电路不通，电动机不转；当手柄拨到正转位置时，A、B、C、F 触头闭合，电动机接通电源正向运转；当电动机需向反方向运转时，可把倒顺开关手柄拨到反转位置上，这时 A、B、D、E 触头接通，电动机换相反转。

在使用过程中，电动机处于正转状态时欲使它反转，必须先将手柄拨至停转位置，使它停转，然后再将手柄拨至反转位置，使它反转。倒顺开关一般适用于 4.5kW 以下的电动机控制电路。

图 11-22　倒顺开关控制电路

第十七节　他励直流电动机的正反转控制电路

他励直流电动机的正反转控制电路如图 11-23 所示，按下 SB_2 时，交流接触器 KM_1 线圈得电，KM_1 的常开主触头 KM_1 接通，直流电动机 M 正转；当按下 SB_3 时，交流接触器 KM_2 线圈得电，KM_2 的常开主触头 KM_2 接通，电路实现交叉连接，改变电枢回路中的电流流向，直流电动机 M 反转。电路中实现互锁，接通一条支路时，立即切断另一条支路。调节 RP 可以改变电动机的转速。

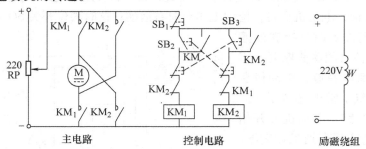

图 11-23　他励直流电动机的正反转控制电路

第十八节　串励直流电动机的正反转控制电路

在图 11-24 控制电路中，按下 SB_2 时，交流接触器 KM_1 线圈得电，KM_1 的常开主触头 KM_1 接通，直流电动机 M 正转；当按下 SB_3 时，交流接触器 KM_2 线圈得电，KM_2 的常开主触头 KM₂ 接通，电路实现交叉连接，改变励磁绕组 W 中的电流流向，串联直流电动机 M 反转。电路中实现互锁，接通一条支路时，立即切断另一条支路。

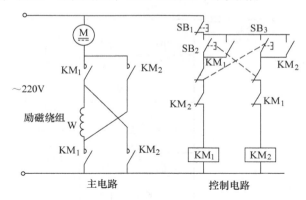

图 11-24　串励直流电动机的正反转控制电路

第十九节　直流电动机反接制动电路

图 11-25 所示为直流电动机反接制动电路。制动时，按下停止按钮 SB₂，断开常闭触头，使 KM₁ 失电释放，而后接通制动接触器 KM₂ 电路。KM₂ 得电动作，将电枢电源反接，电动机电磁转矩成为制动转矩，使电动机转速迅速下降到接近零时，放开停止按钮 SB₂，制动过程结束。

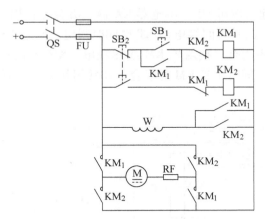

图 11-25　直流电动机反接制动电路

第二十节　直流电动机能耗制动电路

图 11-26 所示是直流电动机能耗制动电路。制动时，按下停止按钮 SB₂，接触器 KM₁ 失电释放，其常闭触头接通，电压继电器 KV 获电动作，其常开触头闭合，使制动接触器 KM₂ 获电动作，将制动电阻 R 并联在电枢两端，这时因励磁电流方向未变，电动机产生的转矩

为制动转矩，使电动机迅速停转。当电枢反电势低于电压继电器 KV 释放电压时，KV 释放，使 KM₂ 失电释放，制动过程结束。

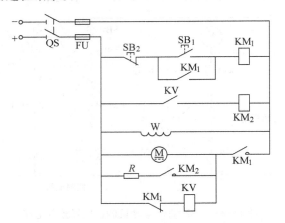

图 11-26 直流电动机能耗制动电路

第二十一节 能发出起停信号的控制电路

一些大型的机械设备，靠电动机传动的运动部件移动范围很大，故起动前都需发出起动信号，经过一段时间再起动电动机，以便告知工作人员及维修人员远离设备，图 11-27 所示电路可实现自动发出起动信号这一功能。

需要起动时，按下起动按钮 SB₂，继电器 KA 得电吸合并自锁，其常开触头闭合，电铃和灯光均发出起动信号，此时时间继电器 KT 也同时得电，经过 1min 后（时间可根据需要调整），KT 延时闭合触头闭合，接触器 KM 线圈获电，KM 主触头闭合，常开辅助触头自锁，电动机 M 开始运转，同时由于 KM 的吸合，其常闭触头又断开了 KA 和 KT，电铃和灯泡失电停止工作。

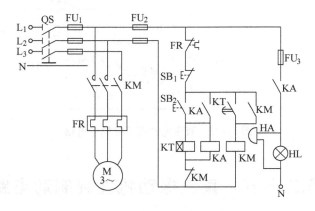

图 11-27 能发出起停信号的控制电路

第二十二节　自动切换的两台电动机按顺序起动逆序停止的控制电路

电路在控制电气设备的起动时，先起动电动机 M_1，延时自动起动电动机 M_2，而在停止时则相反，即先停止电动机 M_2，再延时自动停止电动机 M_1。自动切换的两台电动机按顺序起动逆序停止的控制电路如图 11-28 所示。

工作原理：当起动时，按下起动按钮 SB_2，得电延时时间继电器 KT_1 及失电延时时间继电器 KT_2 线圈同时得电吸合，且 KT_1 不延时瞬动触头闭合自锁。KT_2 延时断开的常开触头闭合，交流接触器 KM_1 线圈得电吸合，其主触头 KM_1 闭合，电动机 M_1 起动。

经一定延时后，KT_1 延时闭合的常开触头闭合，交流接触器 KM_2 线圈得电吸

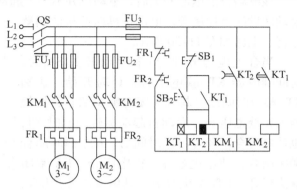

图 11-28　自动切换的两台电动机
按顺序起动逆序停止的控制电路

合，KM_2 主触头闭合，电动机 M_2 起动，实现先起动电动机 M_1，再自动起动电动机 M_2。

停止时，则按下停止按钮 SB_1，此时 KT_1、KT_2 线圈均失电释放。KT_1 延时闭合的常开触头复位，KM_2 线圈断电释放。

电动机 M_2 停止工作；经一定延时后，KT_2 延时断开的常开触头恢复常开，KM_1 线圈断电释放，电动机 M_1 停止工作。完成停止时，先停止电动机 M_2 再自动停止电动机 M_1。

第二十三节　三相绕线转子异步电动机的控制电路

图 11-29 所示为三相绕线转子异步电动机的控制电路，该电路采用时间继电器来控制转子电阻的分断切除。

合上 QS，按下 SB_1，结果如下：

1）KM_1 线圈有电，触头（1—3）闭合，自锁；KM_1 线圈得电→KM_1 主触头闭合→电动机 M 开始起动（R_1、R_2 串入）运转；KM_1（1—5）触头闭合→KT_1 线圈通电→KT_1（1—7）触头延时闭合。

2）KM_2 线圈得电→KM_2 主触头闭合→R_1 被短接（切除）；

KM_2（1—9）触头闭合→KT_2 线圈通电→KT_2（1—11）触头延时闭合。

3）KM_3 线圈通电→KM_3 主触头闭合→R_2

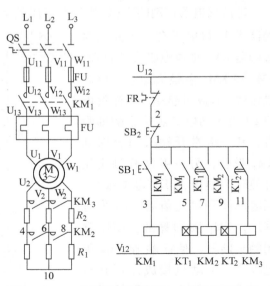

图 11-29　三相绕线转子异步电动机的控制电路

被短接（切除）→起动过程结束。

第二十四节　自动延时起动的控制电路

　　该电路合上电源开关后，电动机并不马上起动，而要延迟一段规定的时间，可用于机床自动间歇润滑控制等。电动机延时开机的间歇运行，电路如图 11-30 所示。

　　当合上电源开关 QS 和手动开关 SA 时，时间继电器 KT_1 获电吸合，计时开始。达到 KT_1 整定时间后，其延时闭合触头闭合，接触器 KM 获电吸合，电动机起动运转。同时 KT_2 也获电吸合，经过一段时间后，KT_2 延时闭合触头闭合，使继电器 KA 得电吸合，KA 常闭触头断开，KT_1 失电释放，其触头断开，KT_2、KM、KA 均失电，电动机停转，但手动开关 SA 仍处于闭合状态，于是 KT_1 又进入计时状

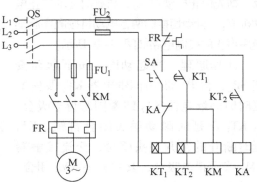

图 11-30　自动延时起动的控制电路

态。至计时时间到达后，KT_1 触头闭合，电动机又开始起动运行。以后的运行过程与前述相同，电动机 M 开开停停，周而复始。

第二十五节　用直流继电器控制的丫—△减压起动控制电路

　　通常的丫—△形起动器是以时间继电器来控制的。时间继电器控制的不足之处是，不能随负载变化自动调整起动时间。改用电流继电器控制的丫—△形起动器能随负载轻重在一定范围内自动调整起动时间。

　　电流继电器控制的丫—△形自动减压起动电路如图 11-31 所示。按下起动按钮 SB_2，接触器 KM_1 得电吸合，与此同时接触器 KM_2 也得电吸合并自锁，KM_1 和 KM_2 主触头闭合，电动机接成丫形减压起动。电流继电器 KI 受起动电流影响也随即吸合，其一组常开触头闭合保证 KM_1 吸合，另一组常开触头闭合使时间继电器 KT 得电吸合。当电流降到额定值后，KI 失电释放，KM_1 随即释放。KM_1 常闭触头断开，使接触器 KM_3 得电吸合，电动机接成△形在全压下运行。停止时只要按下停

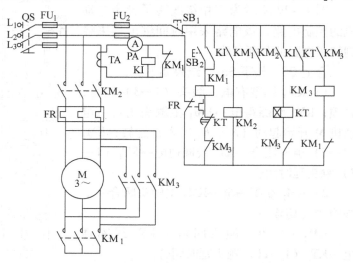

图 11-31　用直流继电器控制的减压起动控制电路

止按钮 SB_1 即可。

KT 延时断开触头的作用是保证当 KI 因故障不能释放时，将 KM_1 断开，其时限整定必须大于电动机最长起动时间。

第二十六节   防止两地误操作的控制电路

采用如图 11-32 所示电路，可以防止两地误操作。需要开车时，位于甲地的操作人员按住起动按钮 SB_2，这时只能使安装在乙地的蜂鸣器 HA_2 得电鸣响，待位于乙地的操作人员听到铃声按下起动按钮 SB_3 后，使安装在甲地的蜂鸣器 HA_1 得电鸣响，接触器 KM 才能得电吸合并自锁，其主触头闭合，电动机 M 才能起动，与此同时，KM 的常闭触头断开，使 HA_1、HA_2 失电。需要停车时，甲地的操作人员可以按下 SB_1，乙地的操作人员可以按下 SB_4。

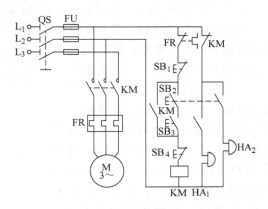

图 11-32   防止两地误操作的控制电路

第二十七节   间歇控制电路

在生产中，根据工艺的需要，电动机要时停时转，就叫做间歇控制。如图 11-33 所示电路，可以实现这种控制方式。

合上电源开关 QS 和手动开关 SA，交流接触器 KM 和时间继电器 KT_1 获电吸合，KM 主触头闭合，电动机 M 起动运行。当运行一段时间（由 KT_1 时间继电器确定）之后，KT_1 延时闭合的触头闭合，接通继电器 KA 和时间继电器 KT_2 电路，KA 常闭触头断开，KM 失电，电动机 M 停止工作。经过一段时间之后，KT_2 延时断开的触头断开，使继电器 KA 断电释放，中间继电器 KA 的常闭触头闭合，再次接通 KM 线圈电路，电动机重新起动运行。

按钮开关 SB 可在电动机停转期间随时点动控制电动机。

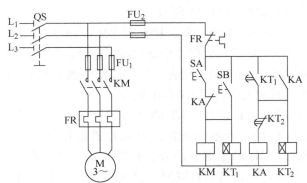

图 11-33   间歇控制电路

第二十八节　固定电源相序的控制电路

在采用三相 380V、50Hz 电源供电的电动机电气电路中，设置三相电源相序保护电路，可以防止当电源相序接错时，电动机由于运转方向相反，而造成的机械损坏或生产事故。

固定三相电源相序的电动机控制电路如图 11-34 所示。

三相电源 L_1 相和 L_2 相上分别接有电阻 R_1 和电容 C_1，公共端为 0。L_3 相上接有电阻 R_2 与整流桥 UR 串联电路，然后也交汇于公共端 0。整流桥 UR 的直流输出电压经稳压二极管 VS，给继电器 KA 线圈供电，电容 C_2 起平滑线圈上直流电压的作用。压敏电阻 RV 正常情况下不导通，当整流桥 UR 输出端出现过电压时，RV 导通，吸收过电压，以保护稳压管 VS、继电器 KA 和电容 C_2 不损坏，从而确保继电器 KA 不产生误动作。

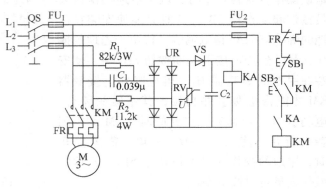

图 11-34　固定三相电源相序的电动机控制电路

当三相电源 L_1、L_2、L_3 为正向相序时，继电器 KA 上的电压约为 23V，KA 得电吸合，其常开触头闭合，接通控制电路电源，可以起动电动机。

当三相电源 L_1、L_2 和 L_3 相序接错时，继电器 KA 上的电压约为 5V，不能得电吸合，其常开触头保持断开，不能接通控制电路电源，不能起动电动机。

该相序保护电路兼备断相保护功能。当 L_3 相断相时，整流桥 UR 将无输入交流电压，也就没有直流电压输出，继电器 KA 无电，其常开触头仍保持断开。

第二十九节　自耦变压器减压控制电路

自耦变压器减压控制电路如图 11-35 所示。

合上电源开关 QS，按下起动按钮 SB_2，接触器 KM_1 得电吸合并自锁，其主触头闭合，将自耦变压器 TM 接在电源与电动机之间，电动机减压起动。KM_1 的辅助常闭触头断开，保证 KM_2 不能得电；KM_1 的辅助常开触头闭合，使中间继电器 KA_1 得电吸合并自锁。KA_1 的常开触头闭合，使通电延时时间继电器 KT 得电吸合。

当电动机转速接近其额定转速时，KT 的延时闭合的常开触头闭合，使中间继电器 KA_2 得电吸合并自锁。KA_2 的常开触头闭合，为 KM_2 得电作准备。KA_2 的常闭触头断开，使接触器 KM_1 失电释放。KM_1 的主触头断开，切断电动机的电源，KM_1 的常闭触头复位闭合，使 KM_2 得电吸合并自锁，电动机脱离自耦变压器，经 KM_2 的主触头在全压下正常运行。

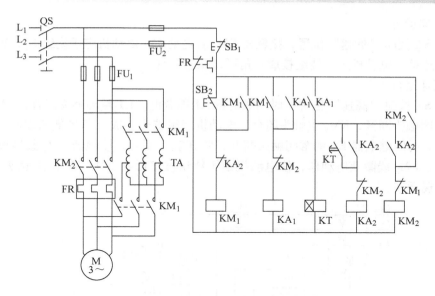

图 11-35 自耦变压器减压控制电路

第三十节 电动机准确定位控制电路

电动机准确定位控制电路如图 11-36 所示。主电路采用桥式全波整流，提供直流进行能耗制动，限位开关 SQ 控制电动机在预定位置断电，准确定位停止，并进行能耗制动。FR 热继电器起过载保护作用。

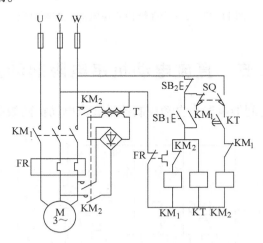

图 11-36 电动机准确定位控制电路

第三十一节 △—丫丫转换双速电动机控制电路

△—丫丫转换双速电动机控制电路如图 11-37 所示。工作原理如下：

（1）低速运行

将开关 SA 扳向"低速"位置，接触器 KM₁ 获电动作，电动机定子绕组 U₁、V₁、W₁ 出线端与电源连接，电动机走子绕组接成三角形，低速运行。

（2）高速运行

将开关 SA 扳向"高速"位置，时间继电器 KT 圈获电，KT 瞬动触头闭合，KM₁ 线圈获电，KM₁ 常闭触头断开，KM₁ 主触头闭合，电动机绕组首先接成三角形低速起动。经过 KT 一定的延时，时间继电器 KT 的常闭触头断开，常开触头闭合，接触器 KM₁ 线圈断电释放，接触器 KM₂、KM₃ 线圈获电动作，使电动机定子绕组被接触器 KM₂、KM₃ 主触头换接成双星形，以高速运转。

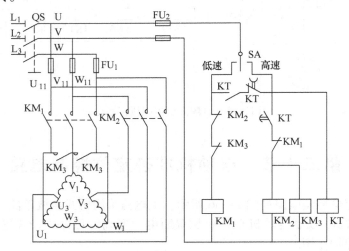

图 11-37　△—YY转换双速电动机控制电路

第三十二节　直流电动机串电阻起动控制电路

图 11-38 所示是用时间继电器来自动控制他励直流电动机两级串电阻起动控制电路。其工作原理如下：

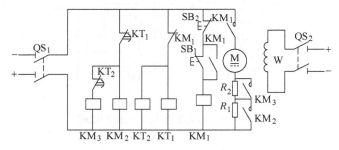

图 11-38　直流电动机串电阻起动控制电路

首先合上开关 QS₂、QS₁，励磁绕组 W 获电励磁，与此同时，时间继电器 KT₁ 和 KT₂ 的线圈也同时获电，它们的常闭触头瞬时断开，使接触器 KM₂、KM₃ 的线圈断电，于是并联

在起动电阻 R_1 和 R_2 上的接触器常开触头 KM_2 和 KM_3 处于断开状态，从而保证了电动机在起动电阻全部串入电枢回路中时，电动机才能起动。

按下起动按钮 SB_1，接触器 KM_1 线圈获电动作，接通电枢回路，并自锁。电动机在串入全部起动电阻情况下减压起动。同时由于 KM_1 的常闭触头断开，使时间继电器 KT_1 和 KT_2 线圈断电并延时释放，其中的 KT_1 常闭触头经过一定的延时时间，先延时闭合，接触器 KM_2 线圈获电，其常开触头闭合，将起动电阻 R_1 短接，然后 KT_2 常闭触头适时闭合将电阻 R_2 短接，电动机起动完毕，投入正常运转。

第三十三节　交流电动机调速电路

1. 电路原理简介

由触发线路输出尖脉冲去触发双向晶闸管使其导通，经电容将 220V 单相电源移相后接电动机使之运转。调整 30W 电位器则改变触发线路的输出脉冲，从而改变 VTH 的导能角，改变定子绕组上的电压大小，从而实现无级调速。该电路可采用两套触发电路，触发两个双向晶闸管，实现电机的正反转调速控制。

2. 元器件参数选择

主电路移相电容选 $90\mu F/600V$，VT_1 选 3CTS20A/800—1000V，FU_1、FU_2 选 10A，其余按电路图参数选择。

交流电动机调速电路原理如图 11-39 所示。

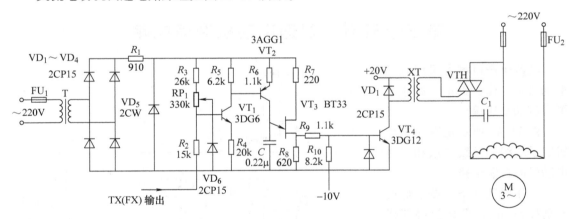

图 11-39　交流电动机调速电路

第三十四节　直流电动机调速电路

图 11-40 所示为并励直流电动机调速电路。该电路采用串电阻起动，改变励磁电流调速，能耗制动，适用于小容量的直流电动机。由于接触器线圈的工作电源采用交流供电，减小了直流电源的容量。

起动时，合上低压断路器 QF 和电源开关 QS，欠电流继电器 KA 得电吸合，为起动电动

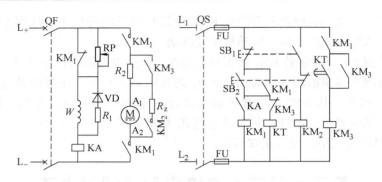

图 11-40　并励直流电动机调速电路

机做好准备。按下起动按钮 SB_2，接触器 KM_1 得电吸合并自锁，KM_1 主触头闭合，电枢绕组串联电阻 R_2 起动。同时时间继电器 KT 得电，经过一段时间的延时后，KT 延时常开触头闭合，KM_1 线圈得电吸合并自锁，KM_3 主触头闭合，将起动电阻 R_2 短接切除，电动机起动完毕，与此同时，KM_2 常闭触头断开，时间继电器 KT 线圈也断电释放。

调节变阻器 RP，可改变励磁电流的大小，变阻器增大，励磁电流减小，电动机转速升高；反之转速降低。停机时，先调节变阻器 RP，使电动机转速降至最低，然后按下停止按钮 SB_1，接触器 KM_2、KM_3 断电释放，电枢绕组断电，KM_1 常闭触头将 RP 短接，以保证电动机在强励磁情况下进行能耗制动，同时制动接触器 KM_2 得电吸合，KM_2 常开触头闭合，制动电阻 R_2 并联在电枢绕组两端，限制制动时的电枢电流，从而使电动机迅速平稳制动。

第三十五节　双速电动机调速电路

某些生产机械常采用双速电动机来工作，以扩大调速范围，例如车床等。

图 11-41 所示是双速电动机定子绕组的接线方法和双速电动机的控制电路。

工作原理如下：按下低速起动按钮 SB_1，低速接触器线圈 KM_1 通电，电动机低速运转。此时电动机的绕组作△联结。如需换为高速运转，可按下高速起动按钮 SB_3，于是线圈 KM_1 断电，高速接触器线圈 KM_2、KM_3 接通，电动机高速运转。此时电动机绕组作丫联结。

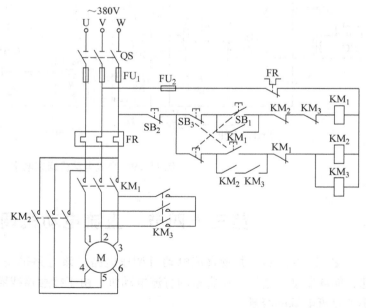

图 11-41　双速电动机调速电路

第三十六节 电动机正反转变频调速电路

电动机正反转变频调速电路如图 11-42 所示。

正转时，按下按钮 SB_1，中间继电器 K_1。得电吸合并自锁，其两副常开触头闭合，IRF—COM 接通，同时时间继电器 KT 得电进入延时工作状态。待延时结束后，KT 延时闭合触头动作，使交流接触器 KM_1，得电吸合并自锁。电动机正转运行。

欲要使 M 反转，在 IRF—COM 接通后，变频器 UF 开始运行，其输出频率按预置的升速时间上升至与给定相对应的数值。当按下停止按钮 SB_3 后，K_1 失电释放，IRF—COM 断开，变频器 UF 输出频率按预置频率下降至 0，M 停转。按下反转按钮 SB_2，则反转继电器 K_2 得电吸合，使接触器 KM_2 吸合，电动机反转运行。

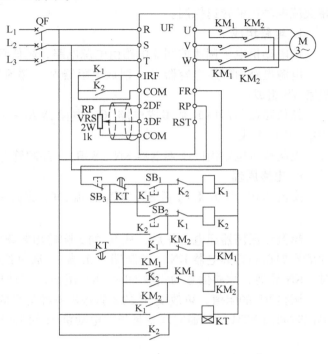

图 11-42 电动机正反转变频调速电路

为了防止误操作，K_1、K_2 互锁。RP 为频率给定电位器，须用屏蔽线连接。时间继电器 KT 的整定时间要超过电动机停止时间或变频器的减速时间。在正转或反转运行中，不可关断接触器 KM_1 或 KM_2。

第三十七节 单相交流电动机调速电路

单相交流电动机无级调速电路如图 11-43 所示。图中 C_2 和 RP 组成阻容移相桥，调节 RP，便可改变移相电桥输出的交流电压的相位，改变整流桥 UR_2 加在 VTH 门极上控制 VTH 的导通角，从而改变电动机 M 的工作电压，实现无级调速。

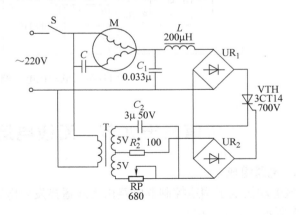

图 11-43 单相交流电动机无级调速电路

第三十八节　电动机电子调速电路

电动机电子调速电路如图 11-44 所示。电路具有简单、容易制作的特点，可用于小型单相交流电动机的转速控制。

1. 电路组成

该电动机电子调速控制器电路由电源电路、超低频振荡器和控制执行电路组成。

电源电路由降压电容器 C_3、泄放电阻器 R_1、整流二极管 VD_3、滤波电容器 C_1 和稳压二极管 VS 组成。

超低频振荡器由时基集成电路 IC、电阻器 $R_2 \sim R_4$、电位器 RP、电容器 C_2 和二极管 VD_1、VD_2 组成。

控制执行电路由固态继电器 KN（SSR）、晶闸管 VTH 和电阻器 R_5、R_6 组成。

2. 电路原理

交流 220V 电压经 C_3 降压、VD_3 整流、C_1 滤波和 VS 稳压后，为 IC 提供 + 12V 工作电压。

超低频振荡器通电工作后，从 IC 的 3 脚输出频率为 1Hz 左右的超低频脉冲信号。此脉冲信号加在固态继电器 KN 的控制端（正端），通过控制 KN 的通与断（脉冲信号为正脉冲时，KN 导通；脉冲信号为负脉冲时，KN 截止），来控制 VTH 的导通角。

调整 RP 的阻值，可改变 IC 的 3 脚输出脉冲信号的占空比。脉冲信号的占空比越大，在单位时间内 VTH 的导通时间就越长，电动机 M 的工作电压也越高，运转速度也越快。

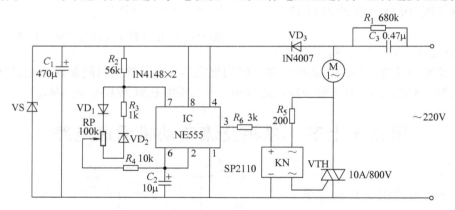

图 11-44　电动机电子调速电路

第三十九节　无线电遥控调速电路

1. 电路组成

该电动机电子调速控制器电路由无线遥控发射电路和无线遥控接收控制电路组成，如图 11-45 所示。

无线遥控发射电路由微功耗无线遥控发射集成电路模块 IC_1、时基集成电路 IC_2、二极

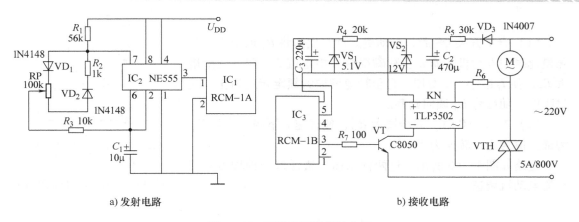

图 11-45 无线电遥控调速电路

管 VD_1、VD_2、电阻器 $R_1 \sim R_3$、电位器 RP 和电容器 C_1 组成。

无线遥控接收控制电路由微功耗无线遥控接收集成电路模块 IC_3、稳压二极管 VS_1、VS_2、电阻器 $R_4 \sim R_7$、二极管 VD_3、晶体管 VT、固态继电器 KN（SSR）和晶闸管 VTH 组成。

2. 电路原理

（1）无线电信号发射

IC_2 和 $R_1 \sim R_3$、RP、VD_1、VD_2、C_1 组成的占空比可调的超低频脉冲振荡器。该振荡器输出频率为 1Hz 左右的方波脉冲信号，作为控制信号加至 IC_1 的电源端，使 IC_1 发射超短波无线电信号。

（2）接收电路

VD_3、R_4、R_5、C_2、C_3 和 VS_1、VS_2 组成无线遥控接收电路的电源电路。220V 交流电压经 VD_3 整流、R_4 限流降压、C_2 滤波及 VS_2 稳压后，产生 +12V 电压供给固态继电器 KN。

+12V 电压还经 R_4 限流降压、VS_1 稳压及 C_3 滤波后，产生 +5V 电压，作为 IC_3 的工作电源。

IC_3 接收 IC_1 发射的超短波无线电信号，并对该信号进行解码等处理。在无信号时，IC_3 的 2 脚输出低电平，VT 处于截止状态，KN 处于关断状态。

（3）调速

当 IC_3 接收到无线电信号后，其 2 脚输出高电平，使 VT 和 KN 导通，改变晶闸管 VTH 的导通角，从而改变电动机 M 转速的高低。

调整 RP 的阻值，可改变超低频脉冲振荡器输出方波脉冲的占空比。方波脉冲信号的占空比越大，在单位时间内 VT 导通的时间就越长，M 的工作电压也越高，转速也越快。

第四十节 直流电动机改变励磁电阻和电枢电阻调速电路

利用改变电枢电阻 R_{a1} 及改编励磁电阻 R_n 调速。

（1）合上开关 QS 后，电动机起动，立即将 R_{a1} 调至零，并测量此时的电动机转速 n 及励磁绕组 L 中电流 I_f，随后逐渐增大 R_n，使 I_f 减小，n 增加，直至转速增加到额定转速为止。此过程中，随后将 R_n 调回到零。

（2）在 $R_n = 0$ 时，逐步增大 R_{a1}，使转速 n 下降，直至 R_{a1} 为最大值为止，转速为零。

电路如图 11-46 所示。这两种调速方法任选一种均可实现直流电动机调速。

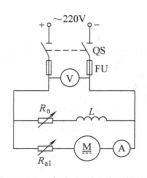

图 11-46　直流电动机调速电路

第四十一节　C650 型卧式车床电路

C650 型卧式车床共有三台电动机。组合开关 QS 将三相电源引入，FU_1 为主电动机 M_1 的短路保护用熔断器，FR_1 为 M_1 电动机过载保护用热继电器。R 为限流电阻，防止在点动时连续的起动电流造成电动机的过载。通过互感器 TA 接入电流表 A 以监视主电动机绕组的电流，用时间继电器 KT 控制电流表 A 躲过电动机起动电流，只检测电动机正常工作电流；主轴电动机 M_1 由接触器 KM_3、KM_4、KM 控制，可以正、反转控制，也可以点动控制，还可以双向反接制动控制。熔断器 FU_2 为 M_2、M_3 电动机和电源变压器 TC 的短路保护，KM_1 为 M_2 冷却泵电动机起动用接触器；FR_2 为 M_2 电动机的过载保护；KM_2 为快速电动机 M_3 的起动用接触器，因快速电动机 M_3 短时工作，所以不设过载保护。

C650 型卧式车床电气控制电路如图 11-47 所示。

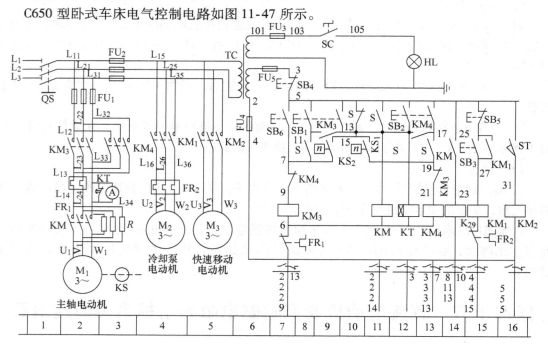

图 11-47　C650 型卧式车床电气控制电路

冷却泵电动机 M_2 由接触器 KM_1 控制。当按下冷却泵电动机 M_2 的起动按钮 SB_3 时，接触器 KM_1 闭合，冷却泵电动机 M_2 起动运转；当按下冷却泵电动机 M_2 的停止按钮 SB_5 时，冷却泵电动机 M_2 停转。快速移动电动机 M_3 由行程开关 ST 点动控制。

第四十二节　M7475 型立轴圆台平面磨床电路

M7475 型立轴圆台平面磨床各电动机的电气控制电路原理图如图 11-48 所示。从图中可以看出，M7475 型立轴圆台平面磨床由 6 台电动机拖动：砂轮电动机 M_1、工作台转动电动机 M_2、工作台移动电动机 M_3、砂轮升降电动机 M_4、冷却泵电动机 M_5 和自动进给电动机 M_6；按钮 SB_1 为机床的总起动按钮；SB_9 为总停止按钮；SB_2 为砂轮电动机 M_1 的起动按钮；SB_3 为砂轮电动机 M_1 的停止按钮；SB_4、SB_5 为工作台移动电动机 M_3 的退出和进入的点动按钮；SB_6、SB_7 为砂轮升降电动机 M_4 的上升、下降点动按钮；SB_8、SB_{10} 为自动进给起动和停止按钮；手动开关 SA_1 为工作台转动电动机 M_2 的高、低速转换开关；SA_5 为砂轮升降电动机 M_4 自动和手动转换开关；SA_3 为冷却泵电动机 M_5 的控制开关；SA_2 为充、去磁转换开关（图中未画出）。

按下按钮 SB_1，电压继电器 KV 通电闭合并自锁，按下砂轮电动机 M_1 的起动按钮 SB_2，接触器 KM_1、KM_2、KM_3 先后闭合，砂轮电动机 M_1 作 $Y-\triangle$ 减压起动运行。

将手动开关 SA_1 扳至"高速"挡，工作台转动电动机 M_2 高速起动运转；将手动开关 SA_1 扳至"低速"挡，工作台转动电动机 M_2 低速起动运转。

按下按钮 SB_4，接触器 KM_6 通电闭合，工作台电动机 M_3 带动工作台退出；按下按钮 SB_5，接触器 KM_7 通电闭合，工作台电动机 M_3 带动工作台进入。

砂轮升降电动机 M_4 的控制分为自动和手动。将转换开关 SA_5 扳至"手动"挡位置（SA_{5-1}），按下上升或下降按钮 SB_6 或 SB_7，接触器 KM_8 或 KM_9 得电，砂轮升降电动机 M_4 正转或反转，带动砂轮上升或下降。

将转换开关 SA_5 扳至"自动"挡位置（SA_{5-2}），按下按钮 SB_{10}，接触器 KM_{11} 和电磁铁 YA 通电，自动进给电动机 M_6 起动运转，带动工作台自动向下进给，对工件进行磨削加工。加工完毕，压合行程开关 ST_4，时间继电器 KT_2 通电闭合并自锁，YA 断电，工作台停止进给，经过一定的时间后，接触器 KM、KT_2 失电，自动进给电动机 M_6 停转。

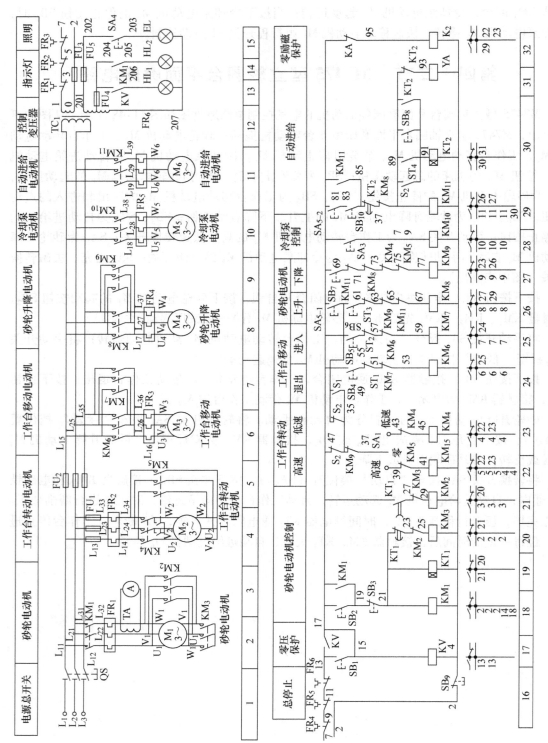

图 11-48 M7475 型立轴圆台平面磨床电路

第四十三节　X8120W 型万能工具铣床电路

如图 11-49 所示，X8120W 型万能工具铣床有两台电动机。一台是主机铣头电动机，为双速式，高速时电动机线圈为双星路联结，并且铣头电动机需正反方向运转；另一台为冷却泵电动机 M_1，它由转换开关 QS_2 来进行通断控制。

铣床需要工作时可合上刀开关 QS_1，这时，拨动双速开关，先定为高速运转时需将开关 SK 的 1、2 接通，欲选定低速运转，可将双速开关 SK 的 1、3 接通，然后按下按钮 SB_1，接触器 KM_3 得电吸合，电动机 M_2 开始正转运行。若需停止电动机 M_2 运行时，可按下 SB_2，若工作需要反转时，按下 SB_3 按钮，接触器 KM_4 与接触器 KM_1 闭合，使电动机 M_2 在高速上反转运行，停车

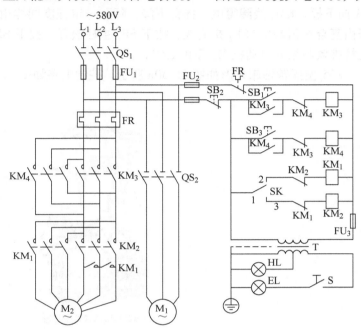

图 11-49　X8120W 型万能工具铣床电路

时按下 SB_2 即可停止电动机运行。若这时想改变为低速运行，只要把双速开关转向 1、3 接通时，即可操纵按钮正反转工作均为低速运行。低压灯工作时开动开关 S 即可；M_1 冷却泵电动机工作时，只要将换开关 QS_2 拨向接通位置，M_1 便能开始运转工作。

第四十四节　Z35 型摇臂钻床电路

Z35 型钻床能用于钻孔、扩孔、铰孔、镗孔，以及刮平面、攻螺纹等。它由一台电动机拖动，用变速箱调节主轴转速和进刀量。在加工螺纹时，主轴的正、反转一般用机械方法变换。其电气要求如下：

1）它的主轴调速范围较大，故有采用多速异步电动机拖动的。这样可以简化变速箱的机械结构。

2）摇臂的升降、夹紧、放松，应能自动循环。在摇臂上升或下降之前，必须先自动松开夹紧装置。摇臂升或降到指定位置停止后，夹紧装置又能自动将摇臂夹紧。

3）为了保证安全，主轴旋转和摇臂升降不允许同时进行。

4）摇臂的升降机构应设有电气极限保护。

5）立柱和主轴箱的夹紧和放松，可采用电动机直接传动或另用一台电动齿轮泵来控制，用点动正转和反转使立柱夹紧和放松。另外又通过电气联锁同时使主轴箱夹紧。

当开始工作时，将转换开关 SA 扳向左方，左面触头闭合，零压继电器 KA 线圈得电，常开触头闭合自锁。然后将 SA 扳向右方，接通 KM_1 线圈使主轴电动机 M_2 通电运转，运转方向由摩擦离合器手柄位置决定。摇臂升降同样由 SA 控制，当 SA 向上扳时，KM_2 接触器得电吸合，电动机 M_3 运转，摇臂向上，升至一定程度时，限位开关 SQ_1 限位，停止上升。SA 向下扳，KM_3 线圈得电，摇臂下降，降至一定程度同样由限位开关限位。主柱夹紧与松开由复合按钮 SB_1、SB_2 来完成，按下 SB_1 主柱松开，按下 SB_2，主柱夹紧，当松开按钮后，主柱夹紧与松开电动机 M_4 停止工作。

Z35 型摇臂钻床外形如图 11-50a 所示，控制电路如图 11-50b 所示。

a)Z35型摇臂钻床外形

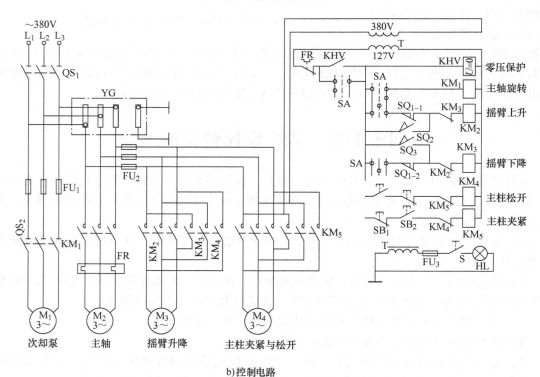

b)控制电路

图 11-50　Z35 型摇臂钻床的外形及控制电路

第四十五节 滚齿机电路

一般生产车间、机修车间常用一种 Y3150 型滚齿机，这种滚齿机主要有两台电动机，M_1 是刀架电动机，为正反转点动和单向起动运行；M_2 为冷却泵电动机，由转换开关控制正反转开停。它的控制电路中带有正反转到位限位开关，并附有低压照明和指示灯电路。

图 11-51 是 Y3150 型滚齿机外形和控制电路。工作时按下按钮 SB_1，此时接触器 KM_1 得电吸合，主触头闭合，使电动机 M_1 带动刀架向下移动工作，到达终点与行程开关 SQ_2 相碰后停止运转。如果要求刀架向上移动，按下起动按钮 SB_4 即可使电动机 M_1 反转向上移动。如需刀架主电动机 M_1 点动向下，按下按钮 SB_3 即可实现点动。

操作冷却泵电动机 M_2 时，只要在主机电动机 M_1 运行后，拨动转换开关即可使冷却泵电动机 M_2 工作。如果在工作时，限位开关 SQ_1 动作后，机床便无法工作，只要用机械手柄把滚刀架移开限位开关与挡铁接触处，机床便能工作。

a)Y3150型滚齿机外形

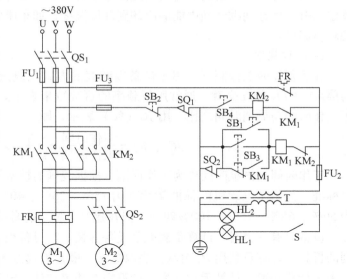

b)Y3150型滚齿机控制电路

图 11-51 Y3150 型滚齿机的外形及控制电路

第四十六节 动力用电负载的计算

1. 基本参数

在计算各种用电设备的容量之前，首先介绍几个参数名称：

1）额定功率：额定功率就是电气设备铭牌上的有功功率（kW），用 P_N 表示。

2）设备容量：把设备额定功率换算到统一工作制下的额定功率，称为设备容量，用 P_e 表示。

3）计算负载：按照设备的热效应原理，以设备的不变负载反映变动负载的假想负载，计算负载用 P_c 表示。

2. 用电设备的工作制

（1）长期连续工作制

长期连续工作制又叫连续运行工作制或长期工作制，是指电气设备在运行工作中能达到稳定的温升，能在规定环境温度下连续运行，设备任何部分的温度和温升均不超过允许值。如照明灯具、水泵、空气压缩机、电热设备等，它们在工作中时间长，温度稳定。

（2）断续运行工作制

断续运行工作制或称反复短时工作制，设备以断续方式反复工作，工作时间 t_g 与停歇时间 t_T 相互交替重复，一个周期不超过 10min，如起重机等。断续工作制的设备用暂载率表示其工作特性。

（3）短时运行工作制

短时运行工作制是指运行时间短而停歇时间长，设备在工作时间内的发热量不足以达到稳定温升，而在间歇时间内能够冷却到环境温度，如车床电动机在停止时间内，温度能降回到环境温度。

（4）暂载率

在反复短时工作制下，用电设备以断续的方式反复进行周期性的工作，其工作时间 t_g 与停歇时间 t_T 相互交替，通常用暂载率的百分数来表示。一个周期内用电设备的暂载率等于工作时间与周期时间之比，用 JC（%）表示，即

$$JC（\%）= \frac{工作时间}{工作周期} = \frac{t_g}{t_g + t_T} \times 100\% \tag{11-1}$$

工作时间加停歇时间称为工作周期。根据我国的技术标准规定：工作周期以 10min 为计算标准，如吊车电动机的标准暂载率为 15%、25%、40%、60% 四种；电焊设备的暂载率为 50%、65%、75%、100% 四种。但在建筑工程中通常按 100% 考虑。

设备只有一台时，计算负载就是设备容量。当设备很多时，计算其总容量时还要打一系列的折扣，计算负载用 P_c 表示。当取 30min 最大负载为计算负载时，分别用 P_{30}、Q_{30}、S_{30}、I_{30} 表示计算功率、计算无功功率、计算视在功率和计算电流。

3. 电气设备容量的计算方法

对不同工作制的用电设备，其设备容量应按如下方法计算。

（1）长期工作制电动机的设备容量计算

电气设备的容量等于铭牌标明的额定功率（kW）计算设备容量，即

设备容量 P_e = 额定功率。

计算容量

$$P_c = P_e = P_N \tag{11-2}$$

（2）反复短时工作制电动机的设备容量计算

反复短时工作制下设备的工作时间较短，它的暂载率 JC 是一个周期内的工作时间和工作周期的百分比。

$$JC = (t_g/T) \times 100\% = [t_g/(t_g - t_T)] \times 100\% \tag{11-3}$$

式中，T 为工作周期；t_g 为工作周期内的工作时间；t_T 为工作周期内的停止时间；

按规定应该把反复短时工作制下的设备容量统一换算到 JC 等于 25% 时的额定功率（kW）。若 JC 不等于 25% 时，应按下式换算到 JC 等于 25%，如吊车、水闸等设备。

$$P_e = \frac{\sqrt{JC}}{\sqrt{JC_{25}}} P_N = 2P_N \sqrt{JC} \tag{11-4}$$

式中，P_e 为换算到 $JC_{25} = 25\%$ 时电动机的设备容量（kW）；JC 为铭牌暂载率，以百分值代入公式；P_N 为电动机铭牌额定功率（kW）。

（3）系数法计算负载

用电设备组的计算负载是指用电设备组从供电系统中取用的 30min 最大负载 P_{30}，用电设备组的设备容量 P_e 是指设备组内全部设备（不包括备用设备）的额定容量之和，即 $P_e = \sum P_N$。当设备的暂载率不是 100% 时，需要求出折合以后的设备容量。计算公式为

$$P_{30} = \frac{K_\Sigma K_L}{\eta_e \eta_{WL}} P_e \tag{11-5}$$

式中，K_Σ 为设备组的同期系数，即设备组在最大负载时的输出功率与运行设备容量之比值；K_L 为设备组的负载系数；η_e 为设备组的平均效率，即设备组在最大负载时的输出功率与取用功率之比；η_{WL} 为配电线路的平均效率，即配电线路在最大负载时的末端功率（设备组的取用功率）和首端功率（计算负载）之比。

设 $K_\Sigma K_L / \eta_e \eta_{WL} = K_x$，$K_x$ 称为利用系数，即

$$K_x = P_j / P_e \tag{11-6}$$

利用系数法确定用电设备组的有功功率，可用如下公式计算：

$$P_{30} = K_x P_e \tag{11-7}$$

其他负载的参数计算：

无功功率计算 $\qquad\qquad\qquad Q_{30} = P_j \mathrm{tg}\varphi \tag{11-8}$

视在功率计算 $\qquad\qquad\qquad S_{30} = P_j / \cos\varphi \tag{11-9}$

电流计算 $\qquad\qquad\qquad I_{30} = S_j / \sqrt{3} U_N \tag{11-10}$

式中，$\mathrm{tg}\varphi$ 为对应于用电设备组 $\cos\varphi$ 的正切值；$\cos\varphi$ 为用电设备组的平均功率因数；U_N 为用电设备的额定线电压。

4. 计算举例

例 11-1 某厂有吊车共 40kW，铭牌暂载率为 40%，求换算到 JC 为 25% 时设备的容量是多少？如换算到 JC 为 100% 时设备的容量是多少？（$\cos\varphi = 0.6$）

解： 换算到 JC 为 25% 时设备容量

$$P_e = \frac{\sqrt{JC}}{\sqrt{JC_{25}}} P_N = 3P_N \sqrt{JC} = \sqrt{\frac{0.4}{0.25}} \times 40\mathrm{kW} = 50.6\mathrm{kW}$$

JC 换算到 100% 时设备容量

$$P_e = \sqrt{JC\ JC_{100}} P_N \cos\phi = \sqrt{40\%\ 100\%} \times 40 \times 0.6\mathrm{kW} = 15.18\mathrm{kW}$$

例 11-2 某建筑工地的临时用电设备有：三相交流电机 10kW2 台，5kW8 台，2kW10 台，1kW40 台，计算负载量。

解： 设备的总量为

$$P_e = 10 \times 2kW + 5 \times 8kW + 2 \times 10kW + 1 \times 40kW = 120kW$$

取 $Kx = 0.2$，$\cos\varphi = 0.8$，$tg\varphi = 1.70$

有功负载 $\quad P_{30} = K_x \sum P_e = 0.2 \times 120kW = 24kW$

无功负载 $\quad Q_{30} = P_{30}tg\varphi = 24kW \times 1.70 = 40.8kVar$

视在负载 $\quad S_{30} = P_{30}/\cos\varphi = 24kW/0.8 = 30kV \cdot A$

计算电流 $\quad I_{30} = S_{30}/(\sqrt{3}U_N) = 30kV \cdot A/(\sqrt{3} \times 0.38kV) = 46A$

第十二章　PLC 控制技术

第一节　PLC 技术概述

1. PLC 的由来

可编程序控制器（Programmable Logic Controller，PLC），是微型计算机技术与继电器常规控制技术相结合的产物，是在顺序控制器的基础上发展起来的新型控制器，是一种以微处理器为核心，用作数字控制的专用计算机。

20 世纪 70 年代初，由于计算机技术和集成电路的迅速发展，美国首先把计算机技术应用于控制装置中。可编程序控制器就是一种利用计算机技术设计的顺序控制装置，它采用了专门设计的硬件，而它的控制功能则是通过存放在存储器中的控制程序来确定的。因此若要对控制功能作一些修改，只需改变软件即可。

2. PLC 控制和传统电器控制的异同

PLC 控制系统与电器控制系统相比，有许多相似与不同之处。

相似之处为：PLC 是在传统的继电器-接触器控制系统基础上，与计算机技术结合的产物。它是一种软硬件结合的技术，未来有取代传统继电器-接触器控制系统的趋势。

PLC 和电器控制系统相比，有以下不同之处：

（1）控制方法不同

电器控制系统控制逻辑采用硬件接线，利用继电器机械触头的串联或并联等组合成控制逻辑，其连线多且复杂、体积大、功耗大，电路构成后，想再改变或扩展功能比较困难。另外，继电器的触头数量有限，所以电器控制系统的灵活性和可扩展性受到很大限制。而 PLC 采用了计算机技术，要改变控制逻辑只需改变程序，因而很容易改变或增加系统功能。系统连线少、体积小、功耗小，而且继电器的触点数量是无限的，根据生产工艺的改变而改变。

（2）控制速度快、无抖动

电器控制系统依靠机械触头的动作以实现控制，工作频率低，机械触头还会出现抖动问题。而 PLC 通过程序指令控制半导体电路来实现控制的，速度快，程序指令执行时间在 μs 级，且不会出现触点抖动问题。

（3）定时准确和计数功能

电器控制系统采用时间继电器的延时动作进行时间控制，延时时间易受温度变化的影响，定时精度低，一般无计数功能；而 PLC 采用电子集成电路作定时器，时钟脉冲由晶体振荡器产生，定时准确、范围宽，用户可根据需要在程序中设定定时值，修改方便，不受温度变化的影响，且 PLC 具有计数功能。

（4）可靠性高、可维护性好

由于电器控制系统使用了大量的机械触头，在运行中存在机械磨损、电弧烧伤等，寿命短，系统的连线多，所以可靠性和可维护性较差。而 PLC 大量的开关动作由无触点的电子电路来完成，其寿命长、可靠性高，除此之外，PLC 还具有自诊断功能，能查出自身的故障，随时显示给操作人员，并能动态地监视控制程序的执行情况，为现场调试和维护提供了方便。

3. PLC 常用产品型号

美国和德国的 PLC 技术是各自独立研究开发的，因此有明显的不同。而日本的 PLC 技术是由美国引进的，在美国的 PLC 产品基础上有一定的继承和发展。美国和德国以大、中型 PLC 闻名，而日本则以小型 PLC 著称。PLC 可按地域分成三大流派，如表 12-1 所示。

表 12-1　PLC 产品对照表

国 别	生 产 单 位	主要产品型号	大、中、小型	产 品 特 点
美国	A-B 公司、通用电气公司（GE）、莫迪康公司等 100 多家	PLC5/250、SLC500、GE-1、GE-1/J、M84、M484、M584 等	大、中、小齐全	技术精良，I/O 点配置多、功能强、可靠性高等
德国	西门子公司	S5、S7 系列及其派生的产品	大、中、小齐全	技术精良，与美国的 A-B 公司产品齐名
日本	欧姆龙、松下、三菱、富士、日立、东芝等公司	F1/F2 系列、A 系列、Q 系列、SP 系列等	小型机为主	小型机占世界 70% 份额
中国	联想公司、上海机床电器厂、苏州电子厂、天津仪表公司等	PLC-0088、GK-40、CKY-40、DKK02、SR-10 等	研发阶段	与国外合资，赶超世界先进水平

4. PLC 的组成结构

常用的 PLC 有 IP 系列和 C 系列。

IP 系列 PLC 是第四代微型可编程序控制器。由美国 IBM 公司于 20 世纪 90 年代开发的小型 PLC 产品。它以一个高性能的单片机为核心，构成一种整体式的可编程序控制器，可靠性高。IP 系列 PLC 可与微型计算机实时通信，把微型计算机作为上位机，构成多级控制或集散控制。

日本 OMRON 公司生产的可编程序控制器，在我国广泛用于工业过程控制和自动化制造、机械加工等领域。OMRON C 系列 PLC 有大、中、小型机及超小型机，十几种型号，其中 C20、C20P、C28P、C60P 为超小型机，I/O 点数从几十点扩展到 140 点。C120、C200H 为小型机，C200H 最多可达到 384 点，可连接智能 I/O 模块，是一种小型高性能的 PLC。中型 PLC 有 C500 和 C1000H 两种，I/O 点数分别为 512 点和 1024 点；C1000H PLC 采用多处理器结构，功能齐全，处理速度与大型机相同。C2000H 为大型机，它采用积木式 CPU 母板（双 CPU 母板），使其功能全、容量大、速度快，I/O 点数可达 2048 点，是目前 OMRON 公司生产的一种功能较强的 PLC。

按结构形式的不同，可编程序控制器可分为整体式和模块式两种。

整体式可编程序控制器将所有的电路都装入一个模块内，构成一个整体。因此，它的特点是结构紧凑、体积小、质量轻。

模块式可编程序控制器采用搭积木的方式组成系统，在一块基板上插上 CPU、电源、

IO 模块及特殊功能模块，构成一个总 I/O 点数很多的大规模综合控制系统。这种结构形式的特点是 CPU 模块、输入/输出都是独立模块。因此，可以根据不同的系统规模选用不同档次的 CPU 及各种 I/O 模块、功能模块。其模块尺寸统一、安装方便，对于 I/O 点数很多的大型系统的选型、安装调试、扩展、维修等都非常方便。这种结构形式的可编程序控制器除了各种模块以外，还需要用基板（主基板、扩展基板）将各模块连成整体；有多块基板时，则还要用电缆将各基板连在一起。

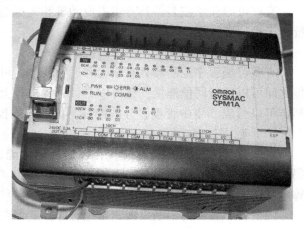

图 12-1 所示为可编程序控制器结构形式的外形。可编程序控制器的工作原

图 12-1 可编程序控制器结构形式的外形

理：可编程序控制器的输入电路是用来收集被控设备的输入信息或操作命令的；输出电路则是用来驱动被控设备的执行机构的。而执行机构与输入信号或操作命令之间的控制逻辑则靠微处理器执行用户编制的控制程序来实现。

5. PLC 的功能

随着科学技术的不断发展，可编程序控制技术日趋完善，其功能越来越强。它不仅可以代替继电器控制系统，使硬件软化，提高系统的可靠性和柔性，而且还具有运算、计数、计时、调节、联网等许多功能。可编程序控制器与计算机系统也不尽相同，它省去了一些函数运算功能，却大大增强了逻辑运算和控制功能，其中包括步进顺序控制、限时控制、条件控制、计数控制等，而且逻辑电路简单，指令系统也大大简化，程序编制方法容易掌握，程序结构简单直观。它还配有可靠的输入/输出接口电路，可直接用于控制对象及外围设备，使用极其方便，即使在很恶劣的工业环境中，仍能保持可靠运行。

（1）逻辑控制

可编程序控制器具有逻辑运算功能，它设置有"与"、"或"、"非"等逻辑运算指令，能够描述继电器触点的串联、并联、串并联、并串联等各种连接。因此它可以代替继电器进行组合逻辑和顺序逻辑控制。

（2）定时控制

可编程序控制器具有定时控制功能。它为用户提供若干个定时器，并设置了定时指令。定时时间可由用户在编程时设定，并能在运行中被读出与修改，定时时间的最小单位也可在一定的范围内进行选择，因此使用灵活，操作方便。

（3）计数控制

可编程序控制具有计数控制功能。可为用户提供若干个计数器，并设置了计数指令。计数值可由用户在编程时设置，并在运行中被读出与修改。

（4）A/D、D/A 转换

大多数可编程序控制器具有模/数（A/D）和数/模（D/A）转换功能，能完成对模拟量的检测与控制。

（5）定位控制

有些可编程序控制器具有步进电动机和伺服电动机控制功能，能组成开环系统或闭环系统，实现位置控制。

（6）通信与联网

有些可编程序控制器具有联网和通信功能，可以进行远程 I/O 控制，多台可编程序控制器之间可以进行同位连接，还可以与计算机进行上位连接。由一台计算机和多台可编程序控制器可以组成"集中管理、分散控制"的分布式控制网络，以完成较大规模的复杂控制。

（7）数据处理功能

大多数可编程序控制器都具有数据处理功能，能进行数据并行传送、比较运算；BCD码的加、减、乘、除等运算；还能进行字的按位"与"、"或"、"异或"、求反、逻辑移位、算术移位、数据检索、比较、数制转换等操作。

随着科学技术的不断发展，可编程序控制器的功能还在不断拓宽和增强。

第二节　PLC 的基本结构和各部分的作用

随着微电子技术、计算机技术的发展和数据通信技术的推进，PLC 已逐渐取代了传统的逻辑控制装置，是当前先进工业自动化的三大支柱之一。它在机电一体化产品中应用范围极广，例如在汽车制造、化工、食品、能源、木制品、造纸、冶金、机床、原材料处理、动力、纺织等行业中都有广泛的应用。

1. PLC 的组成

PLC 是一种数字式的自动控制装置，它能实现逻辑控制、顺序控制、定时、计数控制及算术运算等。用户可按各自的要求编写程序，存入 PLC 的 ROM 中，通过数字量或模拟量的输入及输出接口，去控制生产设备或生产工艺流程。PLC 具有可靠性高、适应工业现场的高温、冲击和振动等恶劣环境的特点。因而在工业生产控制与管理过程中，几乎 80% 以上的工作可以由 PLC 来完成。同时可取代继电器控制装置完成顺序控制和程序控制，进行 PID回路调节，也可以构成高速数据采集与分析系统，实现开环的位置控制和速度控制。它能与计算机联网通信，构成由计算机集中管理、用 PLC 进行分散控制的分布式控制管理系统。

可编程序控制器的品种繁多，大、中、小型 PLC 的功能也不尽相同，其结构也有所不同，但主体结构形式大体上是相同的，由中央控制单元、电源、输入/输出电路及编程器等构成。其结构框图如图 12-2 所示。

（1）中央控制单元

中央控制单元一般为微型计算机系统，包括微处理器、系统程序存储器、用户存储器、计时器、计数器等。

系统程序存储器用来存放系统程序。系统程序是可编程序控制器研制者所编制的程序，它包括监控程序、解释程序、自诊断程序、标准子程序以及各种管理程序。系统程序用来管理、协调可编程序控制器各部分的工作，翻译和解释用户程序，进行故障诊断等。

用户存储器可分为两大部分：一部分用来存储用户程序，常称为用户程序存储器，具有掉电保护功能；另一部分则作为系统程序和用户程序的缓冲单元，常称为变量存储器，在这一部分中，有些具有掉电保护功能。用户存储器用来存放正在进行调试的用户程序，掉电保护功能使程序的修改、完善、扩充变得十分方便。微处理器对变量存储器某一部分可进行字操作，而对另一部分可进行位操作。在可编程序控制器中，对可进行字操作的缓冲单元常称为字元件（也称数据寄存器），对可进行位操作的缓冲单元常称为位元件（也称中间继电器）。

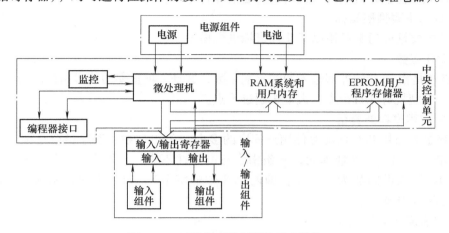

图 12-2　可编程序控制器的基本结构

（2）输入/输出电路

输入电路是可编程序控制器与外部连接的输入通道。输入信号（如按钮、行程开关以及传感器输出的开关信号、脉冲信号、模拟量等）经过输入电路转换成中央控制单元能接受和处理的数字信号。

输出电路是可编程序控制器向外部执行部件输出相应控制信号的通道。通过输出电路，可编程序控制器可对外部执行部件（如接触器、电磁阀、继电器、指示灯、步进电动机、伺服电动机等）进行控制。

输入/输出电路根据其功能的不同可分为数字输入、数字输出、模拟量输入、模拟量输出、计数、位置控制、通信等各种类型。在可编程序控制器中，有时把数字量输入/输出、模拟量输入/输出电路以外的其他输入/输出电路称为功能模块。

（3）电源部件

电源部件能将交流电转换成中央控制单元、输入/输出部件所需要的直流电源；能适应电网波动、温度变化的影响，对电压具有一定的保护能力，以防止电压突变时损坏中央控制器。另外，电源部件内还装有备用电池（锂电池），以保证在断电时存放在 RAM 中的信息不至丢失。因此用户程序在调试过程中，可采用 RAM 储存，便于修改程序。

（4）编程器

编程器是可编程序控制器的重要外围设备。它能对程序进行编制、调试、监视、修改、编辑，最后将程序固化在 EPROM 中。根据功能的不同，编程器可分成简易型和智能型两种。简易型编程器只能在线编程，通过一个专用接口与可编程序控制器连接。程序以软件模块形式输入。可先在编程器 RAM 区存放。利用编程器可进行程序调试，可随时插入、删除或更改程序，调试通过后转入 EPROM 中储存。

智能型编程器既可在线编程，又可离线编程，还可远离可编程序控制器插到现场控制站的相应接口进行编程。可以实现梯形图编程、彩色图形显示、通信联网、打印输出控制和事务管理等。编程器的键盘既可采用梯形图语言键或指令语言键,通过屏幕对话进行编程,也可用通用计算机作编程器,通过 RS232 通信口与可编程序控制器连接。在微机上进行梯形图编辑、调试和监控,可实现人机对话、通信和打印等。

2. PLC 的主要性能指标

PLC 的主要性能通常可用以下几种指标进行描述。

（1）I/O 点数

I/O 点数是指 PLC 的外部输入和输出端子数,这是一项重要的技术指标。通常小型机有几十个点,中型机有几百个点,大型机超过千点。

（2）用户程序存储容量

存储容量为衡量 PLC 所能存储用户程序的多少。在 PLC 中,程序指令是按"步"存储的,一"步"占用一个地址单元,一条指令有的往往不止一"步"。一个地址单元一般占 2B（约定 16 位二进制数为一个字,即两个 8 位的字节）。如一个内存容量为 1 000 步的 PLC,其内存为 2KB。

（3）扫描速度

扫描速度指扫描 1 000 步用户程序所需的时间,以 ms/千步为单位。有时也可用扫描一步指令的时间计算,如 μs/步。

（4）指令系统条数

PLC 具有基本指令和高级指令,指令的种类和数量越多,其软件功能越强。

（5）编程元件的种类和数量

编程元件是指输入继电器、输出继电器、辅助继电器、定时器、计数器、通用"字"寄存器、数据寄存器及特殊功能继电器等,其种类和数量的多少关系到编程是否方便灵活,也是衡量 PLC 硬件功能强弱的一个指标。PLC 内部这些继电器的作用和继电器-接触器控制系统中的继电器十分相似,也有"线圈"和"触点"。但它们不是"硬"继电器,而是 PLC 存储器的存储单元。当写入该单元的逻辑状态为"1"时,则表示相应继电器的线圈接通,其常开触点闭合,常闭触点断开。所以,PLC 内部的继电器称为"软"继电器。

各种编程元件的代表字母、数字编号及点数因机型不同而有差异。

3. PLC 的特点

PLC 的主要特点如下:

1）工作可靠、抗干扰能力强、环境适应性好。可编程序控制器是专门为工业控制而设计的,在设计和制造中均采用了诸如屏蔽、滤波、隔离、无触点、精选元器件等多层次有效的抗干扰措施,因此可靠性很高。此外,可编程序控制器具有很强的自诊断功能,可以迅速、方便地判断出故障,减少故障排除时间,可在各种恶劣环境中使用。

工作可靠是 PLC 最突出的优点之一,一般 PLC 都采用单片机为核心,少数采用单片 PLC 的集成芯片,使 PLC 不易受到干扰,大大降低 PLC 的故障率（据统计,PLC 的故障率为 70%）。此外,PLC 还有断电保护和自诊断功能,以应对故障的发生。

2）可与工业现场信号直接输入输出相连接。PLC 最大的特点之一是针对不同的现场信号（如直流和交流,开关量与模拟量,电压或电流,强电或弱电等）有相应的输入输出模件可与工业现场的器件（如按钮、行程开关、传感器及变换器、电磁阀、电动机起动或控制阀等）直接连接，并通过数据总线与处理器模件连接。

3）组合灵活、运行迅速。PLC 通常采用积木式结构，便于将 PLC 与数据总线连接，快节奏、高速度，为继电器逻辑控制所望尘莫及。

4）编程容易。PLC 的编程多采用梯形图编程方式。由于简单、形象、易于现场操作人员理解与操作，而无需具备计算机专门知识即可。可编程序控制器的设计者在设计可编程序控制器时已充分考虑到使用者的习惯和技术水平以及用户的使用方便，摒弃了计算机常用的编程语言的表达形式，采用了与继电器控制电路有许多相似之处的梯形图作为程序的主要表达方式，程序清晰直观指令简单易学，编程步骤和方法容易理解和掌握。

5）安装简单，维修方便。PLC 对现场环境要求不高，使用时只需将检测器件及执行设备与 PLC 的 I/O 端子连接无误，系统便可工作。各模块均有状态指示、故障指示。用户可通过更换模块迅速恢复生产，压缩故障停机时间。

6）完善的监视和诊断功能。各类可编程序控制器都配有醒目的内部工作状态、通信状态、I/O 点状态和异常状态等显示，也可以通过局部通信网络，由高分辨率彩色图形显示系统监视网内各台可编程序控制器的运行参数和报警状态等；具有完善的诊断功能，可诊断编程的语法错误、数据通信异常、内部电路运行异常、RAM 后备电池状态异常、I/O 模板配置变化等。

7）应用灵活、通用性好。可编程序控制器的用户程序可简单而方便地修改，以适应各种不同工艺流程变更的要求；可编程序控制器品种多，可由各种组件灵活组成不同的控制系统。同一台可编程序控制器只要改变控制程序就可实现控制不同的对象或不同的控制要求；构成一个实际的可编程序控制器控制系统，一般不需要很多配套的外围设备。

4. PLC 的基本原理

PLC 由一个专用微处理器来管理程序，将事先已编好的监控程序固化在 EEPROM 中。微处理器对用户程序作周期性循环扫描。运行时，逐条地解释用户程序，并加以执行；程序中的数据并不直接来自输入或输出模块的接口，而是来自数据寄存器区，该区中的数据在输入采样和输出锁存时周期性地不断刷新。

PLC 的扫描可按固定的顺序进行，也可按用户程序指定的可变顺序进行。而顺序扫描的工作方式简单直观，既可简化程序的设计，也可提高 PLC 运行的可靠性。通常对用户程序的循环扫描过程，分为三个阶段，即输入采样阶段、程序执行阶段和输出刷新阶段，如图12-3 所示。

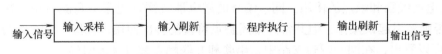

图 12-3　PLC 程序执行过程原理框图

（1）输入采样阶段

当 PLC 开始工作时，微处理器首先按顺序读入所有输入端的信号状态，并逐一存入输入状态寄存器中，在输入采样阶段才被读入。在下一步程序执行阶段，即使输入状态变化，输入状态寄存器的内容也不会改变。

（2）程序执行阶段

采样阶段输入信号被刷新后，送入程序执行阶段。组成程序的每条指令都有顺序号，指令按顺序号依次存入储存单元。程序执行期间，微处理器将指令顺序调出并执行，并对输入和输出状态进行处理，即按程序进行逻辑、算术运算，再将结果存入输出状态寄存器中。

（3）输出刷新阶段

在所有的指令执行完毕后，输出状态寄存器中的状态通过输出锁存电路转换成被控设备所能接收的电压或电流信号，以驱动被控设备。

可编程序控制器经过这三个阶段的工作过程为一个扫描周期。可见全部输入、输出状态的改变需一个扫描周期，也就是输入、输出状态的保持为一个扫描周期。可编程序控制器执行程序就是一个扫描周期接着一个扫描周期，直到程序停止执行为止。

第三节　PLC 的编程原则

PLC 的编程原则有如下几条：

1）梯形图的每一逻辑行（梯级）均起始于左母线，然后是中间接点，终止于右母线。各种元件的线圈接于右母线一边；任何触点不能放在线圈的右边与右母线相连；线圈一般也不允许直接与左母线相连。正确的接线如图 12-4a 所示。

2）编制梯形图时，应尽量按"从左到右、自上而下"的执行程序的顺序，并易于编写指令语句表。图 12-4b 所示的是合理的接线方法。

3）在梯形图中应避免将触点画在垂直线上，这种桥式梯形图无法用指令语句编程，应改画成能够编程的形式，如图 12-4c 所示。

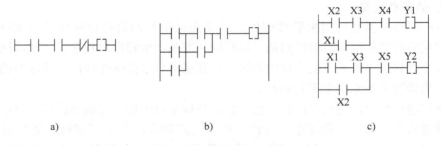

a)　　　　　　　　　　b)　　　　　　　　　c)

图 12-4　正确接线示意图

4）继电器线圈和触点的使用。同一编号的继电器线圈在程序中只能使用一次，不得重复使用，否则将引起误操作，但其常开常闭触点可重复多次使用，如图 12-4c 中的 X1、X2、X3。由此可以看出，在同一逻辑支路中，串联和并联触点数目是无限的。

5）不允许几条并联支路同时运行。当 PLC 处于运行状态时，PLC 就开始按照梯形图符号排列的先后顺序（从上到下，从左到右）逐一进行处理，PLC 对梯形图是按扫描方式顺序执行，因此不存在几条并列支路同时动作的因素，所以在设计上可减少许多约束关系的联锁电路，从而使程序简单化。

6）计数器、计时器在使用前要赋值。

7）外部输入设备常闭触点的处理。图 12-5a 是电动机直接起动控制的继电器接触器控制电路，其中停止按钮 SB_1 是常闭触头。如用 PLC 来控制，则停止按钮 SB_1 和起动按钮 SB_2 是它的输入设备。在外部接线时，SB_1 有两种接法。

如图 12-5b 所示的接法，SB_1 仍接成常闭，接在 PLC 输入继电器的 X1 端子上，则在编制梯形图时，用的是常开触点 X1。因 SB_1 闭合，对应的输入继电器接通，这时它的常开触点 X1 是闭合的。按下 SB_1，断开输入继电器，它才断开。

如图 12-5c 所示的接法，将 SB_1 接成常开形式，则在梯形图中，用的是常闭触点 X1。因 SB_1 断开时对应的输入继电器断开，其常闭触点 X1 仍然闭合。当按下 SB_1 时，接通输入继电器，它才断开。

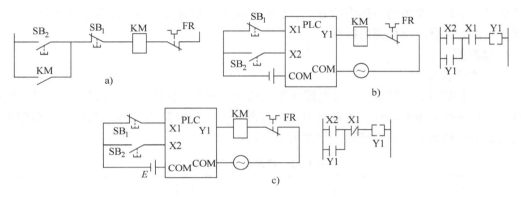

图 12-5　电动机直接起动控制的继电器接触器控制电路

在图 12-5c 的外部接线图中，输入端的直流电源 E 通常是由 PLC 内部提供的，输出端的交流电源是外接的。"COM" 是两边各自的公共端子。

从图 12-5a 和图 c 可以看出，为了使梯形图和继电器接触器控制电路一一对应，PLC 输入设备的触点应尽可能地接成常开形式。

此外，热继电器 FR 的触头只能接成常闭的，通常不作为 PLC 的输入信号，而将其直接接通断接触器线圈。

第四节　PLC 的编程语言

1. 逻辑语言

逻辑功能图表达方式基本上沿用了数字逻辑电路的"与"、"或"、"非"门电路的逻辑语言来描述，用逻辑框图形式表示。对每一种功能都使用一个运算方块，其运算功能则由方块内外的符号确定，如图 12-6 所示。

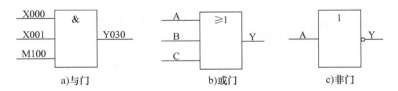

图 12-6　简单的逻辑图

如，"&"表示逻辑"与"运算；"≥1"表示逻辑"或"运算；"o"（框图右边的小圆圈）表示逻辑"非"。

图 12-6a 是一个简单的逻辑功能图。一般与功能块有关的输入信号画在方块的左边，与功能块有关的输出信号画在方块的右边。在左边和右边应分别写上标志符和地址码。图中，X000、X001、M100 为输入信号的标志符和地址码；Y030 为输出信号的标志符和地址码。功能块表示如下的逻辑关系：

$$Y030 = X000 \cdot X001 \cdot M100$$

采用逻辑功能图来描述程序，易于描述较为复杂的控制功能，表达直观，查错容易。因此它是编程中较为常用的一种表达方式。但它必须采用带有显示屏的编程器才能描述，而且连接范围也受到显示屏幅面的限制。

2. 梯形图

（1）常用符号

PLC 梯形图图形符号借助于继电器接触器的常开触头、常闭触头、按钮、线圈以及它们的串联、并联的术语和符号，两者对照，则直观明了。和电路图一样，在绘制梯形图之前，首先熟悉绘制梯形图的有关符号，如表 12-2 所示。

表 12-2　梯形图常用符号

图形符号	功能	图形符号	功能
─┤├─	常开触点 X，Y…	─(SS)─	步进顺序线圈
─┤/├─	常闭触点 X，Y…	─(ST)─	步进线圈
[ ]─( )─	线圈 Y，R，C	─(n)─	计时线圈
─(MS)─	主置位线圈	─(E)─	终止线圈
─(MR)─	主复位线圈	─┤↓├─	脉冲触点
─(S)─	置位线圈	─(J)─	跳转线圈
─(R)─	复位线圈	─(JE)─	跳转线圈

对输入信号和被控制对象必须标上相应的标志符和地址码，如图 12-7（与或门）中的 X000、X001、X002 和 Y030。图中所表示的逻辑关系为

$$Y030 = X000 \cdot X001 + X002$$

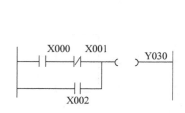

图 12-7　符号在梯形图中

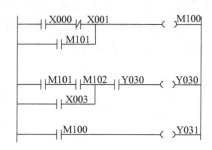

图 12-8　多条支路的梯形图

（2）梯形图的绘制

采用触点梯形图来表达程序的方法，看上去与传统的继电器电路图非常类似。因此它比较直观形象，对于那些熟悉继电器电路的设计者来说，易被接受。

另外，为了在编程器的显示屏上直接读出触点梯形图所描述的程序段，构成触点梯形图的图案电流支路都是一行接一行地横着向下排列的。每一条电流支路的触点符号为起点，而最右边的线圈符号为终点，如图 12-8 所示。触点梯形图多半适用于简单的连接功能的编程。

3. **语句表**

语句表形式是使用助记符来编制 PLC 程序的语言，表示程序的各种功能。语句表类似于计算机的汇编语言，但比汇编语言容易得多。每一条指令都包含操作码和操作数两个部分，操作数一般由标志符和地址码组成。下面是一个简单的语句表。

LD   X000
AND   M100
OR   Y030
ANI   X002
OUT   Y030

语句表中各部分含义如表 12-3 所示。

表 12-3 语句表

操 作 码	操 作 数	操作数中的标识符	操作数中的地址码
LD	X000	X	000
AND	M100	M	100
OR	Y030	Y	030
ANI	X002	X	002
OUT	Y030	Y	030

采用这种类似计算机语言的编程方式，可使编程设备简单，逻辑紧凑，而且连接范围也不受限制。

上述三种程序的表达方式各有所长，在比较复杂的控制系统中，这三种方式可能会同时使用，但对于简单的控制系统采用一般的可编程序控制器进行人工编程时，大多采用触点梯形图编制程序。当设计好触点梯形图后再根据接口、梯形图写出语句表，最后便可将语句表键入可编程序控制器中进行调试。

第五节   PLC 的常用指令

PLC 的指令系统由基本指令和高级指令组成，常用的基本指令如表 12-4 所示。

表 12-4　常用的基本指令表

指 令 名 称	作　用	指 令 名 称	作　用
起始指令 ST	逻辑运算开始	堆栈指令 PSHS	储存运算结果（压入堆栈）
输出指令 OT	输出结果	堆栈指令 RDS	读出储存运算结果（读出堆栈）
触点串联指令 AN	单个常开与常闭触点串联	堆栈指令 POPS	读出清除储存结果（弹出堆栈）
触点并联指令 OR	单个常开与常闭触点并联	微分指令 DF	触发信号上升沿线圈接通一个扫描周期
反指令/	运算结果取反	微分指令 DF/	触发信号下降沿，线圈接通一个扫描周期
定时器指令 TMR	定时单位为 0.01s 定时器	置位指令 SET	触发信号 X0 闭合时，Y0 接通
定时器指令 TMX	定时单位为 0.1s 定时器	复位指令 RST	触发信号 X1 闭合时，Y0 接通
定时器指令 TMY	定时单位为 1s 定时器	保持指令 KP	继电器线圈 Y 接通后并保持
计数器指令 CT	计数脉冲	结束指令 ED	程序运行结束

第六节　PLC 的编程方法

以图 11-3 所示的交流电动机正反转控制电路为例来介绍用 PLC 控制的编程方法。

1. 确定 I/O 点数及其分配

停止按钮 SB$_1$、正转起动按钮 SB$_2$、反转起动按钮 SB$_3$ 这 3 个外部按钮须接在 PLC 的 3 个输入端子上，可分别分配为 X0、X1、X2 来接收输入信号；正转接触器线圈 KM$_1$ 和反转接触器线圈 KM$_2$ 须接在两个输出端子上，可分别分配为 Y1 和 Y2。共需用 5 个 I/O 点，如表 12-5 所示。

表 12-5　I/O 点数

输　　入		输　　出	
SB$_1$	X0	KM$_1$	Y1
SB$_2$	X1		
SB$_3$	X2	KM$_2$	Y2

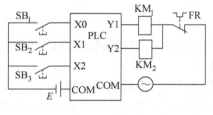

图 12-9　外部接线

外部接线如图 12-9 所示。按下 SB$_2$，电动机正转；按下 SB$_3$，电动机则反转。在正转时如要求反转，必须先按下 SB$_1$。至于自锁和互锁触点是内部的"软"触点，不占用 I/O 点。

2. 编制梯形图和指令语句表

本例的梯形图如图 12-10 所示，语句表如表 12-6 所示。

表 12-6　语句表

地　址	指　令	
0	ST	X1
1	OR	Y1
2	AN/	X0
3	AN	Y2
4	OT	Y1
5	XT	X2
6	OR	Y2
7	AN/	X0
8	AN/	Y1
9	OT	Y2
10	ED	

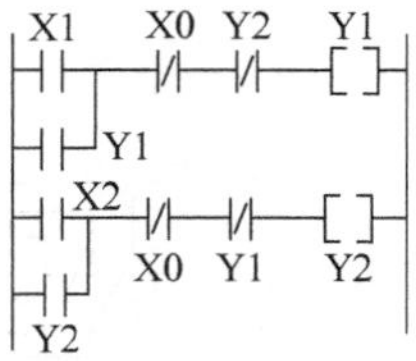

图 12-10　梯形图

第七节　PLC 的编程举例

例 12-1　用 PLC 进行电动机的正反转控制。

某些单相交流电动机的旋转方向随其接线而改变。图 12-11 所示为电动机的接触器正反转控制电路。采用 PLC 来控制这类电动机正、反转时，当断开正向控制触点到接通反向控制触点之间要有一段延时，如图 12-12 所示。

IP 系列 PLC 的 H 端可以接相线或中心线，但两组之间 H 端是相互绝缘的。由两个输入信号 X0 及 X1 可控制电动机的正转、反转及停止。图 12-13 所示为电动机正反转梯形图程序，它们的逻辑关系如表 12-7 所示。

表 12-7　逻辑关系表

输入信号 X0	输入信号 X1	电动机工作状态
OFF	OFF	电动机停转
ON	OFF	电动机正转
OFF	ON	电动机反转
ON	ON	电动机停转（应避免使用）

若用这种方法去控制一台三相交流电动机时要十分仔细考虑 Y0 和 Y1 的瞬时接通，否则使设备毁坏。

例 12-2　用 PLC 对喷漆机械手的定位控制。

喷漆机械手是采用步进顺序器分步控制的，首先介绍步进顺序控制器。

（1）步进顺序控制器

步进顺序器（SS）能够按顺序逐一启动后续的 7 个内部继电器线圈（ST），组成一个步进顺序器。当第一个标有（SS）的内部继电器得电后，使随后的 7 个线圈均处于释放状态。随后当其后一个标有（ST）的内部继电器得电时，这组步进顺序器带的其他继电器均释放，通电顺序必定是由小至大，逐一轮流。因此，步进顺序器是把连续的几个内部继电器组合起来，协调行动，它们在梯形图中的图形符号如表 12-8 所示。

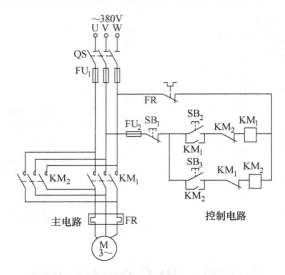

图 12-11 电动机的接触器正反转控制电路

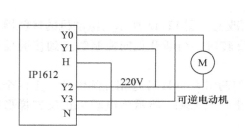

图 12-12 电动机的 PLC 正反转控制电路

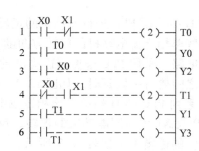

图 12-13 电机正反转梯形图程序

在 EPS 软件中并不规定步进顺序器从哪个内部继电器编号开始，也不一定在（SS）线圈后要跟随 7 个（ST）继电器，但最多是 7 个。如果需要超过 8 步时，可以把 2 个步进顺序器串接起来。

表 12-8 步进顺序器图形符号

图形符号	功　能
R7 —(SS)—	R7 内部继电器为步进顺序器的第 1 个线圈
R8 ~ R14 —(ST)—	R8 ~ R14 是步进顺序器的后续 7 步继电器线圈
R7 ~ R14 —⊢⊢	步进顺序器的常开触点，瞬时动作
R7 ~ R14 —⊢/⊢	步进顺序器的常闭触点，瞬时动作

（2）喷漆机械手定位控制电路

若有一个带有红、绿、蓝三种颜色油漆喷枪的机械手在一条有 4 个工位的通道中移动。机械手能喷出三种颜色，在四工位要喷刷四段颜色，如图 12-14a 所示。每个工位的交界处都设置一个位置传感器，此外，在起点及终点也各设一个位置传感器，总共 5 个位置传感器，其梯形图如图 12-14b 所示。

喷漆机械手由 X0 位置传感器启动控制。红色喷枪由输出点 Y2 控制，绿色喷枪及蓝色喷枪分别由 Y3 及 Y4 控制。R0 ~ R5 组成一组步进顺序器。输出点 Y0 控制机械手前进，Y1 控制机械手返回。

首先，X0 位置传感器发出启动信号，使步进顺序器启动，这时 R0 内部继电器吸合，其余 5 个线圈释放。由于 R0 接通，使 R10 置位，驱动输出点 Y0。于是机械手前进，同时 R0 触点驱动输出点 Y2，使机械手上的红色喷枪工作。当机械手行进到 X1 处，X1 位置传感器发出信号，使 X1 触点接通，内部继电器 R1 吸合，同时 R0 断开。因为 R0 是步进顺序器的第一个线圈。R1 触点驱动输出点 Y3，使机械手上的绿色喷枪工作。当机械手继续前进到 X2 处，X2 位置传感器动作，使 R2 吸合，同时断开 R1。与此类同，直至机械手到达终点，R4 使 R10 复位，于是机械手停止前进。当 R4 接通 Y1 线圈，机械手便返回起始点。起始点 X0 的位置传感器 X0 又发出信号，于是 PLC 的 R0 又接通，机械手又开始下一次的喷漆工作。

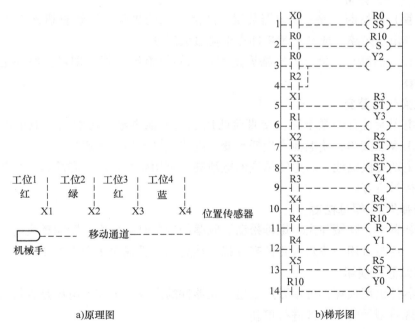

a)原理图 b)梯形图

图 12-14 喷漆机械手的定位控制

第十三章 电气维修

第一节 电工常见故障与维修

电工电子产品在长期使用过程中，可能出现以下故障。

1. 开关（按钮）的故障

由于开关或按钮经常使用，反复操作，会发生自然损坏、接触不良、接线脱落等问题，使电器装置无法工作。

维修检查方法：过一段时间检查一次，如发现上述故障，可用钳子、螺钉旋具把松动的接线、螺母拧紧，脱落的导线用电烙铁重新焊接即可。损坏严重不能继续维修使用的，可按原型号更新。

2. 熔丝（管）熔断

熔丝（管）的熔断，是一切电器装置、产品常见的故障，导致整机断电不能工作。产生原因是内部出现短路、或开关过程冲击电流过大所致。

熔丝（管）熔断后，换上同规格容量大小相同的熔丝（管）即可。但一定不能用铜丝或铁丝来代替。

3. 电池夹生锈霉变

现代的电子装置日趋微型化，交直流两用或用电池供电，特别用电池供电的，时间长了，电池流出腐蚀液体，使电池夹生锈霉变，电路接触不良或不通电。

要注意定期更换电池，对生锈霉变的电池夹，可用砂纸、小刀和除锈剂把锈除掉，使之光亮如初，接触良好。

4. 弹簧弹失、螺母松动

在电子装置中，弹簧弹失、螺母松动、脱落的现象时有发生，影响整机的工作，且掉落后不好寻找。这时可用一块永久磁铁来寻找，然后用扳手或钳子把它拧紧。

5. 内部元器件损坏

内部元器件出现损坏，可用万用表检查元器件的参数、工作点电压是否符合正常值，否则，使用同规格型号的元器件进行更新。

6. 空气潮湿

电子装置由于空气潮湿，使印制电路板、变压器等受潮、发霉或绝缘性能降低，甚至损坏。此时，应提高温度来排除湿气。

7. 元器件失效

某些元器件失效。例如，电解电容器的电解液干涸，导致电解电容器的失效或损耗增加而发热。处理方法是更换元器件。

8. 接插件接触不良

如印制电路板插座簧片弹力不足；断路器触头表面氧化发黑，造成接触不良，使控制失灵。应检查或更换插接件，使之良好接触。

9. 元器件布局不当

元器件由于排布不当，造成相碰而引起短路；有的是连接导线焊接时绝缘外皮剥除过多或因过热而后缩，也容易和别的元器件或机壳相碰引起短路。拉开元器件间的距离，使之不能相碰。

10. 线路设计不合理

线路设计不合理，允许元器件参数的变动范围过窄，以致元器件参数稍有变化，机器就不能正常工作。应修改设计或调整元器件参数。

第二节 刀开关的维修

刀开关是我们生活和生产中常用的开关元件，由于操作不当或年长日久，会出现各种故障，现就发生的故障和维修方法介绍如下：

1. 故障： 熔丝熔断

（1）故障原因分析

1）所带的负载短路。

2）负载过大，引起电流过大。

3）刀开关熔丝未压紧。

（2）故障维修方法

1）拉下刀开关，更换同型号的熔丝。若怀疑电路负载短路，用小的钳形电流表测量电路电流，查找出短路点。若测得某处主电路无电流时，则证明短路点就在此处附近。找到短路点后，进行修复。

2）打开刀开关，观察熔丝熔断情况。负载较大造成超负载使熔丝熔断时，更换大一号的熔丝，但更换熔丝时需要考虑在刀开关容量的允许范围内。

3）如在垫片下熔断而整个熔丝完好无损，这通常是因为熔丝未压紧，造成接触电阻增大发热引起。应及时更换新垫片，清除刀开关氧化层，更换同型号熔丝，压紧螺钉。

2. 故障： 刀开关被烧坏

（1）故障原因分析

1）刀片与底座插口接触不良。

2）刀开关压线固定螺钉未压紧。

3）刀片合闸时合得过浅。

4）刀开关容量与负载不配套，过小。

5）刀开关负载端短路，引起刀开关短路或弧光短路。

（2）故障维修方法

1）断开刀开关，切断电源，用钳子修整刀开关底座插口片，使得刀开关合上后刀片与底座能良好接触。

2）检查刀开关压线处的发热电线绝缘外皮是否烧坏。若烧坏，则说明刀开关固定线螺钉未压紧电线。这时，要重新把电线从刀开关接线孔拉出，剥去绝缘皮，清理生锈面后，重新把电线插入刀开关接线孔内并用螺钉压紧，烧坏的电线端要用绝缘胶布重新包好。

3）每次合闸时都用力把刀开关合到位。

4）在电路容量允许的情况下，更换额定电流大一级的刀开关。

5）刀开关因受潮、进水发生短路故障并引起相间弧光短路，有时也会因负载侧短路、刀开关本身线头短路和接触不良等原因导致合闸瞬间产生弧光短路烧坏刀开关。因此，平时要特别注意维修好刀开关，尽可能避免接触不良和短路事故的发生。

如果刀开关被烧坏，一定要更换同型号新刀开关，不能继续使用坏损刀开关，因为出现过弧光短路的刀开关即使经摩擦暂时能使用，但在以后使用中仍易再次出现弧光短路事故。

3. 故障：刀开关漏电

（1）故障原因分析

1）刀开关受潮或遭雨淋。

2）刀开关在油污、导电粉尘环境工作过久。

（2）故障维修方法

1）若发现刀开关受潮或雨淋，应禁止使用，切断电源并用干棉布擦干净再用。若受雨淋严重，则要拆下进行烘干处理，之后再装上使用。

2）在断电情况下清除刀开关油污、粉尘，然后用酒精重新清洗刀开关并进行烘干处理后再使用。在环境受污染严重的场合使用刀开关时，要定做小箱子包装起来，或换成封闭式负载开关。

4. 故障：拉闸后，刀开关刀片及刀开关下桩头仍带电

（1）故障原因分析

1）刀开关进线与出线反接。

2）刀开关倒装或水平安装。

（2）故障维修方法

1）刀开关进线与出线的安装如不按规定操作，则很容易发生事故。正确的安装方法是：刀开关的上边接线孔内接电源进线，下边孔内接负载端。可用验电笔检查刀开关进线与出线是否接错。

2）在装配刀开关时，禁止倒装刀开关和水平装设刀开关。

第三节　交流接触器的维修

1. 故障：接触器相间短路

（1）故障原因分析

接触器在潮湿、尘土、水蒸气或有腐蚀性气体的环境下工作造成短路；接触器灭弧盖损坏或脱落；负载短路造成接触器触头同时短路；正反转接触器操作不当，加上联锁互锁不可靠，造成换向时两只接触器同时吸合。

（2）故障维修方法

1）改善工作环境，保持清洁。

2）重新选配接触器灭弧罩。

3）处理负载短路故障。

4）重新检查接触器互锁电路，并改变操作方式。

2. 故障：　接触器触头熔焊

（1）故障原因分析

接触器负载侧短路；接触器触头超负载使用；触头表面有异物或有金属颗粒突起；触头弹簧压力过小；接触器电路接触不良，使接触器瞬间多次吸合释放。

（2）故障维修方法

1）首先断电，用螺钉旋具把熔焊的触头分开，修整触头接触面，并排除短路故障。

2）更换容量大一级的高质量接触器。

3）用钢锉把接触器触头表面修整平整并清除异物。

4）重新调整好弹簧压力。

5）检查接触器线圈控制回路接触不良处，重新把电路接通或更换电气元件，使其通断可靠良好。

3. 故障：　接触器铁心吸合不上

（1）故障原因分析

电源电压过低；接触器控制电路有误或接不通电源；接触器线圈断线或烧坏；接触器磁铁机械部分不灵活及动触头卡住；触头弹簧压力过大。

（2）故障维修方法

1）如果测得值与线圈额定电压差别太大，则要从电源上查找原因并调整电压达正常值。

2）更正接触器控制电路，按正确电路连接；更换损坏的电气元件。

3）用万用表欧姆挡在接触器线圈断电情况下，测线圈电阻，如电阻过大、线圈断路或短路，应更换线圈。

4）修理接触器机械故障，去除锈迹，并在机械动作机构处加些润滑油；更换损坏零件。

5）按技术要求重新调整触头弹簧压力。

4. 故障：　接触器铁心释放缓慢或不能释放

（1）故障原因分析

接触器铁心端面有油污，造成释放缓慢；反作用弹簧损坏，造成释放缓慢；接触器铁心机械动作机构被卡住或生锈，造成动作不灵活；接触器触头熔焊，造成不能释放。

（2）故障维修方法

1）拆开接触器，把动铁心取出，用棉布反复擦拭两铁心端面，把油污擦净，重新装配好。

2）更换新的反作用弹簧。

3）拆开接触器，检查机构卡住原因，修理或更换损坏零件；清除杂物与除锈。

4）用螺钉旋具把动静触头分开，并用铁锉修整触头表面。修好后要查出熔焊原因，对应处理。

5. 故障：　接触器线圈过热或烧毁

（1）故障原因分析

电源电压过高；操作接触器过于频繁；环境温度过高；接触器铁心端面不平；接触器动铁心有机械故障，使其通电后不能吸合，匝间短路。

（2）故障维修方法

1）测量接触器上的工作电压是否与接触器线圈的额定电压相符，如过高或过低，将其调整到正常电压值上。

2）改善工作环境温度，加强散热。

3）清洗擦拭接触器铁心端面，严重时更换铁心。

4）检查接触器机械部分动作是否灵活，修复后如线圈烧毁应更换同型号线圈。

5）排除造成接触器线圈机械损伤的原因，更换接触器线圈。

6. 故障：接触器主触头过热或灼伤

（1）故障原因分析

接触器在环境温度过高的地方长期工作；操作过于频繁；触头超程太小；触头表面有杂质或不平；触头弹簧压力过小；三相触头不能同步接触；负载侧短路。

（2）故障维修方法

1）在高温环境下对接触器要实行强迫风冷。

2）更换比原来容量大一级的接触器或重新更换触头。

3）去除触头毛刺，使其平滑接触良好。

4）更换新弹簧和触头。

7. 故障：接触器工作时噪声过大

（1）故障原因分析

通入接触器线圈的电源电压过低；铁心端面生锈或有杂物；吸合时歪斜或机械有卡住；接触器铁心短路环断裂或脱落；铁心端面磨损严重。

（2）故障维修方法

1）用万用表测接触器线圈上的电压是否低于所要求的额定电压值，如过低，应在线路上查找原因，并调整电压以达到正常值。

2）用细砂纸打磨接触器铁心的吸合端面，清除杂物，必要时在端面上涂少许润滑油，并重新装配。

3）重新装配、修理接触器机械动作机构。

4）焊接短路环并重新安装。

5）更换接触器铁心。

6）重新调整接触器弹簧压力，使其压力适当。

第四节　热继电器的维修

1. 故障：热继电器产生误动作

（1）故障原因分析

选用热继电器规格不对或大负载选用小热继电器电流值；整定热继电器电流值偏低；电动机起动电流过大；在短时间内起动电动机，操作过于频繁；连接热继电器主回路的导线过细、接触不良或主导线在热继电器接线端子上未压紧；热继电器受到强烈的冲击振动。

（2）故障维修方法

1）更换热继电器，使它的额定值与电动机额定值相符，最好选用负载电流最大值是热继电器能调节的中间范围内的电流值，这样便有一定的调节范围。

2）调整热继电器整定值，使其正好与电动机的额定电流值相符合并对应。

3）电动机起动电流过大有两方面的原因：一是负载过重，这要从机械方面去找原因，尽可能减轻起动负载；二是电动机电源线路过长、过细造成电压降过大，使电动机起动电流增大，这要从改变电动机线路、提高供电电压方面着手解决。如果是电动机起动时间过长，应调整时间继电器，或按电动机起动时间要求选择合适的热继电器。

4）减少操作电动机起动的次数。

5）更换连接热继电器主回路的导线，使其横截面积符合电流要求；重新压紧热继电器主回路的导线端子，从而减少热继电器主回路触头的发热。

6）改善热继电器配电柜外环境振动的影响，如无法改变或不能彻底改变，应按技术条件选用带防冲击振动装置的专用热继电器。

2. **故障：热继电器烧坏**

（1）故障原因分析

热继电器中的电流严重超载或负载短路；热继电器额定电流与实际负载电流不符；电动机操作过于频繁；热继电器动作机构不灵，使热元件长期超载而不能保护热继电器；热继电器连接线头接触不良引起发热烧坏。

（2）故障维修方法

1）热继电器的规格要选择适当，过小会使热继电器误动作，并且主电流容易烧坏热继电器主回路；过大时会造成热继电器不动作。所以在选择热继电器时，要使热继电器额定调整范围内的中间值，正好与所控制的电动机负载的额定电流值一致，使热继电器有一定的电流调节范围，此为最佳。

2）检查电路故障，在排除短路故障后，更换合适的热继电器。

3）改变操作电动机方式，减少起动电动机次数。

4）更换动作灵敏的合格热继电器。

5）设法去掉接线头与热继电器接线端子的氧化层，并重新压紧热继电器的主接线。

3. **故障：热继电器在电流超载时不能切断电路**

（1）故障原因分析

热继电器动作电流值整定得过高；动作二次触头有污垢造成短路；热继电器烧坏；热继电器动作机构卡死或导板脱出。

（2）故障维修方法

1）重新调整热继电器电流值，使整定的热继电器电流值与电动机额定电流值一致。

2）打开热继电器，用酒精清洗热继电器的动作触头，更换损坏部件。

3）更换同型号的合格热继电器。

4）打开热继电器，重新调整热继电器动作机构，并加以修理。如导板脱出要重新放入并调整好。

5）热继电器的主回路导线应按技术条件规定，选择符合标准的导线。

第五节　三相交流电动机的维修

1. 故障：三相异步电动机起动不了，且无任何声响

（1）故障原因分析

1）电源没电；熔丝熔断数相；电源线断线或有接触不良处。

2）按钮或起动设备卡死或控制电路接触不良。

3）过载保护装置动作，切断电路。

（2）故障维修方法

1）用低压试电笔测量三相电源是否有电，如无电压要先接通电源。

2）用低压试电笔测该配电起动设备熔断器下桩头，检查是否三相都带电，如果某一相或某两相、三相熔断器熔断，要更换同样规格的熔断器。测量时要注意细心观察，注意试电笔对每一相熔断器下桩头带电的亮度是否一致，以防感应电造成错误判断。

3）检查电路有无接触不良处，找出故障后要重新把线头刮净接好。

4）检查机械吸合动作装置是否灵活，如卡死，要重新进行装配，并在某些地方加润滑油，然后断开电源用万用表检查开关、按钮，看常开触头是否能按下闭合，常闭触头是否能接通复位，以及起动设备、电动机绕组接触处是否良好。

5）首先检查过载保护调整的电流与电动机额定电流配合是否合适，如不合适，要调整好再复位热继电器动作机构。

2. 故障：三相异步电动机不能起动，但电动机有嗡嗡声

（1）故障原因分析

1）电源电压过低。

2）断相，电源电路或熔断器有一相断线，绕组有一相或两相断线。

3）定子与转子相摩擦。

4）负载机械卡死。

5）电动机轴承损坏卡死或润滑脂过多过硬。

（2）故障维修方法

1）用试电笔检查，如断相，应找出断相点进行修复恢复供电。

2）用万用表重新检查电动机三相绕组有无断相处，如果测出电动机绕组内部的三相绕组有一相断相，或三角形绕组有两相断相，需打开电动机端盖，找出断相点的接头重新接好；如果是线圈本身局部烧坏，则需局部换线或重新绕制电动机绕组。

3）如果电源电压过低，应找出过低的原因。

4）查找接线有无错误。如果有错误重新接线。

5）把电动机拆开，对转子清洗污垢、除铁锈，经校准后重新装配。

6）判断是否负载过重或卡死。

7）检查轴承是否损坏，如轴承损坏严重，应更换新轴承或者更换新的润滑油脂。

3. 故障：电动机起动困难

（1）故障原因分析

1）电源电压过低。

2）电动机的负载过重、卡死。

3）定子绕组一相接反或把星形误接成三角形或把三角形误接成星形。

4）电动机三角形联结时接线绕组的一相中断，定子线圈有短路或接地。

5）转子笼条或端环断裂。

6）电动机轴承损坏。

7）电动机转子与电动机中心轴脱开。

8）电动机所配熔断器过小。

9）电动机受潮严重，内部进水短路。

（2）故障维修方法

1）检查电源电压过低的根本原因。如果是线路太长、导线太细，要重新架设横截面积较大的线路，从而减少电压降。如果是专用电力变压器供电，要与供电部门协商，把变压器电压适当调高些。

2）检查机械传动装置，传动带是否过紧，过紧时要把传动带调整得松紧适当。检查负载机械有无卡死现象，如果为负载过重，要首先处理机械负载方面的原因。

3）打开电动机接线端子，拆除电源线，检查定子绕组有无一相接反。如果电动机原来为△形联结，现接成了Y形，又加上重负载起动，电动机起动就很困难，这时要按正确方法更正接线。

4）首先用500V绝缘电阻表测量电动机定子绕组三相对地的绝缘电阻，如果为零，就要分析三相绕组对地短路的原因。如果是潮湿所致，应烘干处理后再测量。如果绝缘层损坏是因为连接线对电动机外壳短路，要更换新的连接线，如果是线圈本身内部对电动机外壳短路，就需更换电动机绕组。电动机如有匝间短路，首先打开电动机，观察线圈变色部位，进行局部修复；若是故障点不明显，要用"短路侦察器"作进一步检查，查出短路点并及时修复或更换电动机绕组。

5）查出电动机转子笼条、端环有断裂痕迹，应更换转子。

6）如轴承损坏，应予更换。

7）检查电动机转子与电动机中心轴是否脱开，如果脱开要重新焊接。

8）电动机熔丝要选配合理，选择熔丝的额定电流应为电动机额定电流的 1.5～2.5 倍。

9）用500V绝缘电阻表检测电动机绝缘情况。对地为零时，应对电动机清除污垢后进行干燥处理。如果烘干后仍短路，就要对电动机绕组进行重新绕制。

4. 故障：电动机三相电压不平衡，导致温度过高甚至冒烟

（1）故障原因分析

1）电源电压不平衡；电动机单相运转；电源电压过低或过高；电动机过载。

2）电动机三相绕组接线有错误或部分导线或支路有断线。

3）电动机轴承损坏，转子与定子相碰。

（2）故障维修方法

1）首先用万用表测三相是否断相或接地。当高压平衡时，应查低压侧线路有无断相、接地或某处接触不良，并作相应处理。

2）造成电动机单相运转的原因很多，采用耳听，电动机有无"嗡嗡"声，若有，是断相运行；另一点，采用闻气味，电动机断相运转时其外壳的温度会升得很高，并可嗅到焦煳味，可进一步确定电动机是否断相运行；三是触摸，感觉温度的高低；四是测量，用钳形电流表测量电动机三相引出线上的电流是否平衡，若一相无电流或电流较小，则可判断电动机处于单相运行，这时要立即停机，接好断线处。

3）电源电压过低或过高时，可适当调整供电电压到正常值。

4）检查电动机过载时，一般先用手转动电动机对轮或带轮，看其是否卡死或过载

5. 故障：　电动机有异常的振动或声响

（1）故障原因分析

1）电动机基础不稳或校正不好，安装固定不符合要求。

2）转子风叶碰触风叶罩外壳或风叶片某处损坏造成转子不平衡。

3）转子铁心变形或轴弯曲有裂纹。

4）电动机传动装置不同心或传动带接头不好或对轮与齿轮配合不好。

5）滑动轴承与轴承内圈间隙过大或过小，滚动轴承在轴上装配不好，轴承损坏严重。

6）电动机单相运行，有"嗡嗡"声。

7）机座和铁心配合不好。

8）转子笼条或端环断裂。

9）电动机绕组有短路、并联支路断路或开路，绕组绝缘损坏有接地处。

（2）故障维修方法

1）检查电动机基础的安装情况，如不牢固，应重新加固安装，并加以校正。

2）校正风叶，旋紧螺钉。如果风叶片损坏不对称，应设法从对称角度去掉对方的另一片风叶的一部分，使风叶整体基本对称平衡。损坏严重则应更换。

3）将转子在车床上用千分表找正，并校正弯轴，严重时应更换新轴。

4）如果电动机所带的传动带接头不好，应重新接好。对轮齿轮不平衡时，要做静平衡或动平衡试验加以校正。

5）打开电动机，细心检查滑动轴承的情况，并处理间隙过大或过小的问题。检查轴承的装配情况，轴承损坏时要更换新轴承并重新加油。

6）电动机单相运行时有异常振动或伴有"嗡嗡"声，要立即停止运行，查出断相原因，并接上断相的熔丝或是接上断相的电线接头再重新起动电动机。

7）机座和铁心配合不紧密时要重新加固。

8）转子笼条或端环断裂的情况较为少见，可打开电动机，直接观察转子上的烧伤痕迹即可发现，也可用"短路侦察器"进行侦察做出判定。如确定是转子笼条或端环断裂，要更新铸铝，严重时要更新转子。

9）打开电动机，用万用表查找断线处并接好，或用 500V 绝缘电阻表检查对地绝缘情况，看有无短路、绕组断线、短路、有接地处，要予以修复。损坏严重时应重新更换电动机线圈。

6. 故障：　电动机正常运转，　但电动机内部温度过高

（1）故障原因分析

1）电动机周围环境温度过高。

2）电动机灰尘、油泥过多，通风不畅，影响散热，电动机上的风叶损坏严重，角度不对。

3）电动机受太阳直接曝晒。

4）电动机受潮或浸漆后未烘干。

5）电源电压过高、过低。

6）转子运转时与定子相摩擦使温度升高，或是铁心部分硅钢片之间绝缘不良有毛刺。

7）电动机绕组接线错误或局部有短路、断路、接地等故障。

（2）故障维修方法

1）电动机周围环境温度过高，又满负载运转，热量不易散发，使电动机温度过高。这时应改善环境温度，保持通风良好，必要时可采用大排风扇降温，对连续工作且必须在高温环境中运行的电动机，可换为绝缘等级较高的 B 级、F 级电动机。

2）检查电动机通风孔道是否堵塞，清除灰尘、油泥以及影响通风的东西，周围设施尽量远离电动机。

3）电动机在户外应用，应增设遮阳设施和防雨设施，最好根据电动机的大小在其上方焊一个铁架子，上面加装铁皮，一方面防阳光曝晒，另一方面起防雨防潮作用。

4）一旦检查出电动机受潮或浸漆后未烘干，就要尽快拆下电动机，彻底进行一次干燥处理。

5）用万用表检查电动机三相电压是否过高或过低，如果因电压不正常使电动机过热，应仔细检查线路。

6）转子与定子相互摩擦大多是因电动机轴承损坏所致，可更换轴承。如铁心之间有毛刺，可用钢锉将毛刺削掉。

7）对照电动机铭牌，检查电动机绕组联结方式是否正确，如接错应予纠正。

第六节　直流电动机的维修

1. 故障：直流电动机不能起动

（1）故障原因分析

1）电动机未接入合适的电压或电源无电压。

2）励磁回路断路。

3）电刷有接触不良处。

4）起动时通入直流电动机的电流过小。

5）负载过重难以起动。

（2）故障维修方法

1）首先用万用表测电源有无电压，无电压时要恢复供电电压。检查熔断器是否熔断，线路接线是否断路，如断路应接好连接线。另外，检查过载保护动作情况，如已动作，应查明原因后进行复位，再重新起动电动机。

2）用万用表欧姆挡测励磁绕组通断，如触头烧断，要重新接好；如线圈烧毁断路，应更换线圈。最后用万用表电压挡测所通入的励磁电压是否正常，从配电线路上查找原因，并加以修复。

3）检查直流电动机电刷的接触情况，并用细砂纸磨平接触面，调整电刷压力，使电刷压力适当。

4）检查线路是否有接触不良处，核对起动设备与直流电动机是否配套。

5）电动机负载过重是直流电动机不能起动的重要原因之一。首先用手转动一下电动机对轮或传动带轮，看其是否能灵活转动，如果电动机负载过重或卡死，应从机械传动方面找原因，并修复机械设备。如果是电动机本身轴承损坏卡死，就需打开电动机，更换同型号的轴承。

2. 故障：直流电动机起动后转速异常，过高或过低，并伴有剧烈的火花

（1）故障原因分析

1）电刷位置偏移，不在正常位置上。

2）励磁线圈回路电阻过大。

3）电枢及磁场绕组有短路或断路点。

4）串励电动机负载过轻。

5）串励磁场绕组接反。

（2）故障维修方法

1）重新按原来刻记的位置装配电刷或用感应法调整电刷位置。

2）检查磁场线圈回路的所有触头是否有氧化层，这会造成接触不良，用砂纸磨平接好。用万用表检查磁场线圈，电阻过大时，应打开电动机查找原因，并测实际通入磁场的电压值对不对，如果不对，要从配电线路上查找原因。

3）打开直流电动机，分开接线连接头，分别测量磁场绕组的电阻，查找每组线圈的断路点，并局部更换线圈或修复线圈。

4）串激电动机轻载时转速不正常，而电动机线路又无问题时，要适当增加电动机的负载。

5）检查串励磁场绕组接线情况，并按正确方法重新接线。

3. 故障：直流电动机在运行时出现振荡

（1）故障原因分析

1）直流电动机电源电压波动。

2）电动机电刷未在中性线上。

3）励磁电流过小或励磁电路有短路。

4）串励绕组或换向极绕组接反。

5）机械负载在转动时波动太大。

（2）故障维修方法

1）首先断开电动机电枢电压，接上电炉负载，检查电枢电压波动的原因，从配电设备上查找原因并加以处理。

2）按照原来刻记的位置重新装配电刷，或按照感应法调整电刷位置。

3）检查励磁线路中有无短路点或断路处，线路短路严重时，要更换线圈。

4）对照直流电动机铭牌上的接线，重新连接换向极绕组。

5）检查机械磨损情况，是否有瞬间过载，并更换机械磨损严重的部件。

4. 故障：直流电动机在运行中电刷火花过大

（1）故障原因分析

1）电刷与换向器有接触不良处。

2）电刷与刷架配合过紧，在里面卡死。

3）电刷磨损过度或新更换的电刷尺寸与性能和原来的不一致。

4）电刷分布不均以及电刷之间电流分布不均。

5）换向极绕组接反或有短路点。

6）电枢绕组与换向器脱焊。

7）电刷位置不在中性线上或刷架松动移动。

8）电刷压力不适当或不均匀。

9）换向器极面有污垢，接触电阻太大，或换向片间绝缘物突出。

10）机械负载过重。

（2）故障维修方法

1）用细砂纸研磨电刷接触面，并用干净布擦磨电刷与换向器接触处，装好电刷，通入电压，使直流电动机在低转速轻载下空转 1h 左右。

2）用细砂纸稍微磨小电刷，使电刷在刷架内上下活动自如。

3）按直流电动机原来的型号和尺寸更换合格的新电刷。

4）重新调整电刷分布位置。

5）按正确的方向，重新连接换向极绕组的接线，并用 500V 绝缘电阻表测绝缘情况，线圈短路严重时应更换线圈。

6）打开直流电动机，认真观察电枢绕组与换向器脱焊点，并重新焊接。

7）调整刷杆座至原位或用感应方法重新找出电刷中性线位置。例如，在电动机停电时，将毫伏表接到相邻两组的电刷上，励磁绕组串联一个开关，接上 3V 电池，当通断开关时，毫伏表指针即左右摆动，这样连续反复通断开关，将电刷架位置来回移动，直到指针摆动最小时，电刷位置即正好在中性线上，如图 13-1 所示。

8）找一个弹簧秤，校正电刷压力，在 $150 \sim 250 \mathrm{g/cm}^2$ 为好。

9）擦磨换向器不洁处，将云母绝缘物适当消除掉。

10）检查负载过载原因，是电动机轴承引起的要更换轴承，是机械负载引起的应修理机械故障点，电动机容量不适当时应更换一台容量大的直流电动机。

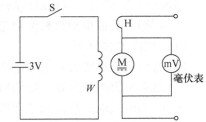

图 13-1 电刷中性线位置检查法

5. 故障：直流电动机配电柜冒烟

（1）故障原因分析

1）电动机过载时间较长。

2）电动机的换向器或电枢短路。

3）电动机直接高速起动或正反向运转频繁。

4）电动机端电压过低。

5）电动机轴承损坏。

6）定子与转子内有铁锈杂物相互摩擦。

（2）故障维修方法

1）立即断开电动机电源，查找机械负载故障原因，待负载正常时再起动电动机。

2）细心观察换向器内有无异物或金属屑等落入，进行清扫处理，然后用毫伏表检查电枢绕组短路情况，短路较轻微能修复的应修复，最后加绝缘漆处理。不能修复的要重新绕制线圈。

3）使用配套的配电柜，并调整起动操作方法，延长正反转换接时间。

4）检查配电设备，用万用表测量电动机电枢电压是否过低，并调到正常值。

5）打开直流电动机，检查电动机轴承损坏情况，更换同型号质量较好的轴承。

6）打开电动机抽出转子，清除铁锈杂物，检查电动机气隙是否均匀，气隙不均匀时应更换轴承。

6. 故障： 直流电动机换向片每隔一片烧焦发黑， 经清刷后使用， 电动机仍发黑

（1）故障原因分析

1）烧焦发黑的换向片均压线，与电枢绕组连接之间有脱焊、断路故障。

2）连接到这些烧焦发黑的换向片上的电枢绕组有短路点。

（2）故障维修方法

1）重新焊接断路均压线，检查与电枢绕组之间脱焊处，重新焊接。

2）打开电动机，检查电枢绕组短路处，加以修复。如短路严重，要重新更换电枢绕组。

7. 故障： 直流电动机并励电动机起动时反转， 起动后又变成正转

（1）故障原因分析

串励绕组接反。

（2）故障维修方法

调换一下串励绕组两根出线的引出线接头。

8. 故障： 直流电动机机壳漏电。

（1）故障原因分析

1）电动机进水或有其他导电杂质进入电动机内部。

2）电动机引出线某处与电动机外壳接触。

3）电动机接地线断路或电动机绕组对外壳绝缘电阻太小。

4）电动机绕组绝缘损坏与外壳连接。

（2）故障维修方法

1）打开电动机，直接观察内部有无进水和潮湿处，经清洗后加以烘干，然后用500V绝缘电阻表测电动机每相绕组及对地绝缘，达到要求方能再使用电动机。

2）打开电动机，对引出线接触外壳或对外壳绝缘差的导线给予更换。

3）用多股铜导线重新接好电动机保护接地线。对绝缘性能差的电动机进行刷绝缘漆处理，并加以烘干。

4）更换电动机绝缘损坏的绕组。

9. 故障： 直流电动机有异常振动

（1）故障原因分析

1）直流电动机基础不牢。

2）固定电动机螺钉未紧固或滑丝。

3）电动机轴承损坏。

4）直流电动机和机械轮配合不同心。

（2）故障维修方法

1）重新安装电动机基础设施。

2）紧固电动机地脚螺钉或重给地脚孔攻螺纹。

3）更换同型号的电动机轴承。

4）把电动机地脚螺钉松开，重新校正电动机轮与机械负载轮，使其同心对正。

10. 故障：直流电动机产生火花

直流电动机在运转时有时很难完全避免火花的发生，在一定程度内，火花对电动机的连续正常工作，实际上并无影响，在无法消除的情况下，可允许其存在，如果所发生的火花大于规定的限度，则将起破坏作用，必须及时加以检查纠正。

电动机的火花，可根据表 13-1 鉴别等级，以确定电动机是否能继续工作。1 级、1.25 级、1.5 级火花对电刷及换向器的连续工作实际上并无损害。在正常连续工作时，可允许其存在。

表 13-1　直流电动机火花等级鉴别

火 花 等 级	电刷下的火花现象	换向器及电刷的状态
1	无火花	换向器上没有黑痕及电刷上没有灼痕
1.25	电刷边缘仅小部分有微弱的点状火花，或有非放电性的红色小火花	
1.5	电刷边缘大部或全部有轻微的火花	换向器上有黑痕出现，但不发展，用汽油擦其表面即能除去，同时在电刷上有轻微灼痕
2	电刷边缘全部或大部分有较强烈的火花	换向器上有黑痕出现，用汽油不能擦除，同时电刷上有灼痕。如短时出现这一级火花，换向器上不出现灼痕。电刷不致被烧焦或损坏
3	电刷的整个边缘有强烈的火花即坏火，同时有大火花飞出	换向器上的黑痕相当严重，用汽油不能擦除，同时电刷上有灼痕。如在这一火花等级下短时运行，则换向器上将出现灼痕，同时电刷将被烧焦或损坏

11. 使用和维护直流电动机的注意事项

1）电动机在满载连续运转下，周围的空气温度不应高于40℃，相对湿度不得超过75%（在20℃时）。

2）安装电动机的室内，不得有有害及腐蚀性气体或瓦斯等可燃气，以及煤灰等污物侵入。

3）电动机在运转期中，应保持外表面及其周围环境的清洁，在电动机上或电动机内部不得放置异物。应检查电动机的底脚是否紧固于地基，运转时是否有异声或振动情况，通风窗是否空气畅通，是否有长时期的过载，按地装置是否可靠。

4）对经常运转的直流电动机，需作定期检查，每月不少于一次，在额定负载下换向器上不得有大于1.5级的火花出现，检查换向器表面是否光洁，电刷是否磨损过甚，刷握的压力是否适当。

5）如电动机需有较长时间停止运转，则需以厚1mm、浸过石蜡的纸板将换向器包好，并用厚防雨布将整个电动机盖起，保证电动机存放地点的温度不低于5℃，并不得有水汽及腐蚀性气体侵入。

6）当电动机换向器表面磨损很多时，片间的云母层将凸出铜面，这时必须将片间云母下刻1～1.5mm。

7）电刷必须与光洁的换向器工作面有良好的接触，电刷压力正常为0.15～0.25kg/cm²（±10%），电刷与刷握的配合不能过紧，而需留有适量的间隙（不大于0.15mm）。

8）轴承的正常工作温升应不超过55℃，且有轻微均匀的响声，当发现温度太高或夹有不均匀的杂声时，说明轴承可能损坏或有外物侵入，应即拆下清洗加以检查，若清洗后，未发现有损坏迹象，但在运转时仍有杂声时，则必须更换新轴承。

9）轴承安装后，在轴承盖的油室内填入约等于2/3空间的润滑脂，在工作2000～2500h后应调换新的润滑脂，但每年不得少于一次，同时防止灰尘及潮气侵入。

第七节　电气照明电路的维修

1. 白炽灯照明电路的维修

（1）灯泡不亮

1）故障原因分析

电源进线无电压、灯丝断开、灯头内接线脱落、灯头内接触头与灯泡接触不良、电路中有断线处、电路中有短路处、开关接触不良、电源熔丝断开。

2）故障维修方法

① 电源进线无电压。不是正常停电，应查找线路的原因，并加以处理。

② 灯丝已断，应更换新的灯泡。

③ 灯头内接线脱落，重新接好。

④ 接触不良。如是挂口灯头，应去掉灯泡，修理弹簧触头，恢复弹性；若是螺口灯头，在去掉灯泡后，用电笔头将灯头中间的铜皮舌头向外翘出一点，使其与灯泡接触良好。

⑤ 电路断线，用试电笔测试总开关相线和中性线是否断开，找出附近断线点，把断线接通。

⑥ 开关接触不良，应打开开关修理，或更换新开关。

⑦ 熔丝断开，查找短路点，分析短路原因，排除短路点，应更换新熔丝，送电。

（2）灯光暗淡

1）故障原因分析

电源电压过低、灯泡使用时间长、灯丝逐渐蒸发变细而使灯光变暗、绝缘损坏而有漏电现象，使灯泡上所得到的电压过低。

2）故障维修方法

① 如果电源电压过低，应在电源电路上找原因，是否这段线路过长，负载过重，电压降过大，根据具体情况进行处理。

② 灯泡使用时间过长，灯丝老化，更换新灯泡。

③ 如果因线路某处潮湿、漏电或有短路现象，要根据情况加以处理（如增加新的绝缘层，更换新的电气开关、灯头、保险座等），如线路老化应更换新电线。

④ 如果是灯泡搭丝，最好更换新灯泡。

（3）灯泡发出强烈白光

1）故障原因分析

电源电压过高、灯泡烧断后又重新搭丝使用、灯泡的额定电压低于电源电压。

2）故障维修方法

用万用表测电源电压上下波动是否过大，如电源电压与白炽灯泡所要求的电压相差很大，查明原因。

（4）灯泡忽明忽暗

1）故障原因分析

电源电压忽高忽低、附近有大电动机起动、受振动忽接忽离、熔丝与金属连接处电阻值增大，灯头、灯座、吊盒、开关以及导线接线点有接触不良。

2）故障维修方法

① 用万用表测电源电压是否波动很大，是否电路上有接触不良处，应在电路上查找原因并进行处理。

② 如果是线路上其他大型负载的影响，待电动机起动后会好转。

③ 灯丝快断时，应及时更换灯泡。

④ 换新熔丝，旋紧加固。

⑤ 查出接触不良处，重新接线，加固压紧。

2. 荧光灯照明电路的维修

（1）荧光灯不亮

1）故障原因分析

电源电压过低、电源线路较长造成电压降过大、镇流器内部断路、灯管灯丝断丝或灯管漏气、辉光启动器损坏、荧光灯接线错误、灯管与灯座或辉光启动器与辉光启动器座接触不良、气温太低难以启辉。

2）故障维修方法

① 调整电源电压；线路较长时应加粗导线。

② 更换与灯管配套的镇流器。

③ 用万用表测灯管两头有无断丝，一头断丝或两头断丝应更换新灯管。另外，观察荧光粉有无变色，表面有无开裂，是否漏气等，若存在类似问题均应更换新荧光灯管。

④ 用万用表检查辉光启动器里的电容器是否短路，如短路应更换新辉光启动器。

⑤ 按照荧光灯线路图检查线路各部位接线是否正确，若接错，应断开电源及时更正。

⑥ 一般荧光灯灯座与灯管接触处最容易接触不良，应检查修复。另外，重新调整辉光启动器与辉光启动器座，使之良好配接。最后检查各个接线端子的螺钉是否紧固。

⑦ 进行灯管加热、加罩或换用低温灯管。

（2）荧光灯亮度低

1）故障原因分析

温度太低或冷风直吹灯管、灯管老化陈旧、线路电压太低或压降太大。

2）故障维修方法

① 加防护罩并避免冷风直吹。

② 更换新灯管。

③ 检查线路电压太低的原因，有条件时可调整线路或更换粗截面导线使电压升高。

④ 断电后清洗灯管并做烘干处理。

（3）荧光灯灯光抖动及灯管两头发光

1）故障原因分析

荧光灯接线有误、灯座与灯管接触不良、电源电压太低、线路太长、导线太细，导致电压降加大。镇流器与灯管内部接触不良、气温较低，难以启辉。

2）故障维修方法

① 对照线路图检查实际线路，更正错误接线，修理加固灯脚接触头。

② 更换辉光启动器，修复辉光启动器座的触片位置或更换辉光启动器座。

③ 配换镇流，加固接线。

④ 换新荧光灯灯管。

⑤ 进行灯管加热或加罩处理。

（4）夜晚关闭开关后，荧光灯有微弱亮光

1）故障原因分析

线路潮湿、开关有漏电现象、开关错接于零线上。

2）故障维修方法

① 对开关烘干除湿，进行绝缘处理，严重时应更换开关。

② 将开关接在相线上，即可消除灯管在关闭后有微弱发光的现象。

（5）荧光灯管两头发黑

1）故障原因分析

电源电压过高、接线不牢引起长时间的闪烁、灯管内水银凝结（这是细灯管常见现象）、辉光启动器短路、灯管使用时间过长老化陈旧。

2）故障维修方法

① 用万用表测量电源电压是否过高，若电压超过220V，则应调整线路或处理电压升高的故障。

② 换新辉光启动器，检查接线点。

③ 更换与荧光灯管配套的镇流器。

④ 启动后灯管内水银凝结会蒸发，也可将灯管旋转180°后再使用。

⑤ 更换新的辉光启动器和新的灯管。

⑥ 灯管两头发黑严重，且常常自动熄灭又自动启辉时，要更换新灯管。

（6）灯光闪烁

1）故障原因分析

荧光灯辉光启动器损坏、镇流器与荧光灯接触不良。

2）故障维修方法

① 换新灯管后常见这种现象，一般使用一段后即可好转，有时将灯管两端对调一下即可正常。

② 换新辉光启动器；检查接线有松动，进行加固处理。

（7）噪声太大

1）故障原因分析

镇流器硅钢片松动、电路上的电压过高，使镇流器发出噪声。镇流器过载，或内部有短路处、辉光启动器电容器失效开路，或电路中某处接触不良。

2）故障维修方法

① 更换新的配套的镇流器，或紧固硅钢片铁心。

② 测量电路电压，如电压过高，要找出原因，设法降低线路电压。

③ 更换新辉光启动器。

④ 检查镇流器过载原因（如是否与灯管配套，电压前段是否过高，气温是否过高，有无短路现象等），并进行处理。若内部有短路处，则需更换新镇流器。

（8）镇流器过热

1）故障原因分析

气温太高、灯架内温度过高、电源电压过高、镇流器线圈内部匝间短路或接线不牢、灯管闪烁时间过长、荧光灯接线有误。

2）故障维修方法

① 保持通风，改善荧光灯环境温度。

② 查找电源电压过高的原因，并加以处理。

③ 用螺钉旋具旋紧接线端子，必要时更换新镇流器。

④ 检查闪烁原因，接触不良时要加固处理，辉光启动器质量差要更换。

⑤ 对照荧光灯线路图，查对接线有无错误，有误时要进行改正。

第八节　电能表的维修

电能表使用的负载应在额定负载的 5% ~ 150%，例如 80A 电能表可在 4 ~ 120A 范围内使用。电能表运转时转盘从左向右，切断三相电流后，转盘还会微微转动，但不超过一整转，转盘即停止转动。电能表的计数器均具有 5 位读数，标牌窗口的形式分为红格、全黑格和全黑格 ×10 三种，当计数器指示值为 38225 时，红格的表示为 3822.5kW·h，全黑格的表示为 38225kW·h，全黑格 ×10 的表示为 382250kW·h。

1. 故障：单相电能表不转或倒转

（1）故障原因分析

1）直接式单相电能表的电压线圈端子的小连接片未接通电源。

2）如果是经电流互感器接电能表的，可能是互感器二次侧极性接反。

3）电能表安装倾斜。

4）电能表的进出线相互接错引起倒转。

（2）故障维修方法

1）打开电能表接线盒，查看电压线圈的小钩子是否与进线相线连接，未连接时要重新接好。

2）若为互感器二次侧极性接反，要重新连接。

3）重新校正电能表的安装位置。

4）单相电能表应按接线盒背面的线路图正确接线。

2. 故障： 三相四线有功电能表不转或倒转

（1） 故障原因分析

1） 电能表电源与负载的进出线顺序相互接错。

2） 电能表的电压线圈与电流线圈在接线中未接在相应的相位上。

3） 经电流互感器接入的电能表，二次侧极性接反。

4） 电能表的零线未接入表内。

（2） 故障维修方法

1） 打开电能表，检查三相四线制电能表电压线圈的小钩子连片是否接通电源，电压未接通应接在电源上。

2） 对照电能表线路图将进出线相互调整过来。

3） 更正错误接法。

4） 电流互感器的二次侧一般是有极性的，所以经电流互感器接入电能表的也要纠正。

5） 检查电能表零线断线故障点，并接好电能表零线。

第九节　功率表的维修

1. 故障： 功率表、 功率因数表不走

（1） 故障原因分析

1） 仪表控制线路有断线处。

2） 电流互感器二次侧连接点有断线处。

3） 电压互感器二次侧断路或短路。

4） 电源电压熔断器熔断。

5） 功率表游丝卡住，表盘摩擦阻力大。

6） 功率表内部电流线圈或电压线圈损坏。

（2） 故障维修方法

1） 检查断线处，并接通断线点。

2） 检查电源，认真检查二次侧断路点，并接通二次侧线路。

3） 更换短路的电压互感器或修复再用。

4） 更换熔断器。

5） 打开功率表更换游丝，校准表盘。

6） 更换损坏的线圈。

2. 故障： 功率表、 功率因数表指示不准

（1） 故障原因分析

1） 电压线圈相位接错。

2） 电压互感器未按规定电压比连接。

3） 电流线圈相位接错。

（2） 故障维修方法

1） 对照功率表或功率因数表接线图重新纠正电压线圈的相位接法。

2） 检查功率表，按规定电压比使互感器与功率表连接。

3）注意电流线圈接入功率表的相位顺序，严格按照正确接线方法重新连接电流线圈。

第十节 万用表的维修

1. 故障： 万用表指针不能正常来回摆动

（1）故障原因分析

1）机械平衡不好，指针与外壳玻璃或表盘相摩擦。

2）表头线断开或分流电阻断开。

3）游丝绞住或游丝不规则。

4）支撑部位卡死。

（2）故障维修方法

1）打开万用表表壳，用小镊子和螺钉旋具整修机械摆动部位，并把指针校正在不接触表壳玻璃和表盘的中间位置，使其指针摆动灵活。

2）重新焊接表头线，或检查分流电阻是否断开烧断。断开时要重新连接，烧断时要换同型号的分流电阻。

3）用镊子重新调整游丝外形，使其外环圈圆滑，布局均匀。

4）检查造成支撑部位卡死的原因，并加以整修。

2. 故障： 万用表欧姆挡指针不示数

（1）故障原因分析

1）电池无电或接触不良。

2）调整电位器中心焊接点引线断开或电位器接触不良。

3）转换开关触头接触不良或引线断开。

（2）故障维修方法

1）重新装配万用表电池，如电池无电，应更换新电池。

2）重新焊接调整电位器中心焊接连线，并检查调零电位器中心触片与电阻丝接触是否良好，如果接触不好，要用镊子往下压些，使其接触良好。

3）转换开关触头油污太多，接触不良，要擦净油污，并修整触片。如果焊接连接线断开，要重新焊接。

3. 故障： 万用表欧姆挡不能调零

（1）故障原因分析

1）电池电压不足或电池电能即将耗尽。

2）串联电阻值变大。

3）表笔与万用表插头处接触不良。

4）转换开关接触不良。

5）调零电位器接触不良。

（2）故障维修方法

1）更换同型号新电池。

2）更换串联电阻。

3）修整万用表表笔插头处，如果插头插入万用表有松动，则要调整插座或插头弹片弹簧，使其接触良好，并同时去掉万用表表笔及插头插座上的氧化层。

　　4）用酒精清洗万用表转换开关接触触头，并用镊子校正动触头与静触片，使之接触良好。

　　5）用镊子把调零电位器中间的动触片往下压些，使其与静触头电阻丝接触良好。

　　4. 故障：　万用表欧姆挡量程不通

　　（1）故障原因分析

　　1）串联电阻断开或电阻值变化。

　　2）转换开关接触不良。

　　3）该挡分流电阻断路或短路。

　　4）电池电量不足。

　　（2）故障维修方法

　　1）用另一只万用表测串联电阻值，若阻值改变，则要更换同样阻值功率的电阻。

　　2）用酒精擦洗转换开关并修理接触不良处。

　　3）更换该挡分流电阻。

　　4）更换同型号的新电池。

　　5. 故障：　直流电压测量无指示值。

　　（1）故障原因分析

　　1）测电压部分开关公用焊接线脱焊。

　　2）转换开关接触不良。

　　3）表笔插头与万用表接触不良。

　　4）最小量程挡附加电阻断线。

　　（2）故障维修方法

　　1）重新焊接测电压部分脱焊的连接线。

　　2）用酒精擦净转换开关油污并调整转换开关接触压力。

　　3）重新修整万用表测量表笔插头与插座的接触处，使其接触良好。

　　4）焊接附加电阻连接线。

　　6. 故障：　直流电压量程不通或某量程测量误差大

　　（1）故障原因分析

　　1）转换开关接触不良，或该挡附加电阻脱焊烧断。

　　2）某量程附加电阻阻值变化使其测量不准。

　　（2）故障维修方法

　　1）修整转换开关触片，并重新焊接或更换该量程的附加串联电阻。

　　2）更换某量程的附加串联电阻。

　　7. 故障：　测量直流电流不示数

　　（1）故障原因分析

　　1）转换开关接触不良。

　　2）表笔与万用表有接触不良处。

　　3）表头串联电阻损坏或脱焊。

　　4）表头线圈脱焊或线圈断路。

（2）故障维修方法

1）打开万用表调整修理转换开关。

2）处理表笔与万用表接触插头处，使其紧密配合。

3）更换表头串联电阻或焊接脱焊处。

4）焊接表头线圈，使其重新接通。

8. 故障： 直流电流挡各挡测量值偏高或偏低

（1）故障原因分析

1）各量程精度不同。

2）表头串联电阻值变大或变小，分流电阻值变大或变小。

3）表头灵敏度降低。

（2）故障维修方法

1）用万用表测串联电阻值，若变大或变小要更换电阻。

2）检查万用表分流电阻，若阻值变化要更换。

3）表头灵敏度降低要根据具体情况处理。若游丝绞住要重新修好，表头线圈损坏要更新。

9. 故障： 万用表交流电压挡指针轻微摆动指示差别太大

（1）故障原因分析

1）万用表插头与插座处接触不良。

2）转换开关触头接触不良。

3）整流全桥或整流二极管短路、断路。

（2）故障维修方法

1）处理万用表插头与插座接触不良处，将插头表面用砂纸打磨净，使插头插座紧密配合。

2）用万用表检查转换开关，用酒精清洗干净，然后处理接触不良触头。

3）更换短路或断路的二极管或全桥整流块。

10. 故障： 直流电压挡测量值与实际值相差较大

（1）故障原因分析

某只整流二极管损坏，或全波整流已变为半波整流。

（2）故障维修方法

用万用表欧姆挡测量4只整流二极管的正反向电阻，查出哪只二极管损坏，用同型号的整流管进行更换。

第十一节　机床的维修

机床电气设备发生故障后一般检查和分析方法如下。

（1）修理前进行调查研究

1）看：观察熔断器内熔丝或熔片是否熔断；其他电气元件有无烧毁、发热、断线，导线连接螺钉是否松动，有无异常的气味等。

2）问：询问机床操作工人，因为操作者最熟悉机床性能，也比较了解发生故障的部位，故障发生后，向操作者了解故障发生的前后情况，有利于根据电气设备的工作原理来判断发生故障的部位，分析故障的原因。一般询问的项目是，故障经常发生还是偶然发生；有哪些现象（如响声、冒火、冒烟等）；故障发生前有无频繁起动、停止、制动、过载；是否经过保养检修等。

3）听：电动机、变压器和一些电气元件，正常运行的声音和发生故障的声音是有区别的，听听它们的声音是否正常，可以帮助寻找故障部位。

4）摸：电动机、变压器和电磁线圈发生故障时，温度显著上升，可切断电源用手去触摸判断元件是否有故障。

（2）从机床电气原理图进行分析

确定产生故障的可能范围，机床电气设备发生故障后，为了能根据情况迅速找到故障的位置并予以排除，就必须熟悉机床的电路。机床的电路是根据机床的用途和工艺要求而定的，因此了解机床的基本工作原理、加工范围和操作程序对掌握机床电气控制电路和各环节的作用具有一定的意义。任何一台机床的电气电路总是由主电路和控制电路两大部分组成，而控制电路又可分为若干个控制环节，分析电路时，通常首先从主电路入手，了解机床各运动部件和辅助机构采用了几台电动机拖动，从每台电动机主电路中使用接触器的主触头连接方式，大致可以看出电动机是否有正反转控制；是否采用了减压起动，是否有制动等，然后再去分析控制电路的控制形式，结合故障现象和电路工作原理进行分析，便可迅速判断出故障发生的可能范围和部位。

（3）进行外表检查

判断了故障可能产生的范围后，可在此范围内对有关电气元件进行外表检查。例如，熔断器熔断或松动，接线头松动或脱落，接触器和继电器触头脱落或接触不良，线圈烧坏使表层绝缘纸烧焦变色，烧化的绝缘清漆流出，弹簧脱落或断裂，电气开关动作机构失灵等，都能明显地表明故障所在。

（4）试验控制电路的动作顺序

此方法要尽可能切断电动机主电路电源，只在控制电路带电情况下进行检查。具体做法是，操作某一只按钮时，线路中有关的接触器、继电器将按规定的动作顺序进行工作。若依次动作至某一电气元件发现动作不符，则说明此元件或其相关电路有问题。再在此电路中逐项分析检查，一般便可发现故障。

（5）利用仪表检查

利用万用表、钳形电流表、绝缘电阻表对电阻、电流、电压等参数进行测量，以测得电流、电压是否正常，三相是否平衡，导线是否开路、短路，从而找到故障点。

（6）检查是否存在机械、液压故障

在许多电气设备中，电气元件的动作是由机械、液压来推动的，或与它们有着密切的关系，所以在检修电气故障的同时，应检查、调整和排除机械、液压部分的故障，可请机械维修工配合完成。

（7）修复及注意事项

找到故障点或修理故障时应注意，不仅要把烧坏的电动机或电气元件重新修复或更换新的，还应找出发生故障的原因。修理后的电气元件要符合质量标准。每次排除故障后，应及时总结经验，并做好维修记录，记录的内容可包括：机床的名称、型号、编号，故障发生的日期，故障的现象、部位，损坏的电气元件，故障原因，修复措施及修复后的运行情况等，作为档案以备日后维修时参考。

第十二节　变压器的维修

变压器吊心大修是在当地电业主管部门的指导下进行的，如图 13-2 所示，可按以下步骤进行：

1）打开变压器箱盖，用电葫芦吊出变压器铁心，把油泥、灰尘清除干净。

2）检修绕组线圈、铁心、开关及引线。

3）检修箱体、箱盖、储油柜、继电器、阀门及防爆装置等。

4）过滤变压器油或换新变压器油。

5）更换封油密封垫圈。

6）检修制冷系统。

7）重新检测仪表及信号装置。

8）重新装配良好，并按原始数据进行测试，若一切正常方可继续投入运行。

图 13-2　变压器吊心大修

第十四章　安全用电与节约用电

第一节　安全用电常识

电气工作人员在进行电气操作时必须按规程进行，具备有关安全知识，在工作中采取必要的安全措施，确保人身安全和电气设备正常运行。为此必须做到：

1）电工人员在安装配电设备中，必须把电源引入线装配在该配电设备的总刀开关、总开关或总电源的上桩头，不得倒装。这样在拉下单元配电设备总开关时，即可断开所有熔断器及用电设备的电源。

2）不要在室内和其他用电场所乱拉电线，乱接电气设备。如因需要必须增加电气线路时，其敷设高度应符合"电气设备安装标准"的有关规定。平时不要乱拉 220V 的临时灯。

3）在电气线路中安装合格的漏电保护装置是防止因电气线路或电气设备绝缘损坏造成触电事故的有效措施。

4）安装电灯时，保证相线进开关。

5）平时应防止导线和电气设备受潮，不要用湿手去拔插头或扳动电气开关，也不要用湿毛巾去擦拭带电的用电设备。

6）使用移动式电气设备时，应先检查其绝缘是否良好，在使用过程中应采取增加辅助绝缘的措施，如使用手电钻时最好戴绝缘手套并站在橡胶垫上进行工作。

7）选用熔断器要与电器设备的容量相适应，不能用金属丝代替熔断器使用。

8）当发现电气设备出现故障时，应请专业电工来修理。

9）合理选择导线截面，必须满足最大负载电流的要求。

10）使用各种电气设备时，应严格遵守"电气安全工作规程"的规定及电气设备使用说明的要求。电气设备使用完毕应立即切断电源。

11）停电维修电气设备时，要遵守操作规程，采取安全措施，严防突然来电。

12）应定期对电气线路和电气设备进行检查和维修，更换绝缘老化的线路，对绝缘破损处进行修复，确保所有绝缘部分完好无损。

13）家用电器在安装使用时，必须按要求将其金属外皮做好接零线或接地线的保护措施，以防止电气设备绝缘损坏时外皮带电造成触电事故。

第二节　高压安全用电规则

高压安全用电规则如下：

1）高压开关柜外壳及柜内所有高压设备金属底座要可靠接地，接地电阻值不大于4Ω。

2）对一、二级负载供电的两路电源进线柜之间，必须采取可靠的机械联锁，单靠电气联锁是不够的。

3）室内室外高压电器表面必须干净、无灰尘、无油垢、无其他附着物。

4）所有高压开关分合闸动作，必须灵活、可靠，其位置标志牌必须正确。

5）高压隔离开关与高压油开关的联锁必须可靠。

6）高压油开关、电压互感器，不准有漏油、渗油现象，油位应正常。

7）所有高压电气设备在运行时，除个别电压互感器有轻微嗡嗡声外，其他高压电气设备均不应有响声，特别是放电声。

8）高压停电回路，长期不用或有人作业，一定悬挂"有人作业，禁止合闸"警告牌。

9）高压开关柜底下地沟，应保持干净、干燥，不得有积水现象。

10）高压系统模拟板上的各路开关分合闸表示位置，必须与实际情况符合。

第三节　低压安全用电规则

低压安全用电规则如下：

1）选择低压配电装置时，除应满足所在网络的标称电压、频率及所在回路的计算电流外，尚应满足短路条件下的动、热稳定。对于要求断开短路电流的通、断保护电器，应能满足短路条件下的通断能力。

2）配电装置的布置，应考虑设备的操作、搬运、检修和试验的方便。屋内配电装置裸露且带电部分的上方不应有明敷的照明或动力线路跨越。

3）成排布置的配电屏，长度超过 6m 时，屏后面的通道应有两个通向本室或其他房间的出口，分布在通道的两端。当两出口之间的距离超过 15m 时，其间还要增加出口。

4）低压配电室通道上方裸露带电体不应低于下列数值：

① 屏前通道为 2.5m，加护网后其高度可降低，但护网最低高度为 2.2m。

② 屏后通道为 2.3m，否则应加遮护，遮护后的高度不应低于 1.9m。

第四节　工作票制度

在电气设备上工作，应填写工作票或按命令执行，其方式有下列三种：

（1）第一种工作票

第一种工作票的使用范围：在高压设备上工作需要全部停电或部分停电的；高压室内的二次接线和照明等回路上的工作，需要将高压设备停电或做安全措施的。

（2）第二种工作票

第二种工作票的使用范围：带电作业和在带电设备外壳上的工作；控制盘和低压配电盘、配电箱、电源干线上的工作；无需将高压设备停电，在二次接线回路上的工作；转动中的发电机、同期调相机的励磁回路或高压电动机转子电阻回路上的工作；非值班人员用绝缘棒和电压互感器定相或用钳形电流表测量高压回路电流。

（3）口头或电话命令

有时无需用第一种、第二种工作票，只需口头或电话命令即可。口头或电话命令，必须表达清楚、正确，值班员应将发令人、负责人及工作任务详细记录在操作记录簿中，并向发令人复核一遍。

第五节　工作间断、转移和终结制度

工作间断时，全体人员必须全部撤离现场，所有安全措施不动。每日收工后工作负责人需将工作票交给值班员，次日复工再领取。次日复工，工作负责人必须会同值班人员共同检查安全措施无问题后方可开始工作。

同一张工作票，需在几个工作地点工作，需要工作转移时，工作负责人要会同值班员到转移点工作现场，对全体人员进行安全交底和安全措施检查工作。

全部工作完工后，工作班应负责拆除全部安全措施、清扫现场、整理现场。当全体工作人员撤离现场后，工作负责人还要向值班员讲清所修项目、发现问题、处理情况、试验结果及尚存问题等，然后共同到现场进行现场检查，最后双方在工作票上签字，工作才算全部结束。

第六节　停电检修工作制度

停电检修必须事先做好全部准备工作，方可进行检修工作。停电检修分全部停电检修和部分停电检修两种，其工作顺序如下：

（1）停电

应根据工作内容，做好全部（或部分）停电的倒闸操作，必须将有可能送电到检修设备的线路开关或刀开关全部断开，并要有一个明显的断开点。

除此之外，还要做好防止误合闸措施。如在开关或刀开关的操作手柄上悬挂"禁止合闸，有人工作"的警示牌，必要时加锁，切断自动开关的操作电源等。对多回路的线路，要防止其他方面突然来电，尤其要注意防止低压方面的反馈电。

（2）放电和验电

停电后，为消除被检修设备上的残存电荷，应对线与地间、线与线间逐一放电。放电时应用临时接地线，用绝缘棒操作，避免人手与放电导体相接触。由于电力电容器、电力电缆等设备的残存电荷较多，要先经放电电阻放电，然后再短接。放电后应用合格的验电器对检修设备进行验电。验电时，应按电压等级选用相应的验电器。

（3）装设携带型接地线

为防止意外来电，应在停电检修设备的来电电源侧装设携带型接地线。装设接地线必须两人进行。若为单人值班，只允许使用接地刀开关接地，或使用绝缘棒和接地刀开关。装设接地线必须先接地端后接导体端，并应接触良好。拆除的顺序与此相反。装、拆接地线均应戴绝缘手套。

（4）装设遮栏和悬挂警示牌

在部分停电检修工作中，对于可能碰触

图 14-1　警示牌

的导体或线路，在安全距离不够时，应装设临时遮栏及护罩，将带电体与检修设备、检修线路隔离，悬挂"禁止合闸，有人工作"警示牌，以提醒人们注意，确保检修工作人员的安全，如图 14-1 所示。

检修工作结束后，必须将工具、器具材料等收拾清理。然后拆除携带型接地线、临时遮栏、护罩等，再摘掉开关、刀开关手柄外的警示牌，经检查无误后才可进行送电的倒闸操作。

第七节　带电工作制度

带电工作是指在有电设备或导体上进行的工作。

带电工作制度的规定如下：

1）工作人员应由经过严格训练，考核合格的电工担任。

2）工作时应由有低压带电工作实践经验的人员监护。

3）使用合格的绝缘手柄工具，严禁使用无绝缘手柄的金属工具。

4）作业电工应穿好长袖工作服，戴绝缘手套、安全帽和穿绝缘鞋，并站在干燥的绝缘垫上工作。

5）在高低压同杆架设的低压带电线路上工作时，应先检查与高压线的距离，采取防止误碰高压带电设备的措施。

6）在低压电导线未采取绝缘措施前，工作人员不得穿越。

7）在带电的低压配电装置上工作时，要保证人体和大地之间、人体与周围接地金属之间、人体与其他的导体或零线之间有良好的绝缘或相应的安全距离，应采取防止相间短路和单相接地的隔离措施。

8）上杆前须分清相线、零线，选好工作位置，带电导体只允许在作业电工的一侧。断开导线时，应一根一根剪断，先断开相线，后断开零线；搭接导线时，应先将线头试搭，然后先接零线，后接相线。

9）因低压相间距离很小，检修中要注意防止人体同时接触两根线头。

第八节　倒闸操作安全制度

倒闸操作是确保安全经济供电的一项极其重要的工作，每一步操作都关系到设备和人身的安全，所以，必须以高度的认真负责精神，严格执行倒闸操作制度。

1. 倒闸操作票

倒闸操作必须根据倒闸操作票的内容进行。其内容包括：发令人、受令人、操作目的和操作任务、操作项目和操作顺序、操作人和监护人签名、操作开始和结束时间，书写时应字迹清晰、整洁，不得涂改；每个项目操作完毕，经检查无误后即打"√"号；操作执行完毕，操作人应写明"已执行"并签名。

2. 倒闸操作的一般程序

（1）送电操作的一般程序

1）检查设备上装设的各种临时安全措施和接地线，确认已完全拆除；

2）检查有关的继电保护和自动装置确已按规定投入；

3）检查断路器确在开闸位置；

4）合上操作电源与断路器控制回路熔断器；

5）合上电源侧隔离开关；

6）合上负载侧隔离开关；

7）合上断路器；

8）检查送电后负载、电压应正常。

（2）停电操作的一般程序

1）检查有关仪表计量指示是否允许拉闸；

2）断开断路器；

3）检查断路器确在断开位置；

4）拉开负载侧隔离开关；

5）拉开电源侧隔离开关；

6）切断断路器的操作电源；

7）拉开断路器控制回路熔断器；

8）按照检修工作票要求布置安全措施。

3. 高压跌落熔断器操作顺序

（1）送电

1）在变压器二次侧确认无负载条件下方可合闸操作；

2）先合两边相，后合中间相。

（2）停电

1）必须先断开变压器二次侧全部负载，方可进行高压侧停电操作；

2）先断开中间相，后断开两边相。

第九节　安全电压与安全电流

1. 安全电压

安全电压一般是指人体较长时间接触而不致发生触电危险的电压。国家规定 42V、36V、24V、12V、6V 为安全电压，这是为防止触电而采用的供电电压系列。实际工作中应根据使用环境、人员和使用方式等因素选用电压值。如在有触电危险的场所使用的手持电动工具等可采用 42V；久热高温的建筑物内可采用 36V 行灯；特别潮湿、有腐蚀性蒸气、煤气或游离物的场所及某些人体可能偶然触及的带电设备，可选用 24V、12V、6V 作为安全电压。

2. 安全电流

当工频频率为 50Hz 时，流过人体的电流不得超过 10mA，因此，规定 10mA 为安全电流。

如果通过人体的交流电流超过 20mA 或直流电流超过 80mA，就会使人感觉麻痛或剧痛，呼吸困难，自己不能摆脱电源，会有生命危险。随着电流的增大，危险性也增大，当有 100mA 以上的工频电流通过人体时，人在很短的时间里就会窒息，心脏停止跳动，失去知觉，出现生命危险。

3. 对人体的伤害

（1）触电电流

电流对人体的伤害与流过人体电流大小有关。按照流过人体的电流大小不同，人体呈现不同生理状态。

1）感知电流：电流流过人体，能引起感觉的最小电流。男人感知电流为 1.1mA 左右，女人感知电流为 0.7mA 左右。

2）摆脱电流：人手握住带电体时，能自主摆脱的最大电流。男人摆脱电流为 9mA 左右，女人摆脱电流为 6mA 左右，儿童的摆脱电流比成人更小。

3）致命电流：在较短时间内能危及人生命的最小电流。

（2）与电流流过人体时间长短有关

电流流过人体时间越长，对内脏器官破坏的可能性越大，人体电阻下降，通过人体电流越大，后果更严重。

（3）与电流流过人体途径有关

触电电流通过人体心脏、呼吸系统、中枢神经三个部位，危险程度最大。

（4）与触电电压高低有关

当然在相同条件下，触电电压越高，危险性越大。

（5）与人体电阻大小有关

人体 70% 为水分，故其内部电阻并不大。人触电时限制触电电流大小的因素，除自身电阻外，皮肤表面接触电阻、鞋袜绝缘电阻也起主要作用。不利情况是，人体电阻是变化的，与通电时间成反比，与外加电压成反比。

（6）与电流频率有关

常用的 50~60Hz 交流电对人体伤害程度最严重，随着频率的减少或增加，其危害程度也随之减少，尤其直流电，在相同条件下，触电危险程度最小。

（7）与人体健康状况有关

人体健康状况越好，在相同条件下，触电危险程度就轻。对于患有心脏病、结核病、精神病、内分泌器官疾病或醉酒的人来讲，由于自身抵抗力差，当然危险程度严重。

第十节　触　　电

当人体触及带电体，或带电体与人体之间由于距离近、电压高产生闪击放电，或电弧烧伤人体表面对人体所造成的伤害都叫触电。触电分电击、电伤两种。所谓电击是电流通过人体内部造成的伤害；所谓电伤是由于电流的热效应、机械效应、化学效应对人体外部造成伤害，如电弧烧伤、电烙印、皮肤金属化等。最危险的触电是电击，绝大多数触电死亡事故是由电击造成的。

1. 单相触电

当人体直接碰触带电设备或带电导线其中的一相时，电流通过人体流入大地，这种触电称为单相触电。有时对于高压带电体，人体虽未直接接触，但由于电压超过了安全距离，高压带电体对人体放电，造成单相接地而引起的触电，也属于单相触电。

单相电路中的电源相线与零线（或大地）之间的电压是220V。在室内电路使用中，如果使用者操作有误，导致站在地上的人体直接或间接地与相线接触，则加在人体上的电压约是220V，这远高于36V的安全电压。这时电流就通过人体流入大地而发生单相触电事故，如图14-2所示。

图14-2　单相触电

2. 两相触电

人体同时接触带电设备或带电导线其中两相时，或在高压系统中，人体同时接近不同相的两相带电导体，而发生闪击放电，电流通过人体从某一相流入另一相，此种触电称为两相触电。这类事故多发生在带电检修或安装电气设备时，如图14-3所示。

3. 跨步电压触电

当电气设备发生接地短路故障或电力线路断落接地时，电流经大地流走，这时接地中心附近的地面存在不同的电位。此时人若在接地短路点周围行走，人两脚间（按正常人0.8m跨距考虑）的电位差叫跨步电压。由跨步电压引起的触电叫跨步电压触电。人与接地短路点越近，跨步电压触电越严重，如图14-4所示。

图14-3　两相触电

图14-4　跨步电压触电

4. 间接触电

所谓间接触电是指由于事故使正常情况下不带电的电气设备金属外壳带电，致使人们触电叫间接触电。另外，由于导线漏电触碰金属物（如管道、金属容器等），使金属物带电而使人们触电，也叫间接触电。

5. 触电的规律性

（1）低压触电多于高压触电

主要原因是低压设备多，低压电网广；设备简陋，管理不严，思想麻痹，群众缺乏电气安全知识。

（2）农村触电事故多于城市

统计资料表明，农村触电事故为城市的6倍。主要原因是农村用电设备因陋就简，技术水平低，管理不严，电气安全知识缺乏。

（3）中青年人触电事故多，男士多于女士

一方面中青年男士多是主要操作者，接触电气设备的机会多；另一方面多数操作不谨慎，经验不足，安全知识比较欠缺。私拉乱建电线，如图14-5所示。

（4）单相触电多于三相触电

统计资料表明，单相触电占触电事故的70%以上。防触电的技术措施应着重考虑单相触电的危险。

（5）事故点多发生在电气连接部位

统计资料表明，电气事故点多数发生在分支线、接户线、地爬线、接线端、压接头、焊接点、电线接头、电缆头、灯头、插头、插座、控制器、开关、接触器、熔断器等处。

（6）触电事故多发的季节性

图14-5　私拉乱建电线

统计资料表明，一年之中第二、三季度事故较多，六至九月最集中。主要原因是夏秋天气潮湿、多雨，降低了电气设备绝缘性能；炎热，多不穿工作服和带绝缘护具，正值农忙季节，农村用电量增加，触电事故增多。

（7）触电事故与生产部门性质有关

冶金、矿业、建筑、机械等行业由于存在潮湿、高温、现场混乱、移动式设备和携带式设备多及现场金属设备多等不利因素，因此，触电事故较多。

6. 触电的预防

触电的预防注意事项如图14-6所示。

用三眼插头　　　　　　　　　　　　　不要湿手摸电器

不要私设电网　　　　　　　　　　　不要随便安装电灯

图14-6　触电的预防

第十一节   触电急救的方法

　　坚持迅速准确地进行现场急救、护理、治疗，并且坚持救治是抢救触电者生命的关键。不仅所有电气工作人员应熟练掌握触电急救的方法，广大群众也应懂得触电急救的常识。

　　人触电以后，往往会出现神经麻痹、呼吸中断、心脏停止跳动等症状，呈现昏迷不醒的状态。如果没有明显的致命外伤，就不能认为触电人已经死亡，而应该看做是假死，要分秒必争地进行现场救护，如图14-7所示。

图 14-7   脱离电源

1. 脱离电源

（1）脱离低压电源

1）就近拉开电源开关或拔出电源插头。但应注意，拉线开关和扳把开关只能断开一根导线，有时由于安装不符合安全要求，开关安装在零线上，虽然断开了开关，人身触及的导线仍然带电，不能认为已切断电源。

2）如果电源开关或电源插座距离较远，可用有绝缘手柄的电工钳或有干燥木柄的斧头、铁锹等利器切断电源线。切断点应选择在导线在电源侧有支持物处，防止带电导线断落触及其他人体。电源线应分相切断，以防短路伤人。

3）如果导线搭落在触电者身上或压在身下，可用干的木棒、竹竿等挑开导线或用干燥的绝缘绳索套拉导线或触电者，使其脱离电源。

4）救护人可一只手戴上手套或垫上干燥的衣服、围巾、帽子等绝缘物品把触电者拉脱电源。如果触电者衣服是干燥的，又没被紧缠在身上，不至于使救护人直接触及触电者的身体时，救护人才可直接用一只手抓住触电者不贴身的衣服，将触电者拉脱电源。

5）救护人可站在干燥的木板、木桌椅或橡胶垫等绝缘物上，用一只手把触电者拉脱电源。

6）如果触电者由于触电痉挛，手指紧握导线或导线缠绕在身上时，可首先用干燥的木板塞进触电者身下，使其与地绝缘来隔断电源，然后采取其他办法切断电源。

（2）脱离高压电源

1）立即通知有关部门停电。

2）戴上绝缘手套、穿上绝缘靴，拉开高压断路器；用相应电压等级的绝缘工具拉开高压跌落熔断器、切断电源线。

3）抛掷裸金属软导线，造成线路短路，迫使保护装置动作切断电源，应保证抛掷的导线不触及人体。

采用上述办法使触电者脱离电源时，应注意以下事项：

1）救护人不得采用金属和其他潮湿的物品作为救护工具。

2）未采取任何绝缘措施，救护人不得直接触及触电者的皮肤和潮湿衣服。

3）在使触电者脱离电源的过程中，救护人最好用一只手操作，以防触电。

4）当触电者站立或位于高处时，应采取措施防止脱离电源后触电者摔倒。

5）夜晚发生触电事故时，应考虑切断电源后的临时照明问题，以利救护。

2. 现场救护

触电者脱离电源后，应立即就近移至干燥、通风的位置，迅速进行现场救护，如图14-8所示。同时通知医务人员到现场，并做好送往医院的准备工作。

（1）人工呼吸法

人工呼吸法有：口对口（鼻）人工呼吸法、俯卧压背人工呼吸法、仰卧牵臂人工呼吸法等。本节以口对口（鼻）人工呼吸法为例，如图14-9所示。口对口（鼻）人工呼吸法简单易行，效果也最好，不受胸、背部外伤的限制，同时可以和胸外心脏按压配合进行。

图14-8　现场救护

口对口（鼻）人工呼吸法操作步骤如下：

1）使触电者仰卧，迅速解开其围巾、领扣、紧身衣扣并放松腰带，头下不要垫枕头，以利呼吸。还应再一次检查其是否已停止呼吸。

2）把触电者的头侧向一边，清除口腔中的义牙、血块、粘液等物。如果触电者牙关紧闭，可用小木片、小金属片等坚硬物品从其嘴角插入牙缝，慢慢撬开嘴巴。

3）使触电者的头部尽量后仰，鼻孔朝天，下颚尖部与前胸部大体保持在一条水平线上，这样，舌根部不会阻塞气道。

4）救护人蹲跪在触电者头部的左侧或右侧，一只手捏紧触电者的鼻孔，另一只手的拇指和食指掰开嘴巴，如掰不开嘴巴，可用口对鼻人工呼吸法，捏紧嘴巴，紧贴鼻孔吹气。

5）深吸气后，紧贴掰开的嘴巴吹气，吹气时也可隔一层纱布或毛巾。吹气时要使触电者的胸部膨胀，每5秒钟一次，吹气2秒。对儿童吹气量酌减。

6）救护人换气时，放松触电者的嘴和鼻，让其自动呼气。

（2）胸外心脏按压法

胸外心脏按压法如图 14-10 所示。

1）使触电者仰卧在比较坚实的地面或地板上，姿势与口对口（鼻）人工呼吸法相同。

2）救护人蹲跪在触电者腰部一侧，或跨腰跪在其腰部，两手相叠，手掌根部放在正确的压点上，即心口窝稍高、两乳头间略低、胸骨下三分之一处。

3）救护人两臂肘部伸直，掌根略带冲击地用力垂直下压，压陷深度 3～5mm，压出心脏里的血液。每分钟挤压 100 次为宜。

4）挤压后掌根迅速全部放松，让触电者胸廓自动复原，血又充满心脏。

图 14-9　人工呼吸法

图 14-10　胸外心脏按压法

第十二节　保护接地和保护接零

为了防止电气设备的金属外壳意外带电而造成触电事故，这些金属外壳部分必须进行保护性接地或接零。

1. 保护接地

保护接地是将电动机、家用电器设备的金属外壳，通过导体和埋入地下的金属接地体连接在一起的技术措施。这种方法用于三相电源中性点不接地系统。如图 14-11 所示，其作用是一旦电器设备绝缘损坏漏电时，人体接触带电外壳，此时，人体电阻远大于接地体电阻（4Ω），大量电流通过金属外壳泄入大地，对地电压可降至安全电压 36V 以下，从而保证人身安全。

2. 保护接零

保护接零是将电动机、家用电器等用电设备的金属外壳，通过导线与 380V 三相四线制供电系统的零线接在一起的技术措施。其作用是一旦电器设备绝缘损坏漏电时，漏电电流能使保护装置动作或熔体熔断，从而自动切断

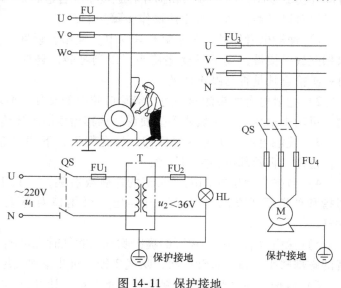
图 14-11　保护接地

电源，如图 14-12 所示。值得注意是，在同一电网内，应采用同一种保护方式，不允许某些电气设备接零，而另一些电器设备接地。

3. 接地或接零的方法

每个电气设备必须单独与接地或接零的干线连接，不能将每个设备外壳串联后再接到接地或接零的干线上。电气设备外壳的接头可用螺栓来接地或接零线。照明设备各部件（照明器插座、开关）必须用专门设置的接头螺栓来接地或接零线。电缆和金属管的外皮可用作接地或接零的导线。电缆接头、管子接头和分线盒处均应用电焊焊一个分路，使数个管子外皮有很好的电气连接。插座均接一根接地或接零导线。

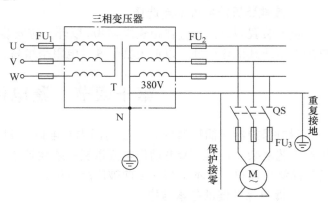

图 14-12 保护接零

敷设在厂房内的接地、接零干线应便于检查，并须避免机械和化学的损伤。在没有爆炸危险的场所，可利用电线管子作为接地或接零线导线。

4. 注意事项

一般接地干线和接零干线必须有足够的机械强度，其最小截面积不得小于下列数值：一般明设裸体铜线应不小于 $4mm^2$；一般明设裸体铝线应不小于 $6mm^2$；一般绝缘铜导线应不小于 $1.5mm^2$；一般绝缘铝导线应不小于 $2.5mm^2$。

接地或接零应在以下方面进行：一是对地电压高于 150V 的电气设备，二是对地电压为 150V 以下但大于 65V，安装在特别危险的场所的电气设备（在危险厂房内只需将经常摸到的机件手柄、手轮等接地或接零）。

第十三节　重复接地、工作接地与保护接地

1. 重复接地

在三相四线供电系统中，当单根接地体的接地电阻不能满足要求时，常用多根接地体并联起来把零线多处与大地连接，称为重复接地。

重复接地体的接地电阻由于接地体之间的屏蔽影响，不等于每一根接地体接地电阻的并联值。重复接地电阻在 10Ω 以下。

重复接地可以避免因零线中断产生触电电压，减少外壳漏电的对地电压和触电的危险。

2. 工作接地和保护接地

为了使电力系统以及电气设备安全可靠的运行，将系统中的某一点或经某些设备外壳直接或间接接地，称为工作接地。把不带电的金属外壳或电气故障情况下可能出现危险的对地电压的金属部分与接地装置可靠的连接，叫做保护接地。

3. 接地、接地体、接地线和接地装置

电力系统、配电装置、电气设备中的某一点与大地作良好的连接称为接地。埋入地下与

大地接触的金属导体称为接地体。电气设备接地部分与接地体的连接导线称为接地线。接地体、接地线的总称为接地装置。

4. 接地装置的装设地点选择

接地装置埋设位置应在距建筑物8m以外。应安装在土壤电阻率较低的地方，并应避免靠近烟道或其他热源处，以免土壤干燥，电阻率增高。

第十四节　漏电保护器

漏电保护器（简称漏保器）目前国内有电磁式和电子式两种，电磁式漏电保护器因其生产工艺复杂，且额定漏电动作电流重复一致性较差，该产品已被淘汰；电子式漏电保护器的产品结构简单，成本不高，目前被广泛应用。

1. 漏电保护器的基本结构

如图14-13所示，家用漏电保护器的结构主要由6部分组成：1）零序电流互感器；2）信号处理电路；3）功率放大部分；4）执行部件脱扣继电器；5）自由脱扣机械部分；6）试验回路装置。

2. 漏电保护器的工作原理

如图14-14所示，零序电流互感器 B 一次侧 L_1、L_2（双线并绕3~5匝）中的电流常态下向量和为零，当被保护线路发生触电或设备对地漏电时，一次侧出现剩余电流，L_3（数百匝）中便感应出几百毫伏的漏电信号，经 L_3、C_1 构成的串联谐振回路谐振后大于800mV，可直接触发单向晶闸管 VTH 导通（VTH 的工作电压由220V经 VD_1 ~ VD_4 桥式整流供给），相当于a、b两点接通，220V的交流电几乎全部加在脱扣器 T 上，T 实际上是一种电磁铁，由此吸动自由脱扣机械装置使动、静触头分离，切断电源，从而起到漏电（触电）保护作用。图14-14所示电路的电气原理大致与图14-13类似，仅仅是触发方式和脱扣方式不同而已。交流脱扣式产品脱扣功率大些，额定动作时间略快些，且脱扣（跳闸）迅速、利索。图14-14所示的电路属直流脱扣式，速度慢一些，但它们因结构简单、故障点少、成本低等优点仍被不少厂家所采用。在触发电路方面，原有的交流触发式因为存在正负脉冲的时间差（10ms），已逐步被淘汰。采用整流后直流触发 VTH 的家用漏电保护器，额定动作

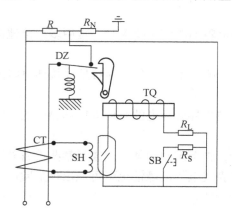

图14-13　家用漏电保护器

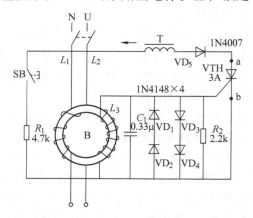

图14-14　电子漏电保护器

时间一致性较好，目前绝大多数厂家生产的电子式漏保器均采了此种方法。总之，以上介绍的这些线路虽各具特色，但是原理都是采用了"剩余动作电流"进行漏电保护。

3. 漏电过电压保护器

家用漏保器上利用"剩余动作电流"原理派生过电压过载保护功能。图 14-15 所示的电路中，在试验按钮 SB 和试验电阻 R_1 构成的回路两端并联一只标称值的压敏电阻或一定启辉值的氖泡，使漏电保护器具有过电压保护功能。其原理是试验回路是跨接在电流互感器上下两端的电源的两侧，其上通过的电流，就相当于 B 的一次侧通过的剩余电流，这就模拟了人体触电或设备漏电状况，借此验证电路动作是否正常。当在 SB、R_1 回路并联稳压管一类的器件后，其稳压值就是过电压保护动作值，一般设定为 280V。当由于电网故障原因引起电压升高超过设定值时，稳压管很快导通，互感器一次侧出现剩余电流，二次侧感应出漏电流信号经处理放大推动执行部件脱扣器迅速动作，切断电源。漏电保护的基础上就派生出过电压保护功能。

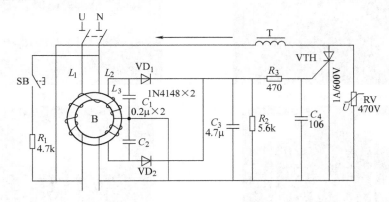

图 14-15　漏电过电压保护器

4. 漏电过载保护器

如图 14-16 所示，从 R、RP 分压电路中检取市电的过电压信号，通过触发二极管，驱动微触发晶闸管导通，使脱扣器动作。漏电保护器的过载保护用干簧管绕制的线圈 L_G 利用剩余电流原理完成。干簧管的常开触头并接在试验按钮 SB 上，线圈 L_G 串接在绕组 L_1 上，当负载电流超过设定值时（过载设定值由 L_G 的线径、匝数确定），干簧管的常开触头便因磁化而闭合，相当于试验按钮 SB 的闭合，在互感器 B 的一次侧产生剩余电流，二次侧信号便触发 VTH 导通，脱扣器动作，迅速切断电源。其电气原理与漏电、过电压保护

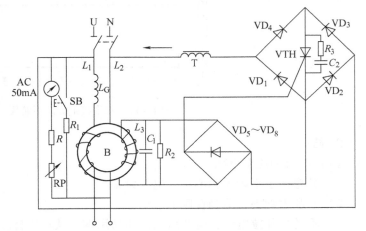

图 14-16　漏电过载保护器

动作原理相同。

第十五节 防雷与防火

1. 防雷

雷雨天时，如果人站在空旷的野外，人就成了空旷地面上的凸出部分，这时带着大量电荷的云就可能通过人体对地产生放电，把人击伤或击死。同样的道理，大树和高大的建筑物也是凸出部分，受雷击的可能性就比矮的树和房子要大，所以雷雨天不要到空旷的田野里去，也不要到大树或高墙附近去避雨。

预防雷电的方法有避雷针接闪器、避雷带和避雷网以及接地装置，把雷电引入大地，如图 14-17 所示。

适于安装在塔体顶部边缘

适于雷达天线防护

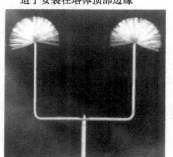

适于安装在楼顶天线抱杆上

适于安装在普通构筑物顶部

图 14-17 水平接地体防雷装置

2. 防火

（1）防火的注意事项

1）教育孩子不玩火，不玩弄电气设备。

2）不乱丢烟头，不躺在床上吸烟。

3）不乱接乱拉电线，电路熔断器切勿用铜、铁丝代替。

4）家中不可存放超过 0.5L 的汽油、酒精、天那水等易燃易爆物品。

5）明火照明时不离人，不要用明火照明寻找物品。

6）离家或睡觉前要检查用电器具是否断电，燃气阀门是否关闭，明火是否熄灭。

7）切勿在走廊、楼梯口等处堆放杂物，要保证通道和安全出口的畅通。

8）发现燃气泄漏，要迅速关闭气源阀门，打开门窗通风，切勿触动电器开关和使用明火，并迅速通知专业维修部门来处理。

9）不能随意倾倒液化气残液。

（2）灭火常识

1）发现火灾迅速拨打火警电话119。报警时要讲清详细地址、起火部位、着火物质、火势大小、报警人姓名及电话号码。

2）燃气罐着火，要用浸湿的被褥、衣物等捂盖灭火，并迅速关闭阀门。

3）家用电器或线路着火，要先切断电源，再用干粉或气体灭火器灭火，不可直接泼水灭火，以防触电或电器爆炸伤人。

4）救火时不要贸然开门窗，以免空气对流，加速火势蔓延。

（3）电气火灾的原因

接头处接触不良，引起发热，使附近易燃品燃烧而发生火灾。另外，开关的拉合闸或熔断器熔断时喷射出电喷溅出火花，也会引起周围易燃、易爆物质燃烧或爆炸。还有电气设备受潮、绝缘性能差而发生漏电、短路故障引起的火灾。

（4）扑灭电气火灾的方法

当发生电气火灾时，应首先迅速断开电源，以防触电，并迅速脱离现场，以免扩大事故。电气火灾一般采用二氧化碳、四氯化碳等灭火剂、消火栓或干燥的黄沙进行灭火，如图14-18所示。不允许用水扑灭电气火灾或在高压区域中用水灭火，不能使用

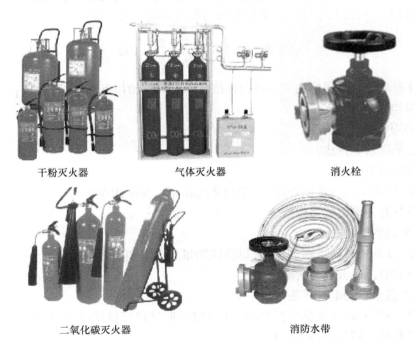

干粉灭火器　　　　　　气体灭火器　　　　　　消火栓

二氧化碳灭火器　　　　　　消防水带

图14-18　灭火装置

泡沫灭火器扑灭电气设备的火灾。因为泡沫是灭火器中加入的某种化学药品，此类药品是导电的。

第十六节　计划用电与节约用电

1. 计划用电

（1）计划用电的意义

电力工业的生产和应用有一定的特殊性，发电厂的发电和用户用电是同时进行的，不能储存起来备用。如一台容量为 1000kW 的发电机组，假如用电负载不足 1000kW，发电机被迫少发电，设备不能充分利用；若负载超过 1000kW 时，发电机又负担不了，所以最理想的情况应该是用电量与电网容量平衡。但是用电负载实际上是不可能平衡的，有时（如后半夜）用负载小，处于低谷用电，电网容量有富余，发电机被迫停发或少发，又如白天和前半夜用电负载大，处于用电高峰期，电网容量严重不足，不得不拉闸限电，影响工农业生产。因此根据电力生产和使用这些特点，必须有计划科学的分配电力，把有限的电力，最大限度地获得合理使用。

（2）计划用电的方法

计划用电就是要对每个厂矿企业和用电单位实行电力分配，考核 4 个用电指标，即实行"四定"。

1）电量定额：合理、准确分配各用电单位的日、月、年用电量。

2）定负载：分配用电单位高峰期的用电负载。

3）耗电定额：计算单位产品生产过程的耗电量。

4）定负载率：核定每个单位的平均负载与最高负载之比，即

$$负荷率（\%）=\frac{平均负荷}{最高负荷}\times100$$

如有条件的单位，可采用逐级考核的办法，以达到均衡用电的目的。

2. 节约用电

（1）节约用电的计算方法

节约用电采取以下方法：

1）用电量定额比较法

节约电量（kW·h）＝本期产量×（单耗定额指标－实际用电单耗）

得正数为节电，得负数为浪费。

2）用电单耗同期比较法

节约电量（kW·h）＝本期产量×（以前同期单耗－本期实际单耗）

得正数为节电，得负数为费电。

3）同期产值单位耗电计算法

节约电量（kW·h）＝本期实际产值×（以前同期单位产值用电量（kW·h/万元）－本期单位产值用电量（kW·h/万元））

此法适用产品繁多，不易计算产品单耗的企业使用，得正数为节电，得负数为浪费。

4）单项措施节电效果的计算

节约电量（kW·h）=（改进前所需功率—改进后实用功率）×使用时间×推广台数。

（2）节电电路

前面介绍的光控、声控、定时电路均属于节电电路，还有机床的空载自停装置、电容补偿提高功率因数、电焊机的自动开关、楼道两个灯泡串联使用等都是节电电路。

第十五章 电工常用材料

第一节 绝缘材料

绝缘材料是一种不导电的物质。自然界中气体和部分液体以及金属导电体以外的所有固体都是绝缘体。准确地说，绝缘体就是只能通过微小电流的物体。

绝缘材料的主要作用是将带电体封闭起来或将带不同电位的导体隔开，以保证电气线路和电气设备正常工作，并防止发生人身触电事故等。

绝缘材料有：木头、石头、橡胶、橡皮、塑料、陶瓷、玻璃、云母等。

1. 木材

电工材料用木材制成的主要有木槽板和圆木、联二木、联三木等，室内架线、装灯和开关等。

2. 橡胶橡皮

电工用橡胶分天然橡胶和合成橡胶两种。天然橡胶易燃、易老化、不耐油，不能用于户外，但它柔软，富有弹性，可用作电线、电缆的绝缘层和护套。合成橡胶虽然电气性能不高，但可用于电机、电器中的绝缘材料和保护材料，如引出线套管、绝缘衬垫等。

3. 绝缘包扎带

绝缘包扎带主要用作包缠电线和电缆的接头，常用的有以下几种。

（1）胶布带

胶布带分黑、白、绿等胶布，用于低压电线电缆接头的包扎，有些胶布用于防水绝缘用，如图 15-1 所示。

a) 黑胶布　　　　　　　　b) 白胶布　　　　　　　　c) 绿胶布

图 15-1　电工常用黑白绿绝缘胶布

（2）聚氯乙烯带

它的绝缘性能、耐潮性、耐蚀性好，其中电缆用的特种软聚氯乙烯带是专门用来包扎电缆接头的，有黄、绿、红、黑四种，称为相色带，如图 15-2 所示。

图 15-2　电工常用绝缘相色带

（3）陶瓷制品

瓷土烧制后涂以瓷釉的陶瓷制品，是不燃烧不吸潮的绝缘体，可制成绝缘子，用来支撑、固定导线。常用的几种低压绝缘子如图 15-3 所示。

（4）塑料

常用的有压塑料、热塑性塑料，它们适宜做各种构件，如电动工具的外壳、出线板、支架、绝缘套、插座、接线板等。

鼓形　　　蝶形　　　针式

图 15-3　常用的低压绝缘子

4. 绝缘材料的等级划分

绝缘材料共分 7 个等级：Y 级，最高允许温度 90℃；A 级，最高允许温度 105℃；B 级，最高允许温度 130℃；C 级，最高允许温度 180℃ 以上；E 级，最高允许温度 120℃；F 级，最高允许温度 155℃；H 级，最高允许温度 180℃。

第二节　导电材料

用作导电材料的金属必须具备以下特点：导电性能好，有一定的机械强度，不易氧化和腐蚀，容易加工和焊接，资源丰富，价格便宜。

电气设备和电气线路中常用的导电材料有以下几种。

1. 铜材

铜材的电阻率 $\rho = 1.75 \times 10^{-8} \Omega \cdot m$，其导电性能、焊接性能及机械强度都较好，在要求较高的动力线路、电气设备的控制线和电机、电器的线圈等大部分采用铜导线，如图 15-4 所示。

2. 铝材

铝的电阻率 $\rho = 2.9 \times 10^{-8} \Omega \cdot m$，其电阻率虽然比铜大，但密度比铜小，且铝资源丰富，价格便宜，为了节省铜，应尽量采用铝导线。架空线路、照明线已广泛采用铝导线。由于铝导线的焊接工艺较复杂，使用受到限制。

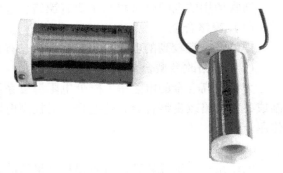

图 15-4　铜漆包线

3. 钢材

钢的电阻率 $\rho = 1 \times 10^{-7} \Omega \cdot m$，使用时会增大线路损失，但机械强度好，能承受较大的拉力，资源丰富，在部分场合也被用作导电金属材料。

4. 导线

（1）裸绞线

裸绞线主要有 7 股、19 股、37 股、61 股等，主要用于电力线路中。裸绞线具有结构简单、制造方便、容易架设和维修等优点。常用的裸绞线有 TT 型铝绞线、LGJ 型钢芯铝绞线和 HLJ 型铝合金绞线三种。常用于架空外线电路。

（2）硬母线

它是用来汇集和分配电流的导体。硬母线用铜或铝材料经加工做成，截面形状有矩形、管形、槽形，10kV 以下多采用矩形铝材。硬母线交流电的三相 U、V、W 分别涂以黄、绿、红三色表示，用黑色表示零线。

（3）软母线

软母线用于 35kV 及以上的高压配电装置中。

（4）电磁线

电磁线分为漆包线、纱包线、无机绝缘电磁线和特种电磁线四类。

1）漆包线漆膜均匀，光滑柔软，有利于线圈的自动化绕制，广泛应用于中小型、微型电工产品中，如图 15-5 所示。

2）纱包线用天然丝、玻璃丝、绝缘纸或合成薄膜紧密绕包在导电线芯上，形成绝缘层，或在漆包线上再绕包一层绝缘层，一般应用于大中型电工产品中。

3）无机绝缘电磁线绝缘层采用无机材料、陶瓷、氧化铝膜等，并经有机绝缘漆浸渍后烘干使其密封。无机绝缘电磁线具有耐高温、耐辐射性能。

4）特种电磁线具有特殊的绝缘结构和性能，如耐水的多层绝缘结构，适用于潜水电机绕组用的电磁线。

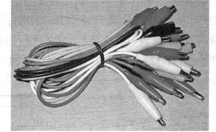

图 15-5　漆包插接线

漆包线、单纱漆包线、双纱包线、丝包线、玻璃丝包线等，用于电动机及电器中的绕组。低压电缆线用于农用机械、电动机、照明、水泵和潜水电泵的电源线等。

5. 电阻合金材料

通常使用的电阻合金材料主要有镍铬合金和镍铬改良型合金两类。

（1）镍铬合金

镍铬合金有较高的电阻率和温度系数、有良好的抗氧化性和工作特性。

（2）镍铬改良型合金

为了提高合金的电阻率，降低电阻温度系数，镍铬合金中加入少量铝、铜、铁等元素，制成各种镍铬改良型合金，这些合金对提高电阻合金材料的性能及扩大应用范围起了良好的作用。

6. 电缆

电缆是一个绝缘软套内有多根相互绝缘的芯线，亦称多芯电线。它的性能要求除上述电线的要求外，还要求芯线之间的绝缘电阻高，不易发生短路等故障。

按产品的使用特性可分为通用电线电缆、电机电器用电线电缆、仪器仪表用电线电缆、信号控制电缆、交通运输用电线电缆、地质勘探用电线电缆、直流高压软电缆等数种。

按金属材料不同，电线电缆可分为铜线、铝线、镀锌铁线等；按用途不同，电缆分为单芯、双芯、三芯和三芯带接地电缆等，如图 15-6 所示。

单芯电缆　　　　双芯电缆　　　　三芯电缆　　　　三芯带接地电缆

图 15-6　电缆截面图

第三节　磁　性　材　料

利用电磁感应原理制造的材料叫磁性材料，如电机绕阻、仪表线圈等。磁性材料具有很高的磁导率和低铁损耗，还要有良好的机械加工性能。磁性材料按其特性可分为软磁材料和硬磁材料。

1. 软磁材料

软磁材料具有磁导率高，矫顽力低。软磁材料在较低的外磁场下，产生的磁感应强度随着外磁场增大，并很快达到饱和状态，当外磁场去掉后，磁性则随之消失。

常用的软磁材料有硅钢片、电工纯铁、铁镍合金、铁铝合金、软磁铁氧体等，主要用于电机、电器和变压器上的铁心导磁体以及扼流圈、接触器、继电器的铁心。其作用是传递、转换能量和信息。

2. 硬磁材料

硬磁材料具有磁导率低、矫顽力高、剩磁感应强的特点，能在较长时间内保持恒性。常用的硬磁材料有钨钢、铬钢、铝镍铁和硬磁铁氧体等。它主要用于能够恒定磁通的磁路中，在一定空间内提供恒定的磁场，作为磁场源。

第四节　辅　助　材　料

1. 焊锡丝

焊锡丝是焊接元件必备的焊料。一般要求熔点低、凝结快、附着力强、坚固、导电率高且表面光洁。其主要成分是铅锡合金。除丝状外，还有扁带状、球状、饼状等规格不等的成形材料。焊锡丝的直径有 0.5mm、0.8mm、0.9mm、1.0mm、1.2mm、1.5mm、2.0mm、2.3mm、2.5mm、3.0mm、4.0mm、5.0mm，焊接过程中应根据焊点大小和电烙铁的功率选择合适的焊锡，如图 15-7a 所示。

2. 助焊剂

助焊剂是焊接过程的必须溶剂，它具有除氧化膜、防止氧化、减小表面张力、使焊点美

a) 铅锡合金焊锡丝   b) 松香助焊剂

图 15-7　焊丝与助焊剂

观的作用。助焊剂有碱性、酸性和中性之分。在印制板上焊接电子元器件，要求采用中性焊剂。松香是一种中性焊剂，受热熔化变成液态。它无毒、无腐蚀性、异味小、价格低廉、助焊力强。在焊接过程中，松香受热气化，将金属表面的氧化层带走，使焊锡与被焊金属充分结合，形成坚固的焊点。碱性和酸性助焊剂用于体积较大的金属制品的焊接。松香助焊剂如图 15-7b 所示。

3. 辅助材料

电工常用辅助材料有滚动轴承、润滑油、链条、传动带、螺钉、螺栓、螺母等。滚动轴承分为滚珠轴承和滚柱轴承两种，每种又分为多种尺寸规格。润滑油（又称黄油），主要用于电机轴承部分的润滑。链条和传动带用来把电动机的动力传递给其他机械。链条、传动带传动是工业机械常用的一种方式，改变链条、带轮的大小，可以改变被传动机械的转速，传动带也分为平带和 V 带两种。链条有长短之分。螺钉、螺栓、螺母可用于电气设备的安装固定。

附　录

附录 A　常用电气文字符号

表 A-1　常用文字符号

文 字 符 号	说　　明	文 字 符 号	说　　明
A	组件、部件	F	保护器件
AB	电桥	FU	熔断器
AD	晶体管放大器	FV	限压保护器件
AJ	集成电路放大器	G	发电机
AP	印制电路板	GB	蓄电池
B	非电量与电量变换器	HL	指示灯
C	电容器	KA	交流继电器
D	数字集成电路和器件	KD	直流继电器
EL	照明灯	KM	接触器
L	电感器、电抗器	SB	按钮
M	电动机	T	变压器
N	模拟元件	TA	电流互感器
PA	电流表	TM	电力变压器
PJ	电能表	TV	电压互感器
PV	电压表	V，VT	电子管、晶体管
QF	断路器	W	导线
QS	刀开关，隔离开关	X	端子、插头、插座
R	电阻器	XB	连接片
RP	电位器	XJ	测试插孔
RS	测量分流器	XP	插头
RT	热敏电阻器	XS	插座
RV	压敏电阻器	XT	接线端子排
SA	控制开关、选择开关	YA	电磁铁

表 A-2　常用辅助文字符号

文字符号	说　明	文字符号	说　明	文字符号	说　明
A	电流	H	高	R	反
AC	交流	IN	输入	R, RST	复位
A, AUT	自动	L	低	RUN	运转
ACC	加速	M	主、中	S	信号
ADJ	可调	M, MAN	手动	ST	起动
B, BRK	制动	N	中性线	S, SET	置位、定位
C	控制	OFF	断开	STP	停止
D	数字	ON	接通、闭合	T	时间、温度
DC	直流	OUT	输出	TE	接地
E	接地	PE	保护接地	V	电压

附录 B　常用电气图形符号

表 B-1　常用电气图形符号

图形符号	说　明	图形符号	说　明
	直流		分流器
	交流	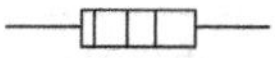	电热元件
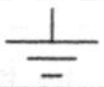	接地一般符号	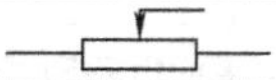	滑动触点电位器
	保护接地	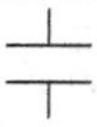	电容器的一般符号
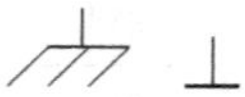	接机壳或接底板	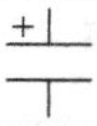	有极性电容
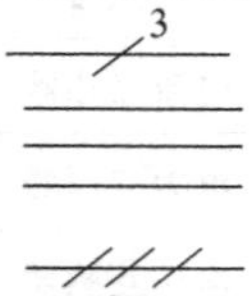	三根导线	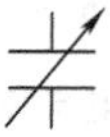	微调电容
	连接点		电感器符号
	端子		带磁心的电感器
	插座（内孔）的或插座的一个极	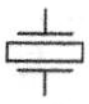	压电晶体
	插头	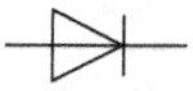	二极管
	电阻	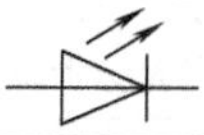	发光二极管
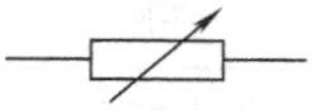	可变电阻	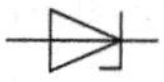	稳压二极管
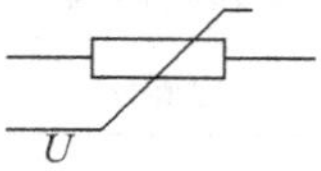	压敏电阻		双向二极管

（续）

图形符号	说　明	图形符号	说　明
	热敏电阻		一般晶闸管
	单结晶体管		双向晶闸管
	结型场效应管 （N 型沟道）		PNP 型晶体管
	绝缘栅型场效应管 （P 型沟道）		NPN 型晶体管
	光敏晶体管		单相可调自耦变压器
	光耦合器		电池和电池组 一般符号
	直流发电机		动合（常开）触头
	直流电动机		动断（常闭）触头
	交流发电机		先断后合转换触头
	交流电动机		手动开关
	三相交流异步电动机		常开按钮
	变压器		常闭按钮
	自耦变压器		多位开关
	电流互感器		多极开关
	继电器、接触器线圈		隔离开关
	传声器		接触器常闭触头
	扬声器		断路器
	电压表		熔断器
	电流表		灯的一般符号
	运算放大器		蜂鸣器
	天线		

附录 C　电阻电容元件参数表

表 C-1　常用电阻的主要参数

名称和符号	额定功率/W	标称阻值范围/Ω	温度系数/(1/℃)	运用频率
RT 型 碳膜电阻	0.05 0.125 0.26 0.5 1.20	$10 \sim 100 \times 10$ $5.1 \sim 510 \times 10$ $5.1 \sim 910 \times 10$ $5.1 \sim 2 \times 10$ $5.1 \sim 5.1 \times 10$	$-(6 \sim 20) \times 10$	10MHz 以下
RU 型 硅碳膜电阻	0.125 0.5 1.2	$5.1 \sim 510 \times 10$ $10 \sim 2 \times 10$ $10 \sim 10 \times 10$	$\pm(7 \sim 12) \times 10$	10MHz 以下
RJ 型 金属膜电阻	0.125 0.25 0.5 1.2	$30 \sim 510 \times 10$ $30 \sim 1 \times 10$ $30 \sim 5.1 \times 10$ $30 \sim 10 \times 10$	$\pm(6 \sim 10) \times 10$	10MHz 以下
RX 型 线绕电阻	$2.5 \sim 100$	$1 \sim 5.6 \times 10$		低频

表 C-2　常用电容的主要参数

名　称	型　号	电容量范围及单位	直流工作电压/V	适用频率/MHz	准确度
纸介电容器 （中、小型）	CJ	$470\text{pF} \sim 0.22\mu\text{F}$	$63 \sim 630$	<8	$\pm(5 \sim 20)\%$
金属壳密封纸介 电容器	CZ3	$0.01 \sim 10\mu\text{F}$	$250 \sim 1600$	直流	$\pm(5 \sim 20)\%$
金属化纸介 电容器（中、小型）	CJ	$0.01 \sim 0.2\mu\text{F}$	160、250、400	<8	$\pm(5 \sim 20)\%$
金属壳密封 金属化纸介电容器	CJ3	$0.22 \sim 30\mu\text{F}$	$160 \sim 1000$	直流	$\pm(5 \sim 20)\%$
薄膜电容器		$3\text{pF} \sim 0.1\mu\text{F}$	$63 \sim 500$	高、低频	$\pm(5 \sim 20)\%$
云母电容器	CY	$10\text{pF} \sim 0.05\mu\text{F}$	$100 \sim 7000$	$75 \sim 250$	$\pm(2 \sim 20)\%$
瓷介电容器	CC	$1\text{pF} \sim 0.1\mu\text{F}$	$63 \sim 630$	$50 \sim 3000$	$\pm(2 \sim 20)\%$
铝电解电容器	CD	$1 \sim 10000\mu\text{F}$	$4 \sim 500$	直流	$20\% \sim 50\%$ $-30\% \sim -20\%$
铝、钽、铌 电解电容器	CA，CN	$0.047 \sim 10000\mu\text{F}$	$63 \sim 160$	直流	$\pm20\%$

附录 D　二极管参数表

表 D-1　普通二极管的参数

型　号	用　途	最大正向整流电流（平均值）/mA	最高反向工作电压（峰值）/V	最高反向工作电压下的反向电流/μA	最大整流电流下的正向压降/V
2CP10 2CP11 2CP12	系面结型硅管，在频率为50kHz 以下的电子设备中整流用	5 ~ 100	25 50 100	≤5	≤1.5
2CP21A 2CP21 2CP22	系面结型硅管，在频率为3kHz 以下的电子设备中作整流用	300	50 100 200	≤250	≤1
2DP3A 2DP3B 2DP3C	系面结型硅管，在频率为3kHz 以下的电子设备中作整流用	300	200 400 600	≤5	≤1
2DP4A 2DP4B 2DP4D	系面结型硅管，在频率为3kHz 以下的电子设备中作整流用	500	200 400 800	≤5	≤1
2DP5A 2DP5B 2DP5C 2DP5D 2DP5E 2DP5F	系面结型硅管，在频率为3kHz 以下的电子设备中作整流用	1 000	200 400 600 800 1 000 1 200	≤5	≤1
2CZ82A 2CZ82B 2CZ82C 2CZ82D 2CZ82E 2CZ82F	在频率为 3kHz 以下的电子设备中作整流用	100	25 50 100 200 300 400	≤5	≤1

表 D-2　稳压二极管的参数

型　号	用　途	稳定电压/V	动态电阻/Ω	电压温度系数/(%/℃)	最大稳定电流/mA	耗散功率/W
2CW1	在电子仪器仪表中作稳压用	7 ~ 8.5	≤6	≤0.07	33	0.28
2CW2		8 ~ 9.5	≤10	≤0.08	29	
2CW3		9 ~ 10.5	≤12	≤0.09	26	
2CW4		10 ~ 12	≤15	≤0.095	23	
2CW5		11.5 ~ 14	≤18	≤0.095	20	

（续）

型 号	用 途	稳定电压/V	动态电阻/Ω	电压温度系数 /(%/℃)	最大稳定电流 /mA	耗散功率 /W
2CW7		2.5~3.5	≤80	-0.06~0.02	71	
2CW7A		3.2~4.5	≤70	-0.05~0.03	55	
2CW7B		4~5.5	≤50	-0.04~0.04	45	
2CW7C		5~6.5	≤30	-0.03~0.05	38	
2CW7D	在电子仪器仪表中作稳压用	6~7.5	≤15	0.06	33	0.24
2CW7E		7~8.5	≤15	0.07	29	
2CW7F		8~9.5	≤20	0.08	26	
2CW7G		9~10.5	≤25	0.09	23	
2CW7H		10~12	≤30	0.095	20	
2CW21		3~4.5	≤40	≥-0.08	220	
2CW21A		4~4.5	≤30	-0.06~0.04	180	
2CW21B		5~6.5	≤15	-0.03~0.05	160	
2CW21C		6~7.5	≤7	-0.02~0.06	130	
2CW21D	在电子仪器仪表中作稳压用	7~8.5	≤5	≤0.08	115	1
2CW21E		8~9.5	≤7	≤0.09	105	
2CW21F		9~10.5	≤9	≤0.095	95	
2CW21G		10~12	≤12	≤0.095	80	
2CW21H		11.5~14	≤16	≤0.10	70	
2DW7A	在电子仪器仪表中作精密稳压用（可作双向稳压管用）	5.8~6.6	≤25	0.005	30	0.2
2DW7B		5.8~6.6	≤15			
2DW7C		6.1~6.5	≤10			
2DW12A		5~6.5	≤20	-0.03~0.05		
2DW12B		6~7.5	≤10	0.01~0.07		
2DW12C		7~8.5	≤10	0.01~0.08		
2DW12D	在电子仪器仪表中作稳压用	8~9.5	≤10	0.01~0.08		0.25
2DW12E		9~11.5	≤20	0.01~0.09		
2DW12F		11~13.5	≤25	0.01~0.09		
2DW12G		13~16.5	≤35	0.01~0.09		
2DW12H		16~20.5	≤45	0.01~0.1		

表 D-3　开关二极管的参数

型　号	用　途	最大正向电流/mA	最高反向工作电压/V	反向击穿电压/V	零偏压电容/pF	反向恢复时间/ns
2CK1	系台面型硅管，用于脉冲及高频电路中	100	30	>40	<30	<150
2CK2			60	>80		
2CK3			90	>120		
2CK4			120	>150		
2CK5			180	>180		
2CK6			210	>210		
2CK22A	系外延平面型硅管，用于开关、脉冲及超声高频电路中	10	10		≤3	≤5
2CK22B		10	20			
2CK22C		10	30			
2CK22D		10	40			
2CK22E		10	50			
2CK23A		50	10			
2CK23B		50	20			
2CK23C		50	30			
2CK23D		50	40			
2CK23E		50	50			
2CK42A	系平面型硅管，主要用于快速开关、逻辑电路和控制电路中	150	10	≥15	≤5	≤6
2CK42B			20	≥30		
2CK42C			30	≥45		
2CK42D			40	≥60		
2CK42E			50	≥75		
2CK43A	系外延平面型硅管，主要用于高速电子计算机、高速开关、各种控制电路、脉冲电路等	10	10	≥15	≤1.5	≤2
2CK43B			20	≥30	≤1.5	≤2
2CK43C			30	≥45	≤1.5	≤2
2CK43D			40	≥60	≤1.5	≤2
2CK43E			50	≥75	≤1.5	≤2
2CK44A			10	≥15	≤5	≤2
2CK44B			20	≥30	≤5	≤2
2CK44C			30	≥45	≤5	≤2
2CK44D			40	≥60	≤5	≤2
2CK44E			50	≥75	≤5	≤2

附录 E　晶体管参数表

表 E-1　NPN 型硅低频小功率晶体管的参数

部标新型号	参考旧型号	I_{CBO}/μA	I_{CEO}/μA	h_{FE}	f_T/kHz	P_{CM}/mW	I_{CM}/mA	$U_{(BR)CBO}$/V	$U_{(BR)CEO}$/V
3DX101	3DX4A	1		9	200	300	50	10	10
3DX102	3DX4B	1		9	200	300	50	20	10
3DX103	3DX4C	1		9	200	300	50	30	10
3DX104	3DX4D	1		9	200	300	50	40	30
3DX105	3DX4E	1		9	200	300	50	50	40
3DX106	3DX4F	1		9	200	300	50	70	60
3DX107	3DX4G	1		9	200	300	50	80	70
3DX108	3DX4H	1		9	200	300	50	100	80
3DX203A		5	20	55~400		700	700		15
3DX203B		5	20	55~400		700	700		25
3DX204A		5	20	55~400		700	700		15
3DX204B		5	20	55~400		700	700		25

表 E-2　NPN 型硅高频小功率晶体管

部标新型号	参考旧型号	I_{CBO}/μA	I_{CEO}/μA	h_{FE}	f_T/kHz	P_{CM}/mW	I_{CM}/mA	$U_{(BR)CBO}$/V	$U_{(BR)CEO}$/V
3DG100M	3DG6A			25~270	150			20	15
3DG100A	3DG6B			30	150			30	20
3DG100B	3DG6C	0.01	0.01	30	150	100	20	40	30
3DG100C	3DG6D			30	300			30	20
3DG100D	3DG6E			30	300			40	30
3DG103M				25~270	500			15	12
3DG103A	3DG11A			30	500			20	15
3DG103B	3DG104B	0.01	0.1	30	500	100	20	40	30
3DG103C	3DG19E			30	700			20	15
3DG103D	3DG11F			30	700			40	30
3DG121M				25~270	150			30	20
3DG121A	3DG5A			30	150			40	30
3DG121B	3DG7C	0.1	0.2	30	150	500	100	60	45
3DG121C	3DG5C			30	300			40	30
3DG121D	3DG7D			30	300			60	45
3DG130M		1	5	25~270	150			30	20
3DG130A	3DG12A	0.5	1	30	150			40	30
3DG130B	3DG12B	0.5	1	30	150	700	300	60	45
3DG130C	3DG12C	0.5	1	30	300			40	30
3DG130D	3DG12D	0.5	1	30	300			60	45

（续）

部标新型号	参考旧型号	$I_{CBO}/\mu A$	$I_{CEO}/\mu A$	h_{FE}	f_T/kHz	P_{CM}/mW	I_{CM}/mA	$U_{(BR)CBO}/V$	$U_{(BR)CEO}/V$
3DG161A					50			60	60
3DG161B					50			100	100
3DG161C					50			140	140
3DG161D					50			180	180
3DG161E					50			220	220
3DG161F					50			260	260
3DG161G					50			300	300
3DG161H	3DG401				100			60	60
	3DG402								
3DG161I	3DG403				100			100	100
	3DG404	0.1	0.1	20		300	20		
3DG161J	3DG405				100			140	140
	3DG406								
3DG161K	3DG407				100			180	180
	3DG408								
3DG161L	3DG409				100			220	220
	3DG411								
3DG161M	3DG412				100			260	260
	3DG413								
3DG161N	3DG414				100			300	300
	3DG415								

表 E-3　NPN 型硅低频大功率晶体管

部标新型号	参考旧型号	$I_{CEO}/\mu A$	h_{FE}	U_{CES}/V	P_{CM}/mW	I_{CM}/mA	$U_{(BR)CBO}/V$	$U_{(BR)CEO}/V$
3DD59A	3DD5A							30
3DD59B	3DD5B；3DD5C							50
3DD59C	3DD5D	1.5	10	1.2	25	5		80
3DD59D	3DD5E；DO11A							110
3DD59E	DO11B；DO11C							150
3DD62A	3DD6A；DD10							30
3DD62B	3DD6B；DD50A							50
3DD62C	3DD6C；DD50B	2	10	1.5	50	7.5		80
3DD62D	3DD6E；DD10C							110
3DD62E	3DD6F；DD50F							150
3DD203	DD01A	0.5	50~200	0.6	10	1	100	60
3DD101A	3DD12A；3DD15A，B			0.8			150	100
3DD101B	3DD15C；3DF5C			0.8			200	150
3DD101C	3DD03C；3DD12B	2	20	1.5	50	5	250	200
3DD101D	3DD15D；DD301D			1.5			300	250
3DD101E	3DD15E~G；3DD12C			1.5			350	300

（续）

部标新型号	参考旧型号	$I_{CEO}/\mu A$	h_{FE}	U_{CES}/V	P_{CM}/mW	I_{CM}/mA	$U_{(BR)CBO}/V$	$U_{(BR)CEO}/V$
3DD103A	3DD13A，B；3DA58AC	20				300	200	
3DD103B	3DD13C；3DD58B，C	2				600	300	
3DD103C	3DD13D；3DD58D	4	50		3	800	400	
3DD103D	3DD13E，F；3DD58E，F	4				1200	600	
3DD103E	3DD141；3DA581	4				1500	800	
3DD202A	3DA58F，G；DD52C	7～30	3		50	3	1100	500
3DD202B	3DA58H，I；DD52D，E		3		50	3	1400	600

表 E-4　NPN 型硅高频大功率晶体管

部标新型号	参考旧型号	I_{CEO}/A	h_{FE}	f_T/kHz	P_{CM}/mW	I_{CM}/mA	$U_{(BR)CBO}/V$	U_{CEO}/V
3DA1A	3DA1A；4S1A	1	10	50			40	30
3DA1B	3DA1B；4S1B	0.5	15	70	7.5	1	50	45
3DA1C	3DA1C；4S1C	0.2	15	100			70	60
3DA5A	4S11A	2	10	60	40	5	60	50
3DA5B	3DA5B～D	1	15	80	40	5	80	70
3DA10A	3DA69A～C	1	8	200	7.5	1	45	40
3DA10B	3DA69D	0.5	15	200	7.5	1	65	60
3DA12A	4S31A	1	10	400	7.5	1	40	30
3DA12B	4S31B；3DA21C	0.5	10	400	7.5	1	65	60

读者需求调查表

亲爱的读者朋友:

　　您好! 为了提升我们图书出版工作的有效性, 为您提供更好的图书产品和服务, 我们进行此次关于读者需求的调研活动, 恳请您在百忙之中予以协助, 留下您宝贵的意见与建议!

个人信息

姓　　名:		出生年月:		学　　历:	
联系电话:		手　　机:		E-mail:	
工作单位:				职　　务:	
通讯地址:				邮　　编:	

1. 您感兴趣的科技类图书有哪些?

□ 自动化技术　□ 电工技术　□ 电力技术　□ 电子技术　□ 仪器仪表　□ 建筑电气
□ 其他 (　　　) 以上各大类中您最关心的细分技术 (如 PLC) 是: (　　　　　)

2. 您关注的图书类型有

□ 技术手册　□ 产品手册　□ 基础入门　□ 产品应用　□ 产品设计　□ 维修维护　□ 技能培训
□ 技能技巧　□ 识图读图　□ 技术原理　□ 实操　　　□ 应用软件　□ 其他 (　　)

3. 您最喜欢的图书叙述形式

□ 问答型　□ 论述型　□ 实例型　□ 图文对照　□ 图表　□ 其他 (　　)

4. 您最喜欢的图书开本

□ 口袋本　□ 32 开　□ B5　□ 16 开　□ 图册　□ 其他 (　　)

5. 图书信息获得渠道:

□ 图书征订单　□ 图书目录　□ 书店查询　□ 书店广告　□ 网络书店　□ 专业网站
□ 专业杂志　　□ 专业报纸　□ 专业会议　□ 朋友介绍　□ 其他 (　　)

6. 购书途径

□ 书店　□ 网络　□ 出版社　□ 单位集中采购　□ 其他 (　　)

7. 您认为图书的合理价位是 (元/册):

手册 (　) 图册 (　) 技术应用 (　) 技能培训 (　) 基础入门 (　) 其他 (　)

8. 每年购书费用

□ 100 元以下　□ 101～200 元　□ 201～300 元　□ 300 元以上

9. 您是否有本专业的写作计划?

□ 否　　　□ 是 (具体情况: 　　　　)

非常感谢您对我们的支持, 如果您还有什么问题欢迎和我们联系沟通!

地　　址: 北京市西城区百万庄大街 22 号　机械工业出版社电工电子分社　邮编: 100037
联系人: 张俊红　联系电话: 13520543780　传真: 010-68326336
电子邮箱: buptzjh@163.com (可来信索取本表电子版)

编著图书推荐表

姓名：		出生年月：		职称/职务：		专业：	
单位：				E-mail：			
通讯地址：						邮政编码：	
联系电话：			研究方向及教学科目：				

个人简历（毕业院校、专业、从事过的以及正在从事的项目、发表过的论文）

您近期的写作计划有：

您推荐的国外原版图书有：

您认为目前市场上最缺乏的图书及类型有：

地址：北京市西城区百万庄大街 22 号　机械工业出版社　电工电子分社

邮编：100037　网址：www. cmpbook. com

联系人：张俊红　电话：13520543780　010-68326336（传真）

E-mail：buptzjh@163. com（可来信索取本表电子版）